图书在版编目（CIP）数据

20世纪经典建筑：平面\剖面\立面 / (英) 威斯顿编；杨鹏译.
-- 上海：同济大学出版社, 2015.1
书名原文: Key buildings of the twentieth century plans\sections
ISBN 978-7-5608-5565-3

Ⅰ.①2… Ⅱ.①威… ②杨… Ⅲ.①建筑设计—作品集—世界—20世纪 Ⅳ.①TU206

中国版本图书馆CIP数据核字(2014)第159149号

20世纪经典建筑（平面、剖面及立面）

Key Buildings of the Twentieth Century Plans, Sections & Elevations

著　　作：理查德·威斯顿（Richard Weston） 编
翻　　译：杨　鹏
责任编辑：陈立群(clq8384@126.com)
装帧设计：陈益平
责任校对：徐春莲

出版发行　　同济大学出版社　www.tongjipress.com.cn
　　　　　　（地址：上海四平路1239号 邮编：200092 电话：021-65985622）
经　　销　　全国各地新华书店
印　　刷　　上海锦良印刷厂
成品规格　　210mm×285mm　248P
字　　数　　210 000
版　　次　　2015年1月第2版　　2015年1月第1次印刷
书　　号　　ISBN 978-7-5608-5565-3
定　　价　　88.00元

20世纪经典建筑（平面、剖面及立面）

Key Buildings of the Twentieth Century Plans, Sections & Elevations

第二版

理查德·威斯顿（Richard Weston）　杨　鹏　译

同济大学出版社

4

目录

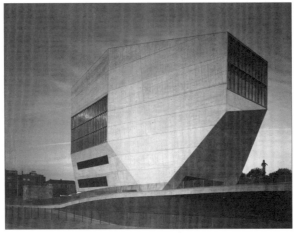

纳尔逊-艾特金斯博物馆布洛赫
分馆

波尔多音乐厅

前言

所有类似的选辑，都面临两个原则性问题：选择标准是什么？如何组织与排序？本书的排序依据是建筑方案开始设计的年份。例如，赖特的"纽约古根海姆博物馆"落成于1959年，但照此原则它被归入"二十世纪四十年代"的作品。

每一个实例都配有CAD绘制的平面、立面或剖面图。图纸中极少包括总平面图，部分原因是较难获得资料，此外由于版面所限，加入总平面就必然缩减平面图的数量或尺寸。

从撰写本书之初，就确立了只收录建成作品的原则。因此，某些在许多现代建筑史著作中不会遗漏的未建成作品，注定在此缺席，例如密斯在二十世纪二十年代设计的玻璃摩天楼和砖墙住宅，以及俄国前卫的结构主义建筑畅想。另一个收录原则，是在充分尊重"大师"的同时，尽可能兼顾数量众多的杰出建筑师。本书还特意收录了某些非常出色但并不广为人知的作品，例如伍重的"丽丝住宅"、凡·艾克的"海牙天主教教堂"和霍莱茵的"门兴格拉德巴赫博物馆"。

二十世纪建筑的许多特征，可以在几个世纪前的"文艺复兴"时期找到根

爱因斯坦天文台

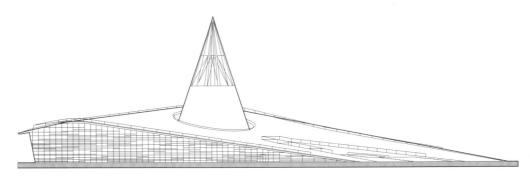

代尔夫特理工大学图书馆

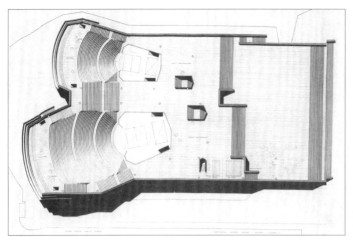

悉尼歌剧院

横滨邮轮码头

埃菲尔铁塔

源。从那时起，出现了两种"泽被后世"的趋势。首先，思考与实践，或者说设计与建造之间的分离日益明显。建筑师的角色逐渐向艺术家靠拢，很少接触那些把设计方案付诸实践的工匠们；其次，建筑师越来越相信设计的出发点应当是理性的思考，而不是积累的传统经验与手工艺。意大利科学家伽利略，可谓现代工程界分析方法的奠基者。通过试验与计算，他可以预测柱子与梁的受力状态。结构工程发展成为非常专业化的学科，这意味着建筑师逐渐丧失对于建造过程的掌控，背离了千百年来欧洲建筑发展的基本传统。进入十九世纪中叶，随着铸铁、钢和钢筋混凝土结构形式的成本显著降低，可以大规模应用于建造，新的建筑形式呼之欲出。第一批具备新面貌的建筑杰作，例如伦敦水晶宫、巴黎埃菲尔铁塔和博览会机械馆，其设计者都是工程师而不是建筑师。准确地讲，水晶宫的设计者帕克斯顿（Joseph Paxton），是一位天才的园艺师。正当建筑师们为自己的项目应选用哪一种建筑风格而绞尽脑汁时，工程师们已经利用新材料创造出新的建筑形式。

海牙天主教教堂内景

邮政储蓄银行

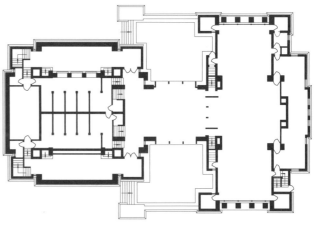

统一教堂首层平面

成熟的现代建筑，诞生于美国的芝加哥，而不是欧洲。钢结构高层建筑在沙利文手中趋于完善。随后，赖特提出必须"打破盒子"的理念，使空间成为一个连续完整的"有机体"。在二十世纪的第一个十年里，赖特完成了"拉金公司办公大楼"和"统一教堂"的设计，把这种空间的完整性体现得淋漓尽致。

借助于一家德国出版社，赖特的作品专辑很快在欧洲造成深刻影响。然而世纪之交的欧洲建筑师，在空间方面鲜有创意。他们的精力更多倾注于富有视觉表现力的材料和构造。德国建筑师森佩尔提出，最原始的空间围合形式，就是木框架上悬挂的织毯。这一理论直接影响了瓦格

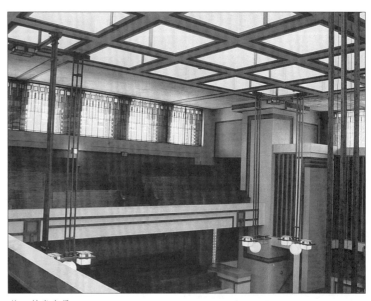

统一教堂内景

包豪斯校舍

开敞式学校首层平面

吐根哈特住宅

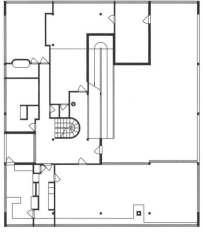

萨伏伊别墅二层平面

帕米欧结核病疗养院

纳设计的"邮政储蓄银行"和霍夫曼的"斯托克雷府邸"。

二十年代的欧洲建筑师，开始关注流动开敞的空间和轻质的"围合"界面。1932年，纽约现代艺术博物馆（MOMA）举办了一次这种风格建筑的展览，从此它被命名为"国际式"风格。本书中的"国际式"风格作品，包括戴克尔的"开敞式学校"、格罗皮乌斯的"包豪斯校舍"、纽特拉的"罗威尔健康住宅"、柯布西耶的"萨伏伊别墅"、密斯的"吐根哈特住宅"和阿尔托的"帕米欧结核病疗养院"，其共同特征是柱网整齐的框架结构、开敞空间中自由布置的隔墙，以及轻薄外墙上自由布置的洞口或窗。

"国际式"风格完美体现了"机器时代"的美

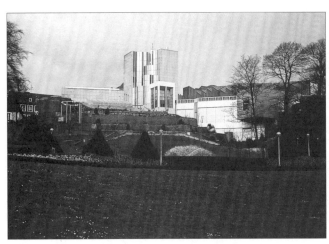

门兴格拉德巴赫博物馆

考夫曼沙漠别墅

阿姆斯特丹市立孤儿院 一层平面

学，建筑严格呼应使用功能，充分利用工业制造手段作为建造方式。尽管这一风格占据了主导地位，但另一种与之抗衡的潜流——"表现主义"始终存在。陶特的"玻璃展厅"和门德尔松的"爱因斯坦天文台"、夏隆的"施明克住宅"和"柏林爱乐音乐厅"是其代表作。

就在"国际式"风格尚处于上升阶段时，它的某些主要成员，例如阿尔托已对其提出怀疑。三十年代末建成的"玛丽亚别墅"，借鉴了芬兰传统民居的某些元素，柱子以复杂的形态隐喻芬兰的森林。仅仅十年前，这些手法恐怕会被视为庸俗。赖特对"国际式"风格的回应，是不朽的"流水别墅"。它有力地证明，建筑的表现力不能脱离其独特的周边环境。尼迈耶在柯布西耶"国际式"风格

基础上，加入了巴西独特的自然与文化元素。

第二次世界大战后的美国，经历了一次现代建筑的重大突破，虽不及二十年代欧洲建筑界的变革那样惊心动魄，但仍对二十世纪后半叶的建筑发展产生了深远影响。"国际式"风格在美国落地生根。"范思沃斯别墅"和"利华大厦"，分别成为私人住宅和高层办公建筑的典范。与此同时，追求"新的纪念性"成为美国建筑界的另一股潮流。

在美国西部的加利福尼亚，两位来自奥地利的建筑师辛德勒和纽特拉，早在两次大战之间，就开始探索适应当地气候特征的建筑风格。四十年代末的"考夫曼沙漠别墅"和"伊姆斯住宅"，共同培育出成熟的加利福尼亚风

蓬皮杜中心

犹太人博物馆

母亲住宅

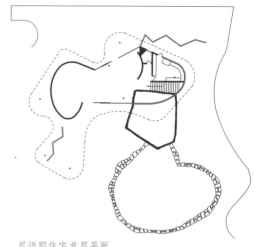

尼迈耶住宅首层平面

格，成为二战后广泛影响世界建筑发展的关键因素。

在欧洲，"马赛公寓"标志柯布西耶的建筑哲学与二战前相比发生了重大转变。在包豪斯学校的课程表里，没有建筑史的位置。二战后，越来越多的建筑师回归古代建筑的杰作，从中寻找灵感。凡·艾克与伍重，是新一代欧洲建筑师中的佼佼者。他们不约而同把目光投向欧洲之外的古代文明。凡·艾克的"阿姆斯特丹市立孤儿院"，直接借鉴了北非的伊斯兰传统建筑。伍重的"悉尼歌剧院"，可以在墨西哥的玛雅神庙找到根源。他们都强调创造具体的"场所"，而不是抽象"空间"。

路易·康虽然比他们年长一辈，但大器晚成。五十年代在地中海周边探访历史遗迹，对路易·康形成独特的个

伊姆斯住宅

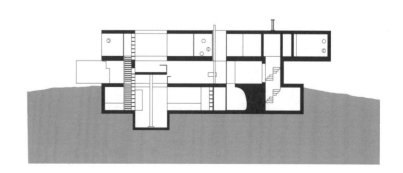

波尔多住宅A-A剖面

小筱邸

人风格起到至关重要的作用。就在路易·康凝重典雅的现代建筑手法趋于炉火纯青之时，文丘里的"母亲住宅"吹响了后现代主义的号角。后现代主义被视为一种杂糅各种历史片段的折中主义，在建筑形式方面生命力并不甚持久旺盛。其最重要意义在于，重新唤起建筑师对城市的关注，以及把建筑视为一种"语言"。即便是"蓬皮杜中心"这样充满未来色彩的建筑，也可追溯到二十世纪初的早期现代建筑。

八十年代初，就在现代建筑被某位评论家宣布"死亡"后不久，一批欧洲之外的建筑师，为现代建筑注入了新鲜活力。安藤忠雄和格兰·莫卡特是其代表人物。他们从各自所处的气候和传统文化出发，以典型的现代设计手法，塑造出前所未有的建筑面貌。八十年代也见证了"解构主义"的蓬勃发展，从1988年纽约现代艺术博物馆（**MOMA**）的解构主义建筑展可见一斑。盖里、艾森曼、库哈斯、屈米与哈迪德的作品都出现在这次展览上，然而他们具体设计手法却各具特色，其共同点仅限于热衷于碎片化的形式。

九十年代的建筑界变得更加多彩纷呈，难以用简单的"主义"来描述。例

仙台图书馆

理查德医学研究中心首层平面

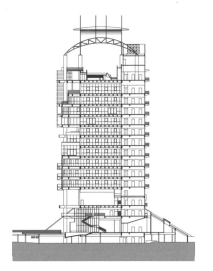

梅纳拉大厦剖面

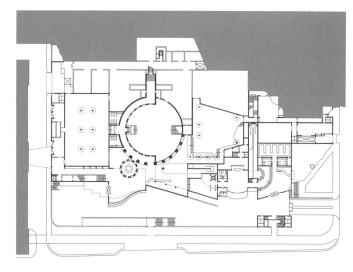

斯图加特美术馆新馆首层平面

范思沃斯别墅

如，库哈斯的"波尔多住宅"和伊东丰雄的"仙台图书馆"，以及卒姆托的作品都从截然不同的角度表现这个数字化技术统治的时代。

日益广大的全球化市场，呈现在具有天赋的建筑师面前。其结果是，许多建筑师孜孜以求"签名式"的个人风格，在众多同行中保持易于识别的"模样"。某些著名建筑师不分地域和项目内容，重复表演着自己最擅长的节目，反而让其经典作品中与环境和背景契合的形式丧失了力量。

鲍尔—伊斯特威住宅及工作室纵剖面

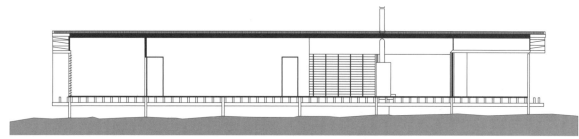

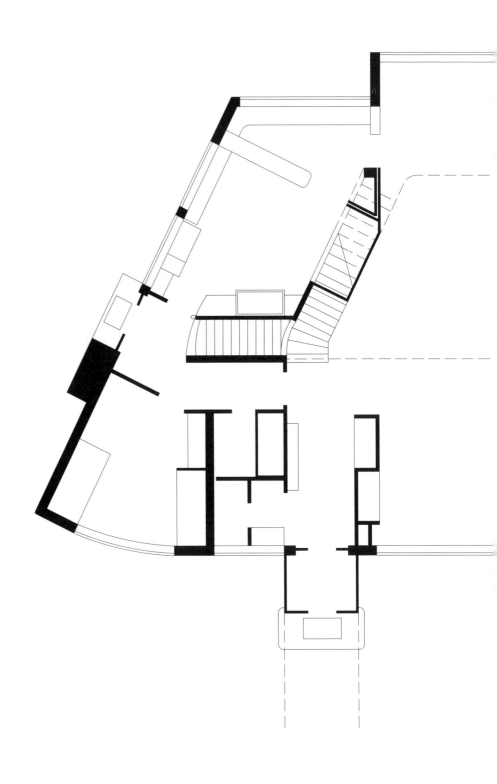

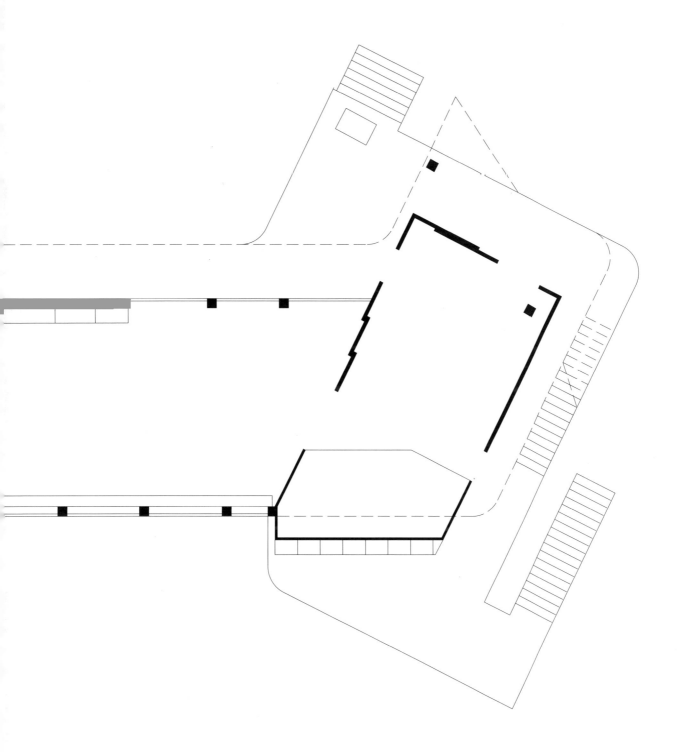

格拉斯哥艺术学校 Glasgow School of Art

查尔斯·瑞尼·麦金托什（Charles Rennie Mackintosh，1868~1928）

苏格兰，格拉斯哥，1896~1899，1905~1909（Glasgow，Scotland）

1896年，英国本地的一家建筑事务所"哈尼曼与凯皮"（Honeyman & Keppie）赢得了格拉斯哥艺术学校新校舍的设计竞赛。校舍狭小的用地处在一面陡坡上，预算也并不宽裕。对于这家颇具声望的事务所而言，项目效益非常有限，因此事务所把它托付给一位年轻助手麦金托什。年轻人的才华在这个设计中展露无遗，而这座13年后才完全建成的建筑，成为现代建筑史的里程碑之一。

麦金托什的方案平面格局，是沿着主入口一侧的街道排列朝北面开窗的设计教室；图书馆、报告厅和教工房间都位于南侧。北立面呈现一种含混而不严格的对称构图：主入口居中，一侧是三个窗子而另一侧是四个窗子。窗子宽度并不一致，而是"诚实"地呼应室内空间的变化。围墙和典雅的铁艺栏杆，以入口为轴保持对称。麦金托什热衷于变化微妙的构图，这一点不难在同辈建筑师如鲁琴斯的作品中找到共鸣。

设计教室的窗子及窗上显露的过梁，都带有工业建筑的朴实，然而窗台上曲线的铁艺护栏，显示出麦金托什和新艺术运动的紧密联系。这些护栏，既是擦窗工站立的木板的结构支撑，同时也加固了竖向窗樘。主楼梯和博物馆，都有类似的典雅装饰。楼梯间里的梁、柱和主入口上方的栏杆，都显示出日本传统建筑构图的影响。另一方面，硕大的木屋架和榫销构造，营造出强烈的"现代版中世纪"的氛围。

由于经费限制，包括图书馆在内的西侧一翼，留待二期建设。1905年，当二期建设开始时，麦金托什再次接受委托，主持方案修改。图书馆两层通高的基本空间未变，但室内设计进行了彻底修改。建成的图书馆有一道夹层环廊。支持环廊楼板的柱子，布置在楼板边缘内侧1.2米处，相应的梁也都显露出来。这一方面是出于结构合理性考虑，使这些柱子与下面一层的钢梁对齐；另一方面，增加了空间层次与趣味，形成了一片抽象的"树林"。

西立面也充满类似的微妙变化。图书馆山墙上三个竖条状凸窗，是西立面的主要构图；入口上方，是既没有拱心石也没有复杂线脚的拱形装饰。西立面上半段实墙，采用粗糙的石块而不是下半段所用的磨光石块。南立面采用了类似的窗，但是嵌在质感粗糙的石墙里。一个小烟囱和摆放写生用盆花的温室挑出墙面，打破了构图的对称。

麦金托什通常被视为具有原创性的现代建筑"先锋"，然而其作品却牢牢根植于十九世纪的渐进式价值观。他和英国建筑师沃伊赛（Charles Voysey）都相信："外部形象是由内部的基本条件演化而成。"凭借无与伦比的激情和创造力，麦金托什把这些理念刻画在了他的作品里。

图1 三层平面（局部）

1）图书馆环廊上方的房间

2）教授工作室

图2 二层夹层

1）图书馆环廊上方的房间

图3 图书馆环廊

1）图书馆环廊

图4 二层平面

1）设计教室

2）博物馆

3）图书馆

图5 南北方向剖面

图6 首层平面

1）设计教室

2）会议室

3）商店

4）办公室

5）入口大厅

6）教室休息室

图7 沿街立面

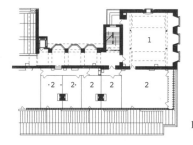

1

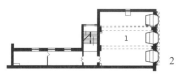

2

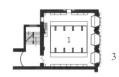

3

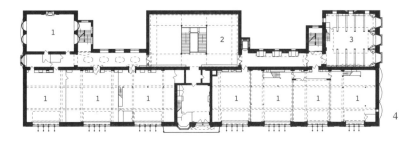

4

5

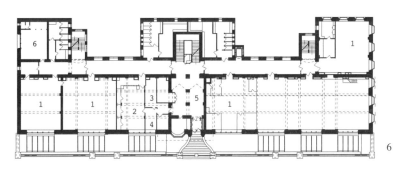

6

7

迪奈瑞花园别墅 Deanery Garden

埃德温·鲁琴斯（Edwin Lutyens，1869~1944）

英格兰，伯克郡，桑宁，1901 Sonning, Berkshire, England

生于1869年的鲁琴斯，是与赖特年纪相差两岁的同辈人。然而，他并不热衷于大胆创新，这一点和赖特截然不同。1889年，年方二十的鲁琴斯开始独立执业。然而，在1912年设计印度新德里的总督府之前，其作品基本是乡间别墅，业主往往是白手起家的事业有成者。这些别墅都有类似的平面布局，其传统可以追溯到英国建筑师菲利普·韦伯（Philip Webb），以及更早些的威廉·巴特菲尔德（William Butterfield）。

与第一次世界大战之后建成的几座著名现代住宅一样，迪奈瑞花园别墅是供业主周末度假之用。铁路的蓬勃发展，使平日住在城市里的人可以便利地前往乡间，在周末别墅里款待众多宾客。建筑的平面布局，呼应使用者的层次划分：主人、客人和仆人。鲁琴斯惯于采用"H"形平面，从北侧宽敞的门厅进入，然后是餐厅、大厅和位于南侧的起居室。

建筑用地位于一片果园的北侧尽端，周围有老旧的砖墙围合。这座别墅显示了鲁琴斯早期作品的多种特征。建筑平面围绕一个室内庭院呈轴对称组织，但是主入口并不在中轴线上而是偏在一侧。带有拱顶的入口走廊向花园延伸，形成另一条平行中轴的轴线。在花园一侧，起居室角上的烟囱醒目地打破了立面的对称，但两层高的落地凸窗仍保持中轴对称。花园和建筑一样，被分隔成几个类似"房间"的区域。花园中的小径，平面构图时而对称时而非自由，加之高差变化，形成丰富的空间层次。

鲁琴斯非常强调建筑与室外花园的结合，他通常与英国著名园艺家葛楚德·杰基尔（Gertrude Jekyll）合作。杰基尔采用灵活自由的绿化构图，与规整坚实的建筑相互映衬。构图高潮是一座俯瞰果园、爬满玫瑰花的凉亭，玫瑰丛生的小路在果树间蜿蜒。层层跌落的平台上，长满来自远方的奇花异草。杰基尔钟爱的英国本地植物，点缀在庭院四处用来柔化几何形构图。

把建筑延伸到周围环境中，是鲁琴斯擅长的手法之一。这样可以使建筑显得比实际尺寸更大些。房间通常沿单面走廊布置，由此造成较大面积的外墙。花园首层南侧的三个主要房间，由两扇双开门联系，形成一道与中轴垂直的轴线。当两扇门都打开时，从餐厅里的壁炉到起居室尽端的凸窗，三个房间仿佛是一个完整空间。这种空间融合手法，远不及赖特的草原住宅那样彻底。然而，赖特在他所谓的"打破盒子"之后，仍借鉴了类似的轴线格局。

建筑中使用的伯克郡本地红砖，瓦屋顶和分格细密的玻璃窗，显示了鲁琴斯对英国乡土建筑的浓厚兴趣，在他早年加入厄内斯特·乔治（Ernest George）的事务所前，曾仔细研究乡土建筑。室内砖墙的质感被抹灰遮盖，拱顶走廊和楼梯间采用大尺寸石块。楼梯间里充满了细腻的橡木构件。楼梯休息平台龙骨间露出空隙，使光线可以照到下面。鲁琴斯对细部的强调，虽然是艺术与手工艺运动的风尚，却更接近文艺复兴晚期的"样式主义"，倾向于夸张而非"真实"地显露构造。

图1 二层平面　图2 首层平面

1）大厅上空　1）大厅
2）卧室　　　2）庭院
3）卫生间　　3）餐厅
　　　　　　4）起居室
　　　　　　5）厨房

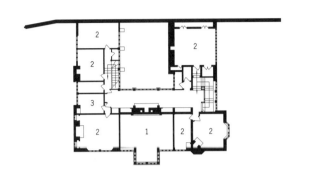

1

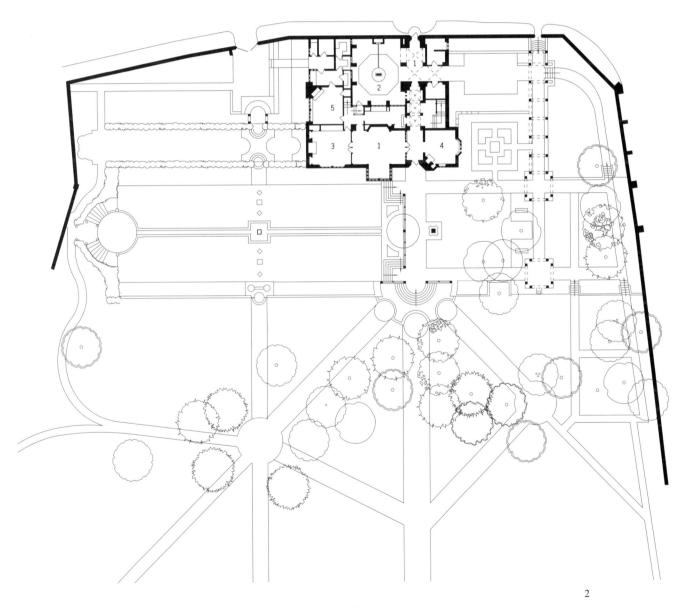

2

拉金公司办公大楼 Larkin Building

弗兰克·劳埃德·赖特（Frank Lloyd Wright，1867~1959）

美国，纽约州，水牛城，1902~1906（1950年拆毁） Buffalo，New York，USA

1900年前后，赖特已经凭借他富有创造力的作品，在芝加哥周边享有声誉。肥皂制造商拉金公司的副总裁达尔文·马丁（Darwin Martin,），参观了赖特的草原住宅之后，邀请他为拉金公司设计一幢新办公大楼。当时，拉金公司正因新兴的邮购业务而迅猛发展。这是赖特第一次有机会设计较大规模的公共建筑。他的草原住宅都地处满目绿荫的小镇，在那里"有机建筑"更容易与环境融为一体。而这个项目的环境是拥挤喧闹的城市，用地位于铁路和公司的厂房之间。赖特的对应策略，是鲜明的内向性。日后，在他所厌恶的的城市环境中，他的作品也都采用类似原则，例如"约翰逊制蜡公司大楼"和"纽约古根海姆博物馆"。

赖特形容这座五层的、钢筋混凝土建筑是"砖墙包裹的山崖"。室内空间的核心，是通高的天窗采光中庭。数十年后，它将成为办公建筑常见的布局方式。赖特希望让员工们感觉置身于一个"家庭聚会"，而建筑本身就是他们协作劳动的赞歌。中庭顶部周边刻着歌颂劳动与团结美德的铭文。这里高大的中庭，无疑借鉴了古代教堂庄严的大殿。

空间是建筑的核心，这是赖特信奉的建筑哲学。因此，中庭里不能有任何阻碍空间的建筑构件。楼梯和设备管井，对称地位于建筑四角，楼梯间采用细窄的竖向条窗，设备管井高出屋面产生强烈的视角效果。鲜明地区分

"服务"与"被服务"空间，在半个世纪后也被路易·康用于"理查德医学研究中心"。另有一对楼梯和接待区、卫生间、休息厅，共同构成长条状辅助空间，脱离主体并与主体的长边平行。主入口设在辅助区与主体间的夹缝中。类似的"H"形二元布局，稍后还出现在赖特设计的"统一教堂"。

赖特利用这座建筑，实现了他创造"整体艺术"的理想。通过精心设计，每一个细节都是建筑整体不可分割的一部分。例如，文件柜和外立面的窗间墙固定为一体，悬空在地面以上，既便于清扫地面也加强了空间的连续性。1922年密斯的混凝土办公楼设计方案，借鉴了这一手法。厕所隔间的挡板同样悬空，日后现代建筑中普遍应用的细节正源于此。

看不到层层叠叠的线脚，只有简洁刚硬的方盒子，这座建筑被许多二十世纪初的同行和评论家视为过分粗野和偏重实用。赖特自信地认为，它"宣告了机器时代的新秩序，它像远洋轮船、飞机和汽车一样，具有基于功能的真实的力量感"。这种豪情很容易让人联想到二十年代欧洲的现代主义。从世纪初开始，越来越多人把建筑和机器进行比较，而在这方面产生影响深远的表现力始于这座建筑。

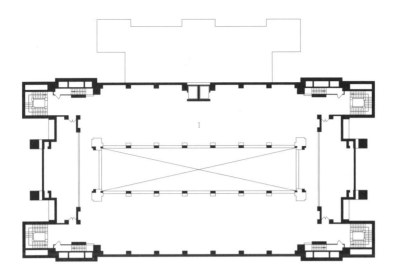

图1 三层平面

1）办公区

1

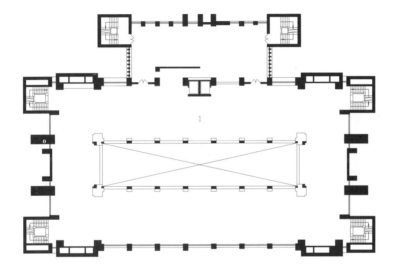

图2 二层平面

1）办公区

2

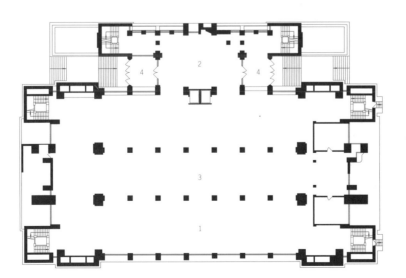

图3 首层平面

1）办公区
2）接待
3）天光中庭
4）入口

3

邮政储蓄银行 Post Office Savings Bank

奥托·瓦格纳（Otto Wagner，1841~1914）

奥地利，维也纳，1903~1912 Vienna , Austria

奥托·瓦格纳是当时维也纳最著名的建筑师，同时也是一位杰出教师。作为维也纳艺术学院的教授，他深刻影响了一批才华横溢的青年建筑师，包括奥布里希（Joseph Olbrich）、霍夫曼（Josef Hoffman）和普雷契尼克（Jose Plečnik）。1897年，包括奥布里希和霍夫曼几位的建筑师和艺术家成立了"维也纳分离派"，它的激进思想也影响了瓦格纳。

邮政储蓄银行，体现了瓦格纳1896年出版的理论著作《现代建筑》中提出的构想。这座建筑的空间组织方式并无创新，其历史地位源于外立面的处理和大厅的室内设计。饰面成为十九世纪末建筑界关注的焦点之一，其主要原因是框架逐渐取代承重墙成为主要结构体系，而德国建筑师森佩尔（Gottfried Semper）的理论也起了推波助澜的作用。

在《建筑四要素》一书中，森佩尔认为建筑最初的围合形式是利用织物。即便是承重墙，也应当被色彩丰富的织毯所覆盖，因为后者才是墙的真正代表。他把建筑饰面比作人的服装。他提出了两点原则：首先，从实用功能生发出价值；其次，由材料本身和编织过程决定最终效果。

瓦格纳设计的邮政储蓄银行，正是这些原则的鲜活体现。首层与二层的地板是瑞典花岗岩，上面其余各层地板采用大理石。整个外立面上密布装饰性的"钉帽"，这些铝质"钉帽"，对应着把石板固定在砂浆里的金属栓。

它们的栓帽本可隐藏起来，然而瓦格纳希望达到这样的目的：那些熟悉螺栓装配铸铁结构的人，可以通过"钉帽"清楚地理解，立面上的石材只是饰面板而非砌筑的石块。在其《现代建筑》一书中，他提出薄的石板立面，是一种"现代的建造方式"。从材料成本角度看，采用轻薄的石板而不是厚重的石块，意味着建筑师可以选择效果最理想的石材。

邮政储蓄银行的大厅，称得上"整体艺术"的典范。建筑的每一处细节都经过推敲，形成天衣无缝的整体。这一评价也适用于瓦格纳得意门生之一霍夫曼的作品。但霍夫曼的出发点是严格的美学秩序，而瓦格纳的原则更多元也更综合。温润的磨砂玻璃天窗、玻璃砖地板和可旋转调节的钢构件，在二十世纪被广为借鉴。其中最具代表性者自然是位于巴黎的"玻璃住宅"。日后的建筑理论，往往把瓦格纳的手法看成一种普遍适用——甚至"无风格"的机器时代的建筑语言，实际上从森佩尔的视角来理解会更加准确。

如同古希腊雕塑覆盖女性胴体的轻薄衣裙，瓦格纳设计的玻璃在遮盖某些东西的同时也加以显露。这一点和现代主义用透明玻璃直接显露结构的手法大为不同。玻璃与金属、新古典风格的木质家具和外墙上的铝质装饰，在这座建筑中和谐共生。新兴的复合材料与传统材料的结合，正是瓦格纳成熟期的经典手法之一。

图1 立面　　　　图2 平面　　　　　　　　　　　　　　　　　　　　　27

1

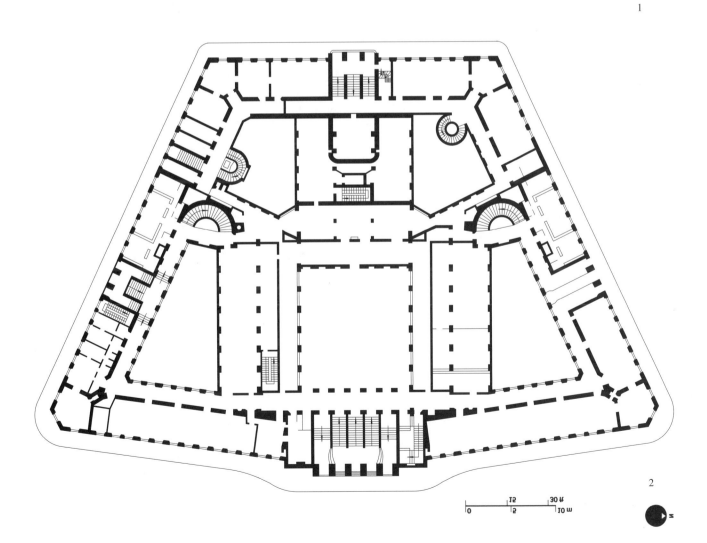

2

统一教堂 Unity Temple

弗兰克·劳埃德·赖特（Frank Lloyd Wright，1867~1959）

美国，伊利诺伊州，橡树园，1905~1908, Oak Park , Illinois ,USA

赖特的一位舅舅詹金·劳埃德·琼斯（Jenkin Lloyd Jones），是芝加哥周边著名的唯一神派（Unitarian）牧师。从小的耳濡目染，使赖特也成为唯一神派信徒。当橡树园的唯一神派教会筹划建造一座新教堂时，自然想到委托他设计。作为新教的一个教派，唯一神派强调理性。赖特没有采用当时正统的教堂建筑模式，而代之以正方形布道大厅，信众包围着布道的牧师。赖特认为，这体现了"回归古老的神庙形式"。

除了教堂功能，这座建筑还为社区提供聚会和教育场所。教堂和社区大厅两者呈现清晰的并置关系，由共用门厅联系。置身于繁忙的街角，建筑外观非常封闭，显示出强烈的内向性，利用方形柱子内的空腔作为通风井道，这些都类似于拉金办公大楼的手法。

布道大厅平面是一个正方形，楼梯间布置在四角，从而在正方形当中形成一个希腊十字形。正方形的三条边是信众们的坐席，第四条边是讲坛、唱诗班席与管风琴。大厅的屋顶，是纵横均为五个单元的正方形天窗。每一边信众席后面的外墙上，有五条竖向高窗。天窗玻璃采用柔和的黄色，实现赖特所说的"室内仿佛置身于晴朗的天空下"。从门厅到坐席，信众们将体验一系列精心设计的标高和轴线变化。

主入口门厅与社区大厅标高相同，但比教堂大厅低半层。教堂大厅下方的半地下室，用作存衣和藏物。从门厅向南侧可以直接进入开敞的社区大厅，那里有草原住宅里常见的大壁炉。门厅北侧，是一面类似影壁的实墙。连续两次90°转弯，穿过墙两端的入口，就进入光线较暗的半地下通道。顺着角部的楼梯盘旋而上，宽敞明亮的教堂大厅豁然出现在眼前。布道结束后，信众们将面朝牧师，经过讲坛两侧的楼梯下楼到达门厅。赖特娴熟地设计空间流线，使这两部楼梯在进入大厅的过程中不易被人发现。

外观宛如一块钢筋混凝土铸成的巨石。建筑内部却充满了轻盈的流动感。两者形成非常鲜明的对比。自然光、结构与装饰、线与面，全都交织在一起，产生了先于荷兰风格派（例如"施罗德住宅"）的完全抽象的形式语言。这种抽象的统一性，恰恰符合唯一神派的宗教哲学。和赖特的许多其他作品一样，"巴黎美术学院"（Beaux-Arts）风格的对称和轴线手法，仍是空间组织的重要元素。

图1 二层平面　图2 西立面　图3 首层平面　图4 剖面

1）教堂大厅
2）平台
3）管风琴
4）天窗
5）教室
6）缝纫间
7）卫生间
8）储藏室

1）回廊
2）存衣间
3）门厅
4）社区大厅
5）教室
6）厨房
7）卫生间
8）储藏间
9）室外平台

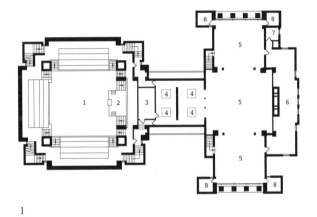

1

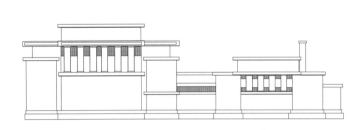

2

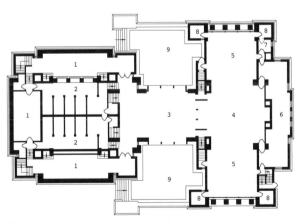

3

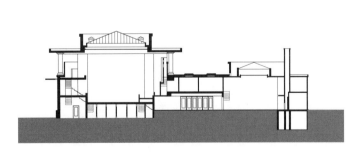

4

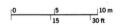

斯托克雷府邸 Palais Stoclet

约瑟夫·霍夫曼（Josef Hoffman，1870~1956）

比利时，布鲁塞尔，1905~1911, Brussels，Belgium

1903年，奥地利建筑师约瑟夫·霍夫曼和艺术家莫瑟（Koloman Moser）联合成立了名为"维也纳创作联盟"的设计工作室。他们秉承威廉·莫里斯（William Morris）的艺术精神，致力于创造"整体艺术"。他们提出宣言："我们最光荣的使命，是让手工艺者们在工作中重新找到愉快和生活的尊严。"比利时金融家阿道夫·斯托克雷（Adolf Stoclet），给了他们实现这一理想的机会。斯托克雷夫妇曾在维也纳居住，热衷于艺术品收藏。他们希望自己的府邸，既能展示不断扩充的艺术收藏，也足以款待众多欧洲艺术界名流，例如舞蹈家狄亚基列夫（Diaghilev）、音乐家帕德雷夫斯基（Paderewski）和斯特拉文斯基（Stravinsky）、文学家科克托（Cocteau）和法郎士（Anatole France）。

建筑用地紧邻北侧的特尔菲伦大街，南面有非常宜人的花园景观。霍夫曼利用这些环境特征，把主要起居活动房间沿街排列。入口大厅朝街道伸出醒目的落地凸窗。入口大厅和朝向花园的露台，形成垂直于街道的轴线。平面布局纯熟地利用了古典手法，并无明显创新。这座建筑的影响力，主要源于霍夫曼处理精妙的外饰面和室内设计。

建筑采用砖墙承重结构体系，砖墙外侧贴轻薄石板。这种薄板幕墙式的外立面，正是霍夫曼的老师瓦格纳倡导的现代建筑的特征之一。从石板很大的尺寸，可以估计出其厚度必然很小。霍夫曼与瓦格纳一样，煞费心机地表现外饰面板不是承重墙体的一部分。他没有采用"维也纳邮政储蓄银行"那种"钉帽"，而是用细金属条装饰窗套和立面转角。效果虽然很醒目，却破坏了承重与维护体系间的视觉完整性。窗子不再是凹陷的洞口，而是与外墙面齐平甚至突出墙面。建筑体量主要体现为板片的围合，设计的纯净感让人感觉不太真实。霍夫曼擅长用薄片构件塑造装饰细节。在花园一侧，室外座椅区的薄片顶盖慵懒地略微下垂，仿佛和周边外墙共同构成一座大门。

室内设计尽显绚丽与奢华，假如火候把握稍有不当，这种风格很容易沦为艳俗。然而霍夫曼与维也纳分离派其他成员的合作，堪称精妙。例如，餐厅的墙面分为三个层次：最低处是深色意大利韦内雷港大理石和东南亚红木制成的橱柜；橱柜上方是一条浅色意大利帕诺佐大理石，最高处是画家克里姆特（Gustav Klimt）设计的马赛克装饰。主人的卫生间室内，虽不及餐厅那样奢华，但也同样不失艳丽：白色大理石墙面上，镶嵌着黑色和孔雀绿色的石材条纹。

十九世纪末那种让美学贯穿生活各个角落的观念，在斯托克雷府邸得到了彻底展现。建筑师和艺术家的合作，使平淡生活的场所，变成了充满艺术氛围的宫殿。建成初期造访的客人谈到，斯托克雷夫妇的生活与这座建筑完美结合在一起。

图1 花园一侧立面　31

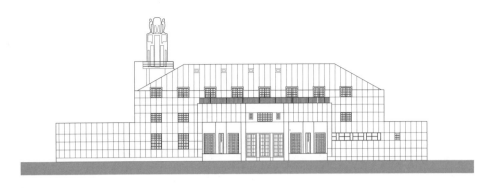

1

图2 沿街立面

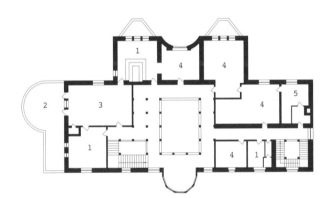

2

图3 二层平面

1）卫生间
2）露台
3）主卧室
4）孩子们卧室
5）女厕所

3

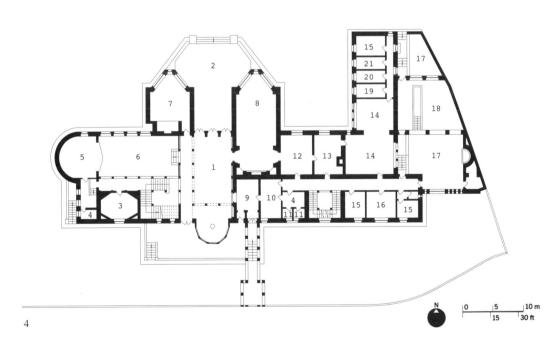

图4 首层平面

1）入口大厅
2）露台
3）起居室
4）盥洗间
5）舞台
6）音乐厅
7）男厕所
8）餐厅
9）门厅
10）存衣间
11）厕位
12）早餐厅
13）库房
14）厨房
15）仆人间
16）仆人餐厅
17）庭院
18）车库
19）储煤间
20）食物冷库
21）储肉间

4

罗比住宅 Robie House

弗兰克·劳埃德·赖特（Frank Lloyd Wright，1867~1959）

美国，伊利诺伊州，芝加哥，1908

如果说1903年建成的威利茨住宅（Willits House），是赖特草原住宅系列的奠基之作，那么罗比住宅堪称草原住宅中的巅峰之作，此时赖特的个人风格已经成熟。罗比住宅具有和"统一教堂"类似的开敞明亮的室内空间，而外立面造型与室内空间密切地互相呼应。尽管借鉴了"巴黎美术学院"风格的轴线式布局，但和鲁琴斯的"迪奈瑞花园别墅"相比，不难看出赖特的建筑语言在当时开风气之先。

业主弗雷德里克·罗比（Frederick Robie）是发明家和自行车制造商，具有和赖特其他许多业主相似的背景和秉性。和赖特在橡树园的几座草原住宅相比，这块位于芝加哥城南的用地显得局促许多。因此，罗比住宅是三层而非通常的两层，这样才能满足使用需求。然而，初看它像一座单层建筑，只不过屋顶有一小块阁楼凸起而已。建筑的首层，更像是突出地面的地下室。

整座建筑舒展地平卧在大地上。出挑深远的屋顶，仿佛摆脱了重力束缚。水平线条是构图核心。浅灰色的石材基础和压顶，在红色砖墙的背景下勾勒出几道醒目的水平线。墙体采用比例修长的罗马式红砖，水平砖缝较宽，采用素色砂浆；竖向砖缝较窄，使用深色砂浆。一切都是为了强化流畅的水平线条。在赖特眼中，"地平线"象征着家的氛围和美国大地上的自由气息。

罗比住宅的平面，仍保留经典的十字形布局痕迹。但为了适应用地尺寸，建筑被拉成了扁长的体块。入口位置很隐蔽，既出于私密性考虑，同时也保持沿街立面的完整性。和赖特的所有住宅一样，大壁炉位于平面的中心位置。壁炉位置在二层敞开，使起居室和餐厅之间尽可能毫无阻隔。

建筑主体两端山墙上，各有一个船头形状的角窗。窗子的镶嵌玻璃，采用赖特本人设计的精美图案。通透的角窗，淡化了封闭的围合感，突出了赖特所谓"打破盒子"的理念。灯具、空调和采暖设备，都通过精心设计成为建筑的一部分。灯具隐藏在窗子上方的木格栅里，投下柔和的灯光。还有一些装饰性的圆球灯具，嵌在橡木支架里。同样木质的装饰线脚，使窗子上方的墙与天花板形成一个连续折面。

罗比住宅被某些评论家戏称为"草原之舟"。从1893年赖特的处女作温斯洛住宅（Winslow House）建成之日，其诸多作品经历了一系列形式变化。赖特打破了传统的房间划分，让室内与室外紧密结合为一体。赖特的草原住宅并非位于真正的草原上，然而，他把握住了平坦开阔的地势特征，使建筑舒展的造型、建筑空间的连续性体现出抽象的草原气息。在罗比住宅里，这些手法都发挥得淋漓尽致。

图1 剖面　　　图2 二层平面　　　图3 首层平面

1）起居室　　　1）台球室
2）餐厅　　　　2）娱乐室
3）客人卧室　　3）车库
4）厨房　　　　4）庭院
5）仆人区

1

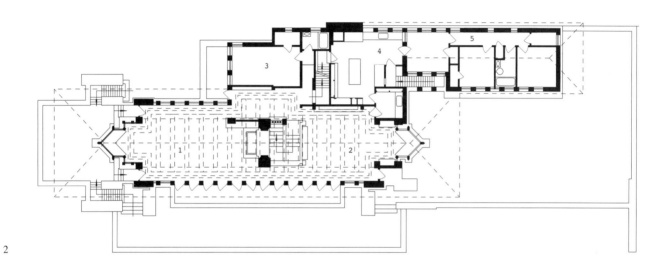

2

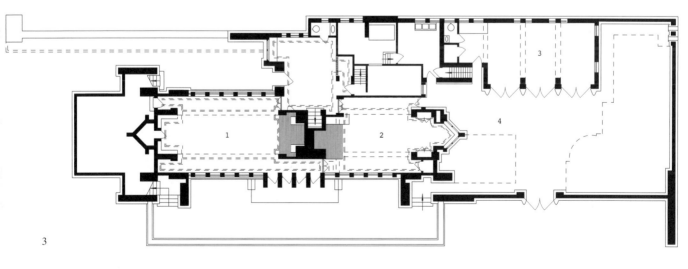

3

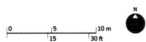

汽轮机工厂 Turbine Factory

彼得·贝伦斯（Peter Behrens，1868~1940）

德国，柏林，1908~1910 Berlin，Germany

1907年，由工业设计师转行成为建筑师的彼得·贝伦斯，开始担任德国电器公司（AEG）的"艺术顾问"。他负责全盘设计这家工厂的形象宣传，包括专用信纸到电热水壶的一系列平面和工业设计。第二年，贝伦斯开始设计新厂房的建筑形象。

以目前的标准衡量，这座功能和空间都很单纯的厂房，似乎难以升华为建筑杰作。体量巨大的钢框架厂房里，来回运行着荷载达100吨重的天车。在那个年代，厂房里诞生的产品——汽轮机，正是力量的完美象征。新厂房位于AEG庞大的柏林厂区的边缘，将成为整个企业的形象代言。

总长207米的厂房，分两个阶段建成。结构体系是工程师卡尔·伯恩哈德（Karl Bernhard）设计的三铰拱刚架，每一榀刚架两端有横向钢拉杆拉结。地面上硕大的铰支座，在纵向的沿街立面上非常醒目。靠近厂区内部的一侧，是体量较小的侧厅。十九世纪的铸铁结构，例如帕克斯顿（Joseph Paxton）的"水晶宫"，通常以大量纤细的杆件拼接来弱化铸铁的材料特征。贝伦斯的手法与之相反，他希望强调承重构件本身的体量感。三铰拱刚架的屋顶部分，是杆件拼接的桁架；但刚架的竖直部分是整块钢板拼接而成，给人异常强悍坚固的印象。在纵向的沿街立面上，每一结构开间内的玻璃幕墙略微向内倾斜，外露的钢板形成上大下小的倒三角形，愈发强化了视觉效果。

沿街的一个山墙立面，犹如神庙一样端庄典雅。立面两端的角部，是铁质水平分格的混凝土饰面板。混凝土板从地面满铺直到屋顶桁架下缘。与纵向沿街立面处理相反，混凝土板的墙面略微向内倾斜，而山墙正中的玻璃幕墙保持竖直。厂房的另两个立面，由伯恩哈德负责设计，仅仅是直接显露结构而已。贝伦斯坚持沿街的这两个立面具有厚重的古典气质。如果观察细节，就会发现山墙角部的混凝土板仅是围护墙，但它们坚实的外表，很容易使人误认其为承重结构的一部分。事实上，它们完全可以被通透的角窗替代。

这座建筑的历史意义，在于使纯粹实用性的工业厂房进入建筑的大雅之堂。贝伦斯认为，唯有充满古典气质的形式，才能塑造出彰显工业文明的纪念碑。汽轮机厂房建立在古希腊神庙的美学规律之上，却在具体手法方面与神庙截然相反。貌似坚实的建筑角部，其实只是非承重的围护墙；而立面中央的玻璃幕墙下方，也没有通常会在此出现的入口。

图1 山墙立面

图2 平面
1）主厅
2）侧厅

图3 横剖面

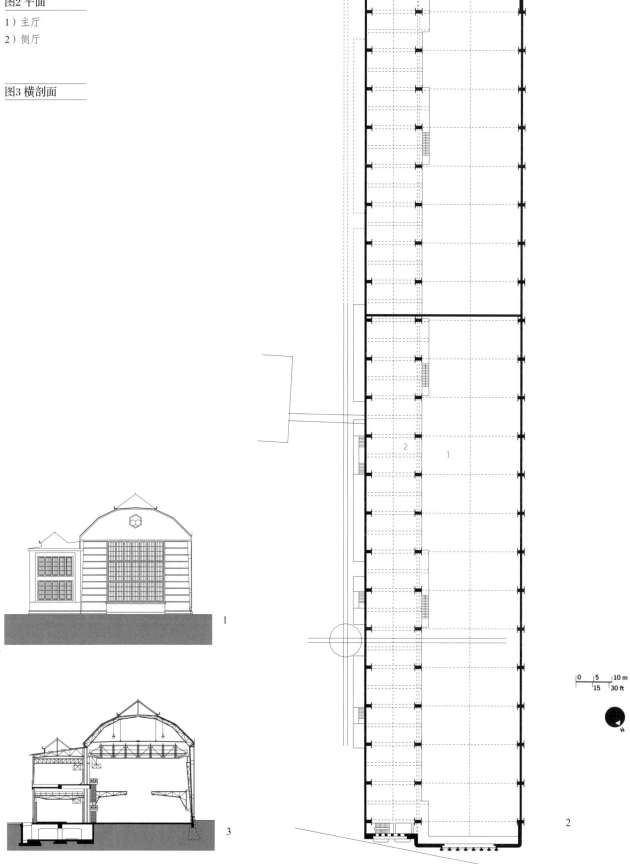

米拉公寓 Casa Milá

安东尼·高迪（Antoni Gaudi，1852~1926）

西班牙，巴塞罗那，1906~1910 Barcelona，Spain

高迪出身贫寒家庭，常年疾病缠身，毕生是虔诚的天主教徒。他的这些特征，似乎都和创造革命性的现代建筑相距甚远。学生时代，高迪深受英国作家约翰·拉斯金（John Ruskin）的影响。法国建筑师维奥莱-勒-杜克（Viollet-le-Duc）详尽介绍法国哥特建筑的巨著《中世纪建筑图典》，则是他心目中的另一部《圣经》。从业初期，他接受了当时流行的新哥特风格，后来又开始汲取西班牙摩尔式风格的元素。在1888年建成的维森斯住宅（Casa Vicens），高迪使用了成本低廉的碎石掺杂色彩斑斓的瓷砖，显示出摩尔式建筑的痕迹。

高迪的创造力，源自他对哥特建筑的热爱及批评。他认为，哥特教堂常用的飞扶壁，只是为了确保结构稳定，但像"拐杖"一样令人不快。他努力甩掉这种扶壁结构。向内倾斜的柱子，成为他成熟期作品的标志性手法。

在工程师阿方索（Alfonso Cerda）为巴塞罗那规划的城市网格中，米拉公寓占据了一块约1000平方米的街角用地。高迪消除了不同方向立面的差异，代之以连续的波浪状曲面。由主要助手茹若尔（Josep Maria Jujol）设计的铸铁阳台栏杆，变化无穷，更强化了立面的流动感。墙与窗之间常规的差异，也同时消失了。当地人戏称这座建筑为"采石场"。实际上，除了具有水平的分层线条，其形象和真正的采石场并不相似。在米拉公寓，高迪沿用了他早

期作品如古尔公园（Güell Park）的某些手法。

富于流动感的形式无处不在。当地公寓建筑的庭院通常为方形，高迪采用了两个近似圆形的庭院，像两个巨大漏斗把自然光和新鲜空气引入建筑。屋顶轮廓蜿蜒起伏，好像天空下变化丰富的自然景观。屋顶上尺寸和形状都很夸张的烟囱和通风井，既像古代的文明的遗迹，又颇似现代风格的雕塑，甚至是科幻电影里的外星生物。

然而，米拉公寓绝不只是炫技的形式游戏，其地下室可以停放小轿车。由于承重体系是框架而非承重墙，无论是同一楼层，还是各层之间，公寓单元的平面绝无重复。但高迪的框架结构，不同于现代主义"自由平面"中规整的柱网和各层重复的楼板。倾斜的柱子和钢梁，支撑着房间里略微拱起的天花板。起起伏伏的天花板，使这些房间好像生物体内的许多细胞，而波浪起伏的外立面也直接对应室内的空间变化。

另一件高迪的作品巴特略公寓（Casa Batlló），竣工略早于米拉公寓，建筑规模也略小。高迪这样评价巴特略公寓："所有的墙角都将消失，每一种材料都以优美的曲线展现自我。阳光从四面照进宛如仙境的房间。"将近一个世纪过去了，有机的形态重又成为建筑领域的热点。可惜，至今还未出现像高迪那样兼具激情和创造力的建筑师，实现结构与形式的完美结合。

1

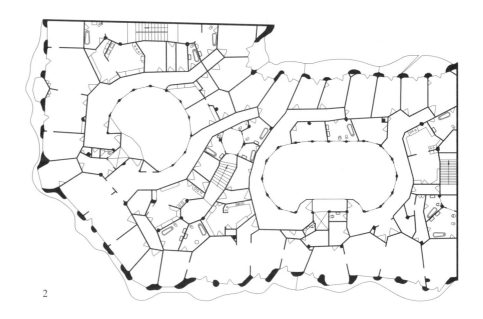

2

图1 立面

图2 标准层平面

图3 剖面

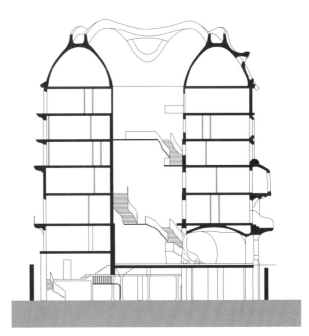

3

0　5　　10m
15　30 ft

玻璃展厅 Glass Pavilion

布鲁诺·陶特（Bruno Taut，1880~1938）

德国，科隆，1914年（临时展厅） Cologne, Germany

"德意志制造联盟"创立于1907年。它的主旨，是在设计中实现艺术家、手工艺者和工业制造者的合作。使大批量生产和个人艺术价值达到水乳交融，显然是一项艰巨的挑战。在德意志联盟的首次展览上，表现主义的成员之一布鲁诺·陶特设计的"玻璃展厅"，充分证明了实现这一目标的可能性。

这座临时建筑的业主——德国玻璃工艺协会，希望借此展示不同种类玻璃应用在建筑中的潜力。在陶特眼中，玻璃展厅不只是单纯的商业宣传手段，而是表现主义的重要舞台。同一年，德国诗人舍尔巴特（Paul Scheerbart）的《玻璃建筑》一书出版。从书中摘录的一些隽语，就刻在玻璃展厅柱子的环状压顶上。舍尔巴特的诗句，也影响了展厅颇具仪式感的室内空间。舍尔巴特憧憬着："阳光、月光与星光，透过每一面墙射入房间，把我们带入一种新的文化。"他相信，和数百年来令人压抑的"砖的建筑"截然不同，"玻璃的环境"将改造人类的生活。

展厅形象最醒目的部分，是像钻石一样切削折面的穹顶，它象征自然界复杂的几何特征。建筑内部呈中轴对称，其中最著名的特征是楼梯：玻璃砖砌成的墙包围着玻璃材质的楼梯踏步。拾阶而上，就来到了充满神秘仪式感的空间核心。现存的黑白照片，不足以显示那里强烈的视觉效果。彩色的灯光，在多级跌落的小瀑布水面上迷离闪烁。参观者沿着一条狭长的通道向前，地板和天花板间的墙面铺满彩色玻璃马赛克。通道尽头是一个突出主体之外的小房间，走出去便回到了外面尘俗的世界。

1914年，陶特创办了一份名为《曙光》的杂志，主要刊登表现主义同仁的文章。陶特对玻璃建筑的畅想，令人联想到《圣经》与《古兰经》中描述的所罗门的圣殿。从早期的方案草图可以看出，陶特希望"玻璃展厅"继承中世纪哥特大教堂的美学，"闪烁着光芒而又晶莹剔透"。评论家拜恩（Adolf Behne）这样赞颂玻璃："水晶一般纯净与清澈，宛若无物的轻盈通透和无限的活力。"四年后——第二次世界大战刚刚结束，他写道："玻璃的建筑，是让欧洲人回归人性世界最理想的方式。"

陶特对玻璃的狂热，在1919年出版的《阿尔卑斯建筑》一书中达到极致。在书中，他畅想在阿尔卑斯山上布置一组被彩色灯光照亮的玻璃构筑物，以此来抵消战争造成的破坏。1914年的"玻璃展厅"正是这些构筑物的原型。陶特认为，他的玻璃建筑犹如哥特大教堂，将成为城市的象征和凝聚力的源泉。1919年，在包豪斯第一份宣传册的封面上，一幅木刻画描绘的就是这样一座大教堂。然而仅仅两年后，潮流骤然逆转，建筑界追随的对象从中世纪精神变成了机器美学。

图1 屋顶平面　　图2 二层平面　　图3 立面　　图4 首层平面　　图5 剖面　　　　　39

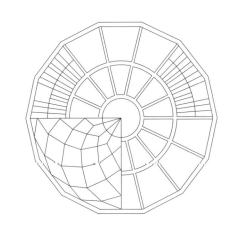

1

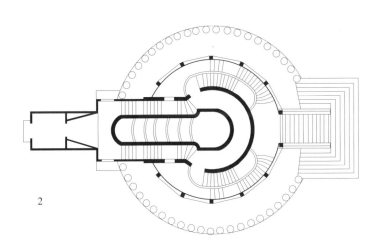

2

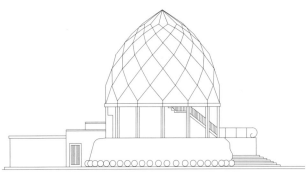

3

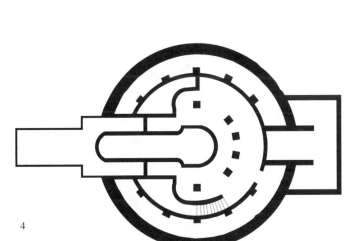

4

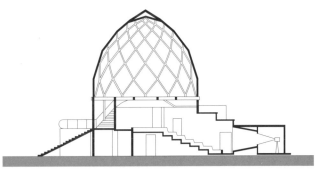

5

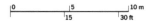

斯德哥尔摩公共图书馆 Stockholm Public Library

贡纳·阿斯普隆（Erik Gunnar Asplund，1885~1940）

瑞典，斯德哥尔摩，1918~1927 Stockholm，Sweden

　　第一次世界大战刚刚结束的数年里，整个欧洲普遍排斥以新艺术运动为代表的个性化表现力。在西班牙的加泰罗尼亚地区、东欧及北欧，富于民族特色的新艺术运动余脉，同样遭到排斥。对当时的许多人而言，古典主义才能代表欧洲永恒的核心价值观。北欧成为重新诠释古典主义的重要阵地。1925年，在巴黎举办的装饰艺术博览会上，来自瑞典的展览引人注目。这种昙花一现的风格，日后被称作"北欧古典主义"。它长期以来被建筑史所忽略，直到八十年代才获得重新认识。斯德哥尔摩公共图书馆，正是这一风格的代表作。

　　在1918年的瑞典，公共图书馆仍是新鲜事物。最初，阿斯普隆只是负责研究策划，为图书馆制定任务书。他为此专门访问了美国，在那里公共图书馆已遍地开花。卡耐基（Andrew Carnegie）等美国工业巨子和慈善家们，捐资建造了成百上千座公共图书馆。丰富的研究成果，使阿斯普隆成为最有资格设计这座图书馆的人。建筑的基本格局很快确定下来，采用朴素的新古典主义：平面格局是正方形的中心嵌入一个圆形。

　　建筑的用地位置显要，恰是斯德哥尔摩两条干道的交汇处。设计过程分成了两个阶段。阿斯普隆最初的设想，是带拱形天窗的穹顶覆盖着圆形借阅大厅，建筑的三面都是科林斯柱式的高大柱廊。公众通过一座壮观的大台阶，进入圆形大厅。

　　后来，考虑到城市环境的整体构图，阿斯普隆决定在图书馆下方设计一块基座。主要由商店构成的基座，延伸到附近新建的一片公园里。这一构想最终没有实现。随着设计的推进，阿斯普隆舍弃了过于张扬的古典手法和装饰。穹顶消失了，取而代之的是一个顶部略微鼓起的圆筒。柱廊被简化成带有古埃及色彩的高大入口。进门后的走廊和台阶，刻意设计得较窄。两侧黑色的墙面，使入口附近的空间显得昏暗。这正是为接下来进入明亮的圆形大厅做铺垫。圆形大厅中央，悬挂着一个硕大的碗状吊灯。沿着大厅的墙面，是三层古雅的木质书架。书架以上，是白色涂料墙面和环绕圆筒的一排高窗。

　　就在图书馆的设计即将完成之际，阿斯普隆接触到了来自德国的现代建筑思潮。他很快接受了激进的功能主义。1928年图书馆落成时，首层商店抽象简洁的外立面和大面积的玻璃窗，正是这一影响的体现。有趣的是，混合的结果并不显得突兀，因为这些新形式同样源自"永恒"的古典主义。在基本的建筑价值观方面，例如清晰的形式、典雅的几何比例、通过弱化材料自身特征来强调轻盈的状态，北欧古典主义和欧洲大陆的现代主义，存在诸多共通之处。

图1 二层平面　　图2 南立面　　图3 首层平面　　图4 剖面　　　　　　　　41

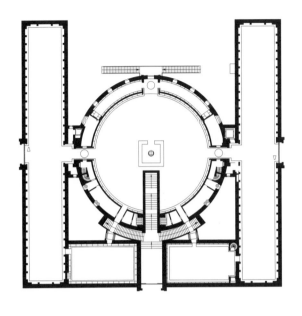

1

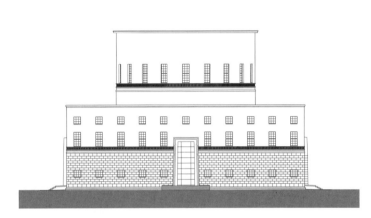

2

3

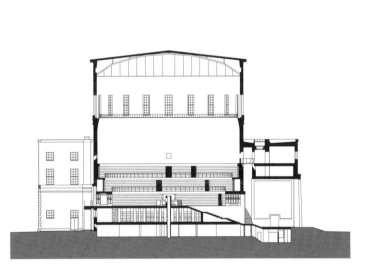

4

爱因斯坦天文台 Einstein Tower

埃里克·门德尔松（Eric Mendelsohn，1887~1953）

德国，波茨坦，1919~1924 Potsdam，Germany

在德国与荷兰蓬勃兴起的表现主义运动中，门德尔松的爱因斯坦天文台是建筑领域最杰出的代表作之一。事实上，"表现主义"这一称谓并不确切。一方面，它用来描述那些曲折多变、被冠以"反理性"之名的形象；另一方面，它暗示这些形式是在表现特定的、强烈的情绪。沃林格（（Willem Worringer）于1907年发表的《抽象与移情》，是表现主义最重要的理论著作。

门德尔松的建筑哲学，受到两方面的重要影响，其一是新艺术运动在比利时的代表人物范·德·维尔德（Henry van de Velde）。范·德·维尔德认为，建筑和家具应当是"鲜活的有机体"，这一点与高迪颇具共通之处。门德尔松的另一个灵感源泉，是他1911年在慕尼黑接触到的艺术团体"蓝骑士"（Der Blaue Reiter）。这个仅仅存在了短短几年的艺术家联盟，崇尚以直觉来塑造形式。其中最具影响力的成员，当属俄国画家康定斯基（Wassily Kandinsky）。

门德尔松最早的一些建筑构想，酝酿于最不可能发生的地点——第一次世界大战的战壕里。在战壕里，他完成了许多富有"动感"形式的草图，它们是天文台、电影工作室和火车站等一系列建筑的雏形。战争结束后，门德尔松等来了实现构想的机会——天体物理学家弗劳德里希（Erwin Finlay-Freundlich）委托他设计爱因斯坦天文台。正如这座建筑的名字所暗示的那样，它是为了纪念现代科学最具革命性的理论——相对论。

《狭义相对论》提出了能量与质量之间的转换关系，这一点使门德尔松更加自信地认为，现代性需要动感的表现形式。爱因斯坦天文台的初期方案，并没有太多战壕里草图的力量感。很快，方案就向表现主义靠拢，仿佛某种奇异的植物或从地下冒出来的怪石。在门德尔松的方案中，整个充满动感的建筑完全由钢筋混凝土构成。令人遗憾的是，最终由于成本限制，相当一部分是由砖砌成。

建筑功能的核心，是一条竖直井道，它把阳光反射到地下的观测室里。在满足这一功能之余，门德尔松得以自由处理建筑造型。这座建筑仿佛被某种不可见的力量扫过，建筑本身也处于运动中。门德尔松相信，科学与工艺将是推动文化进步的新动力，而他设计的天文台证明了，机器将会"创造一个新的有机体"。

图1 地下层平面　　　图2 首层平面　　　图3 二层平面　　　图4 三层平面　　　图5 四层平面　　　图6 剖面

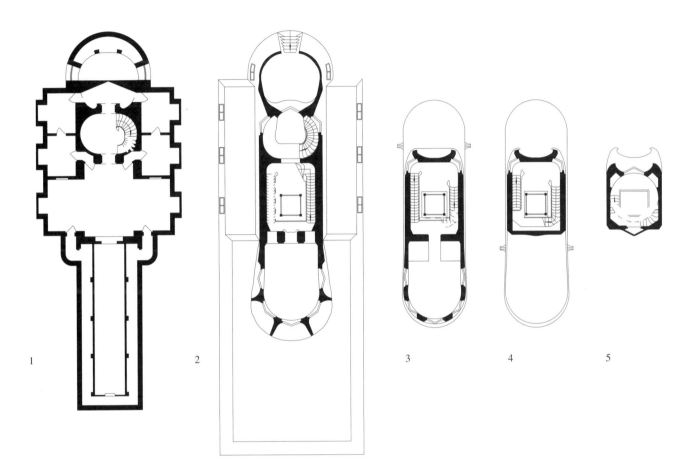

1　　　　　　　　　　2　　　　　　　　3　　　　　　4　　　　　　5

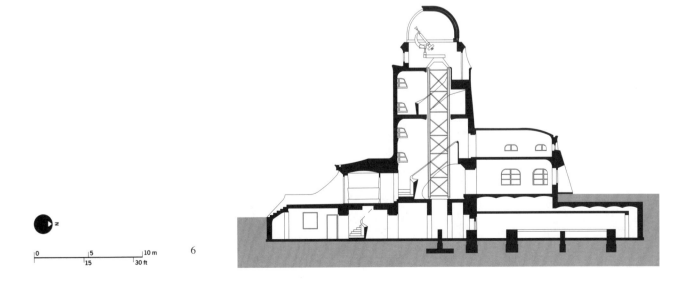

0　　　　5　　　　10 m
15　　　　30 ft

6

辛德勒 – 切斯住宅 Schindler-Chace House

鲁道夫·辛德勒（Rudolf Schindler，1887~1953）

美国，加利福尼亚州，西好莱坞，1921~1922 West Hollywood, California, USA

出生于维也纳的建筑师鲁道夫·辛德勒，最初师从阿道夫·卢斯。1910年，他通过德国出版的一部专辑了解到赖特的作品。他在第一次世界大战爆发前夕移民美国。三年后的1917年，他来到塔里埃森跟随赖特。1920年，辛德勒前往加利福尼亚，担任赖特设计的蜀葵住宅（Hollyhock House）的施工监督。

在加利福尼亚，辛德勒接触到美国建筑师厄温·吉尔（Irving Gill）的作品。吉尔曾是赖特在沙利文（Louis Sullivan）事务所的同事。他移居西部后，借鉴了当地的西班牙风格建筑，设计了一系列平屋顶住宅。这些纯净的白色长方体，采用非对称构成语言，全无装饰。赖特、吉尔和日本的传统文化，这些多方面的影响都体现在辛德勒的处女作里。这座辛德勒-切斯住宅，也被某些评论家视为他最重要的作品。

建筑最初的灵感，来自辛德勒夫妇在约塞米蒂国家公园露营和骑马的经历。他们希望拥有一座像帐篷那样对自然环境敞开的住所。他们和朋友切斯夫妇一拍即合，决定两家人共享一座这样的住宅。建造资金基本上由辛德勒的岳父提供。在向岳父借款的信中，辛德勒写道："每一对夫妇都拥有宽敞的房间。房间的三面是混凝土墙，另一面是朝向花园的落地玻璃，那将是一道真正的加利福尼亚风情。屋顶上还有两个'睡篮'可以享受露营的野趣。"

建筑朝向花园的立面，都是宽大的推拉门，上方是两根梁支撑着出挑的屋顶。起伏有致的屋顶及"睡篮"，加上房间和花园的紧密联系，使建筑和景观在三维层面上合为一体。"诚实"地显露包括木构架的各种材料的质感、大量使用推拉门，都鲜明反映出日本传统建筑的影响。建筑的总体布局，同样带有京都桂离宫等日本古代园林的痕迹。室内外空间充分的融合，恰好呼应洛杉矶当地温暖干燥的气候。随着"伊姆斯住宅"和"考夫曼沙漠住宅"的出现，轻松惬意的加利福尼亚生活方式，自四十年代后期开始蓬勃兴起。

在此后的近三十年里，辛德勒形成了一套成熟的建筑语言，主要手法包括木构架和抹灰饰面。在他设计的许多住宅当中，只有1926年建成的"罗威尔海滩住宅"，具有和"辛德勒-切斯住宅"相仿的诗意和创意。

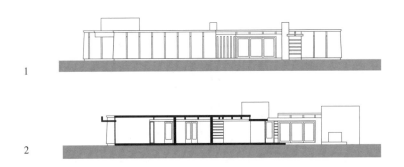

图1 东立面

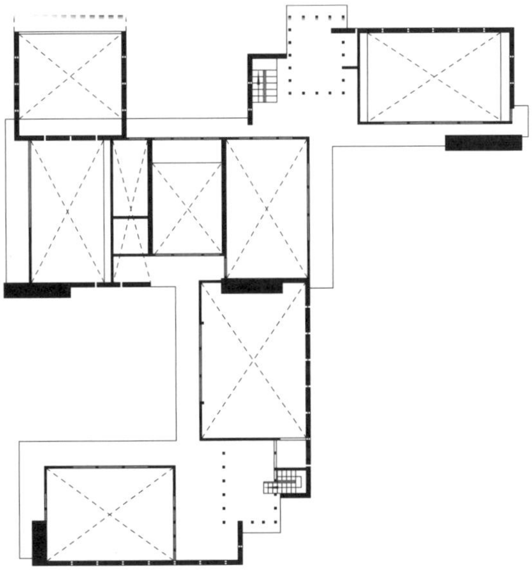

1

图2 剖面

2

图3 屋顶平面

图4 首层平面

1）花园
2）车库
3）客人卧室
4）庭院
5）卧室
6）卫生间
7）过厅
8）厨房
9）餐厅
10）起居室
11）室外平台

3

4

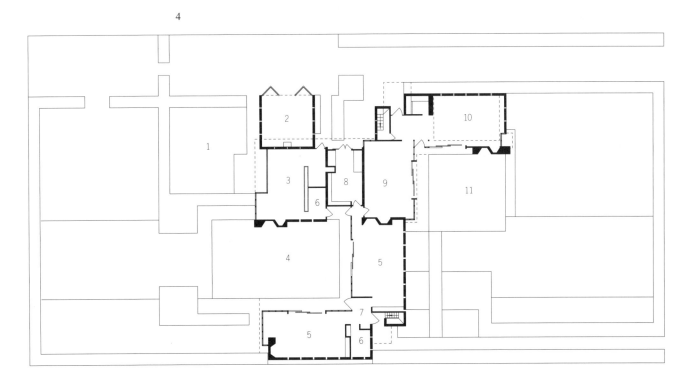

施罗德住宅 Schröder House

里特维尔德（Gerrit Rietveld，1888~1964）

荷兰，乌特勒支，1924 Utrecht, The Netherlands

　　萨伏伊别墅、玛丽亚别墅和范思沃斯别墅，这几座在二十世纪影响深远的住宅有一个共同点，那就是建筑师和女性业主之间保持着密切关系。施罗德住宅也是如此。施罗德-施拉德夫人是一位年轻的孀妇，其亡夫曾是一个稳重有余的律师，而她却深谙艺术与哲学，乐于和荷兰的前卫艺术家交往。里特维尔德是她的艺术家朋友之一。里特维尔德早年继承父业，是个家具工匠，后来又利用业余时间学习建筑。1918年，荷兰风格派创始人杜斯堡（Theo van Doesburg）把"红蓝椅"作为风格派美学的代表广为宣传，从而使其设计者里特维尔德一举成名。

　　丈夫去世后，施罗德-施拉德夫人决定建造一座住宅，可以在这里接待自己的艺术家和知识分子朋友。和这些朋友的交流，将成为其孩子们所受教育的一部分。她购买了一小块地，位于一片联排住宅尽端。刚建成时，施罗德住宅面朝一片开阔绿地，如今那里已是一条繁忙的道路。为了更好地欣赏窗外景色，她希望主要的生活空间设在二层。首层是厨房、餐厅等次要空间，以及当时非常稀罕的室内车库——有趣的是她那时还没有自己的小轿车。二层空间完全开敞、没有划分房间，这在当时属于非常奇特的设计。为了通过当地的建筑审核，在呈交设计图纸时，二层被写作"阁楼"。

　　平面的核心位置是窄小的螺旋楼梯，楼梯上方是一个立方体形状的天窗。女主人的卧室区和客厅区连通，只有一道折叠门灵活地分隔。两个女儿共用的卧室和一个儿子的卧室也在二层。工匠出身的里特维尔德，设计了建筑里的所有细节。窗框色彩鲜艳的窗子，只有紧闭或呈90°开启两种状态，不能部分开启。在荷兰风格派严格的形式语言里，只有水平与竖直而不允许斜向线条。较宽的横向窗梃既是装饰也便于放置盆栽植物。所有家具都依照里特维尔德的设计，在建筑施工中同时完成。

　　每一处细节，都反映出里特维尔德的设计原则：强化而不是破坏由板片和杆件塑造的空间。不同颜色的板片和杆件，或者相互分离，或者出头搭接，都避免常规形式的拼接。工字钢柱有意不在平面的角部而是略微偏离，使角窗处的景观更通透。在建筑、家具与装饰集合成"整体艺术"方面，施罗德住宅和"斯托克雷府邸"非常相似。但前者的形式富于抽象的现代感，空间也更灵活自由，适应平常人家而不是显贵的生活。

　　第一次世界大战后，施罗德住宅是在建筑领域探索新的美学、社会和政治原则的先驱。它的业主和建筑师都认同，清晰与简洁不只是艺术手段，而是一种信仰。女主人关于家庭、女性的社会角色、个人的社会责任等问题的激进观念，都是实现这座住宅的推动力。

图1 二层平面

图2 剖面

图3 首层平面

图4 东南立面

图5 西南立面

1

2

3

4

5

0   5   10 m

15   30 ft

包豪斯校舍 Bauhaus

沃尔特·格罗皮乌斯（Walter Gropius，1883~1969）

德国，德绍，1925~1926 Dessau，Germany

1919年，魏玛的手工艺学校和美术学院合并，创立包豪斯学校，首任校长格罗皮乌斯。它的办学宗旨，是实现"各种艺术之间的联合"。正如音乐家瓦格纳（Richard Wagner）希望歌剧成为"整体艺术"，包豪斯的理想，是创造建筑与工业设计结合的"整体艺术"。包豪斯第一份宣传册的封面，是费宁格（Lyonel Feininger）著名的木刻画，名为"未来社会主义者的大教堂"。对于文化氛围保守的魏玛而言，这些思想显然过于激进。1923年，包豪斯举办了首次展览。两年后，学校迁至发展迅速的工业城市德绍。

格罗皮乌斯设计的新校舍，平面布局由风车状的三部分组成。其中管理区的部分架空跨过道路。管理区一侧是包括各种教室、小实验室的教学空间。立面为玻璃幕墙的工房区和六层高的宿舍区，由报告厅和餐厅联系在一起。包括色彩搭配、家具和标识在内的室内设计，是包豪斯教学理念和教学成果的集中展示。由布劳耶（Marcel Breuer）设计的家具，是世界上最早大批量生产的弯管不锈钢家具。室内富于创意的灯具，是在卡尔斯（Max Kraals）和布兰德（Marianne Brandt）指导下，在学校的金属工房里自制而成。窗子上装有铰链，一组窗子能以相同角度同时开启或关闭，使建筑看上去像一架机器。

不难想象，在当时纳粹党已蠢蠢欲动的德国，这座建筑造成的社会反映褒贬不一。然而在现代主义的建筑同行当中，它被视为一个巨大成功。俄国作家爱伦堡（Ilya Ehrenburg）称赞这座建筑："像是被模具一次浇铸而成。它的玻璃幕墙，让人们仿佛置身于外界空气中，又与外界明确地隔开。"由于结构柱退后，建筑立面可以实现大片连续的玻璃幕墙。教室和工房不再是挖出许多小洞的体块，它变成了一个巨大的空间整体，白天充满明亮的阳光，夜间被灯光照得像一盏魔灯。

格罗皮乌斯摒弃了传统的对称立面形式，你必须环绕校舍一周才能充分理解它的立面构图。透过玻璃幕墙看到的室内空间，以及玻璃上的镜像，为立面平添了出人意料的丰富效果。瑞士评论家吉迪翁（Sigfried Giedion）称其为表达建筑中的"时间—空间"和"同时性"的典范。这种叠加手法，经常出现在二十世纪初期绘画流派，例如立体主义的作品中。

格罗皮乌斯在他撰写的《新建筑与包豪斯》书中写道："我们的志向，是召唤富有创意的艺术家从超凡脱俗的世界回到现实生活中；同时，在僵化和唯利是图的商人头脑里增添人性的色彩。"格罗皮乌斯的思想，在世界各地艺术与设计界的教育者当中，产生了极其深远的影响。然而作为建筑师，他日后的作品却从未达到包豪斯校舍的辉煌。

图1 西立面　　图2 二层平面　　　　　　　　　　　　　　图3 北立面　　图4 首层平面

管理区	教学区	工作室区
1）门厅	11）教工室	21）卫生间
2）图书馆	12）过厅	22）工作室
3）打字室	13）教室	
4）等候区	14）存物柜	
5）管理	15）材料室	
6）会议室	16）课程工房	
7）校长室	17）编织工房	
8）等候区	18）指导技师室	
9）电话室	19）更衣室	
10）报告厅	20）盥洗室	

教学区	工作室区
1）实验室	17）厨房
2）教室	18）库房
3）物理教室	19）过厅
4）过厅	20）服务柜台
5）门廊	21）学生休息室
6）存物柜	22）餐厅
7）卫生间	23）露天平台
8）暗房	24）舞台
工房区	25）观众厅
9）展览室	
10）材料室	
11）指导技师室	
12）工长室	
13）家具工房	
14）机械工房	
15）饰面板工房	
16）盥洗室	

图5 东西方向剖面

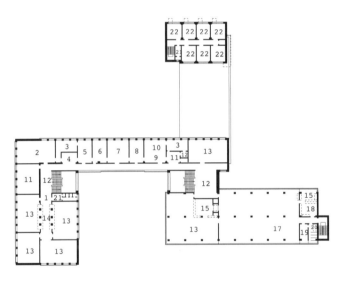

1

3

2

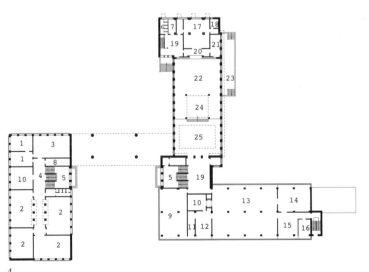

5

4

开敞式学校 Open Air School

约翰内斯·戴克尔（Johannes Duiker，1890~1935）

荷兰，阿姆斯特丹，1927~1928 Amsterdam，The Netherlands

虽然英年早逝，但是戴克尔在现代建筑史上仍占有特殊的一席之地。他对建筑的关注，更侧重于社会因素而非美学因素。他的建筑理论和作品，都把卫生、明亮和空气新鲜的环境视为健康社会的基础。他致力于改善低收入人群的居住环境，反对以纯粹的美学效果为出发点，无论这种效果是像荷兰风格派那样现代，还是像代尔夫特学派那样传统。至于表现主义的阿姆斯特丹学派，更是他的对立面。

1917年，戴克尔和贝伍特（Bernard Bijvoet）合作，第一次赢得设计竞赛。贝伍特成为日后其长期合作者。他们中标的阿姆斯特丹国立学院方案，深受赖特的"拉金公司办公大楼"和"统一教堂"影响。令人遗憾的是，它始终停留在纸面上。1924年，当他们设计位于阿尔斯梅尔（Aalsmeer）的一座住宅和位于迪门（Diemen）的一座洗衣店时，戴克尔和贝伍特已开始转向现代主义。戴克尔加入了阿姆斯特丹的一个建筑师组织："8人组"。他们的宣言是："在目前阶段，宁可要丑陋而实用的建筑，也不要平面混乱而靠立面粉饰的建筑。'8人组'不需要美学。"

1926年，贝伍特暂时离开荷兰，在巴黎与夏洛合作"玻璃住宅"。但他仍参与了开敞式学校的设计。1927年5月12日的图纸上，留有贝伍特的签名。这座学校的设计理念，是开敞式的学习环境更利于孩子健康成长。在尚未确定具体用地前，戴克尔已开始构思。最终确定的用地，是被居住区环绕的一片空地。设计方案经过屡次调整，例如平面增加了斜向元素、柱子从角部移到了每一边的中心位置，并且减少了教室数量。

开敞式学校的平面和结构体系，都令人联想到路易·康的作品，例如"理查德医学研究中心"。和路易·康不同，戴克尔试图表现轻巧而非厚重的感觉。他把楼梯、存衣间和卫生间集中在一个旋转45º的方盒子里，然后把楼梯休息平台悬挑在方盒子外面，建筑平面呈现沿45º斜轴对称的蝴蝶形状。

结构的重要特征，是柱子位于建筑每一边靠近中心的位置而不是角部。密斯在五十年代的一个未建成方案——平面为50英尺[①]见方的住宅、1968年建成的柏林新国家美术馆，也都采用了类似手法。角部的梁截面变小，而楼板最靠外的一部分挑出在梁的范围外，空荡荡的角部显得极为轻巧。门框和用于固定玻璃栏板的钢片，也都异常纤细。可惜，这些细节在日后的改造中被粗笨的构件取代。目前看到的开敞式学校，已丧失了一部分建成之初像机器般精密的气质。

注①一英尺=0.3048米

图1 庭院标高平面　　图2 二层平面　　图3 剖面

1）体育馆　　　　　1）教室

2）教室　　　　　　2）开敞式教室

3）开敞式教室

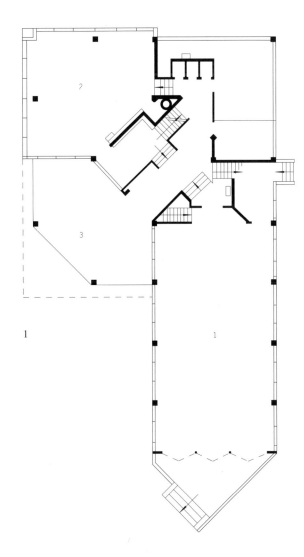

1

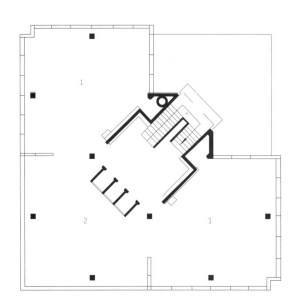

2

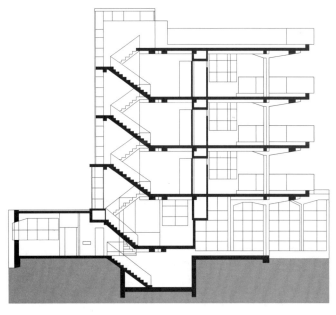

3

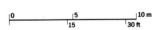

罗威尔"健康住宅" Lovell 'Health House'

理查德·纽特拉（Richard Neutra, 1892~1970）

美国，加利福尼亚州，洛杉矶，1927~1929 Los Angeles, California, USA

纽特拉和辛德勒的早年经历非常接近，同样出生于维也纳，都曾在卢斯的事务所工作。纽特拉还曾在门德尔松的柏林事务所工作过两年。1923年，纽特拉移民来到美国，加入芝加哥的"霍拉伯德和罗奇"(Holabird & Roche) 事务所。后来又来到塔里埃森，在他仰慕已久的赖特身边工作。不久，他移居洛杉矶和昔日的同窗好友辛德勒合作。1927年，纽特拉开始为菲利普·罗威尔（Phillip Lovell）设计一座规模很大的住宅。罗威尔是《洛杉矶时报》"健康"专栏撰稿人。他极力推崇利用自然手段实现身体健康，例如体育锻炼、裸体日光浴和素食。他的海滩住宅是辛德勒的作品，因此辛德勒声称纽特拉偷走了他的业主。纽特拉则对此予以否认。无论真相如何，这座新的罗威尔住宅坚实地奠定了纽特拉的事业基础。

这个项目吸引纽特拉之处在于，"在一片陡峭粗粝的山坡上，起重机吊臂精准地组装起建筑的钢骨架"。从剖面上看，建筑采用两层半的格局。主入口和街道标高齐平，房间布局非常自由，某些墙面延伸出去，成为室外景观的一部分。开敞的门廊和阳台错落有致。最引人注目的，是入口门厅里的楼梯。透过两层高的玻璃幕墙，可以在楼梯上遥望洛杉矶市区。楼梯间里的灯具，是著名的福特"T型车"的大灯，只是把原有的透明玻璃换成了磨砂玻璃。

建筑几乎占满了整个用地。纽特拉为起居活动设计了各种层次的空间。楼梯下方有一个小巧的活动空间，而图书馆是一个隐秘的洞穴。通透的玻璃幕墙，包围着主要的起居和餐厅空间。纽特拉担心当地的承包商难以圆满实现如此富有创意的设计，于是他亲自承接施工。纽特拉统领着各个分包商，亲自控制所有细节，定期到现场监督施工。

钢结构全部由工厂预制，施工现场的螺栓组装仅用了40小时。填充墙采用钢板或钢丝网喷涂的混凝土板。材料的虚实组合精当，构图比例完美。其西南立面堪称现代建筑史上的经典画面。和许多欧洲现代住宅相比，这里的生活氛围更轻松惬意。整座建筑处处展示出荷兰风格派的形式特征，只有起居室里片石砌成的壁炉显得不甚协调，似乎是向纽特拉的偶像赖特致敬。

新居刚刚落成，罗威尔就在他主笔的专栏中大力宣传。他宣布自己将和纽特拉一起，在连续四个周日下午接待游客参观其新居。最终，有大约15000人到访。"健康住宅"现代的魅力令大多数参观者折服，迅速成为现代建筑史上一颗闪亮的新星。

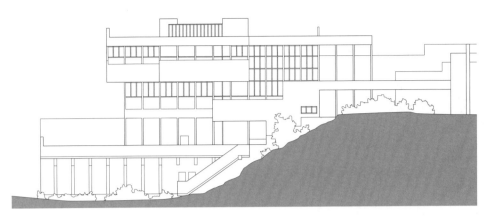

图1 南立面

1

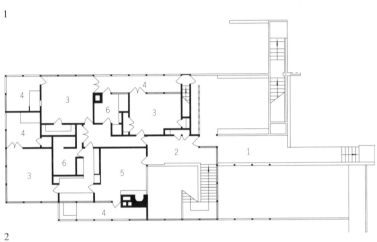

图2 入口标高平面
1）入口平台
2）入口
3）起居室
4）门廊
5）书房
6）卫生间

2

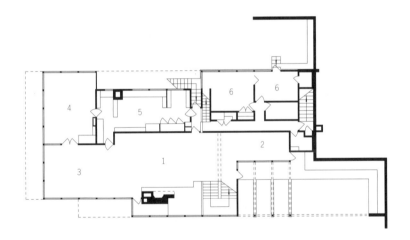

图3 二层平面
1）起居室
2）图书馆
3）餐厅
4）门廊
5）厨房
6）客人卧室

3

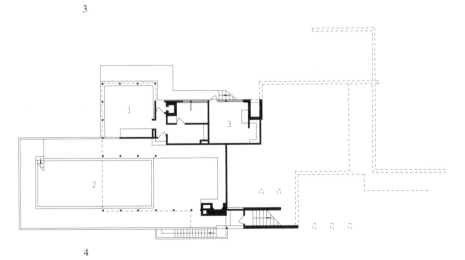

图4 首层平面
1）门廊
2）游泳池
3）洗衣房

4

圣心教堂 Church of the Sacred Heart

约泽·普雷契尼克（Jože Plečnik，1872~1957）

捷克共和国，布拉格，1927~1931 Prague，Czech Republic

普雷契尼克出生在斯洛文尼亚，曾在维也纳师从奥托·瓦格纳。他是二十世纪坚持古典传统又不失创造力的代表性建筑师。1911年，他来到布拉格并定居于此。在接下来的十年里，任教于当地的工艺美术学校。1918年，捷克斯洛伐克宣布独立。普雷契尼克接受委托，把布拉格城堡改建为总统官邸。次年，由于圣心教堂设计竞赛的入围方案都不甚理想，因此29位建筑师联名写信，邀请普雷契尼克设计这座教堂。1920年，他返回斯洛文尼亚，但仍然继续这两项重要工程的设计。

圣心教堂位于布拉格郊外一片绿树成荫的广场上。教堂大厅没有划分侧厅和小礼拜室，而是一个平面接近方形的高大开敞空间。圣坛位于大厅东端的中央。正方形图案的深色藻井天花板，遮住了上方的钢屋架。三面外墙上的32个高窗，让大厅里充满了明亮的自然光。大厅的空间和赖特的"统一教堂"有共通之处，但简单了许多。最引人注目的造型特征，是42米高的钟塔。巨大的玻璃表盘内有"Z"形坡道。圆形的玻璃表盘，使钟塔不至于过分厚重的同时增加了钟塔的纪念性，也使它更接近传统大教堂的主立面。布拉格城中有数十座历史悠久的大教堂，而普雷契尼克希望新建的圣心教堂成为城市有机的一部分。

教堂外立面由对比强烈的两部分组成。立面下半段深灰色的砖墙上，规律地排布着凸起的石块，形成肌理丰富的图案。立面上半段和入口门楣，采用白色涂料。深色

砖墙顶部在建筑四角呈倒斗状，这是第一次世界大战前捷克立体主义建筑的常用手法。高窗和门楣的形式，是加入了普雷契尼克个人风格的古典建筑语言。

普雷契尼克对材料的选择，显然受德国建筑师森佩尔理论的影响。圣心教堂的深灰色砖墙，犹如一件"貂皮大衣"。它既是皇家威仪的象征，并且也隐喻大主教的服装。普雷契尼克借鉴了匈牙利音乐家巴托克（Bela Bartok）对东欧民间音乐的分析。巴托克提出，民歌具有两个叠合的层面。教堂立面下半段带有"原始"气息的砖墙，就像是民歌中"古老浪漫的层面"；立面上半段的"古典"形式，就像民歌中节奏严谨的另一个层面。

普雷契尼克的作品，长期被主流的现代建筑界所忽视，却被后现代主义建筑师视为先驱。然而，普雷契尼克对传统的理解和诠释，与后现代主义建筑师大不相同。其设计手法源于朴实的建造工艺，丝毫没有二十世纪末风行的自恋表达。

图1 夹层平面及天花板平面　　图2 南立面　　　　　图3 平面　　　　　图4 东西方向剖面

1）管风琴与唱诗班

2）钟塔

3）商店

1）入口平台

2）前厅

3）主厅

4）圣坛

5）钟塔下的通道

6）洗礼堂

7）圣器室

8）东入口

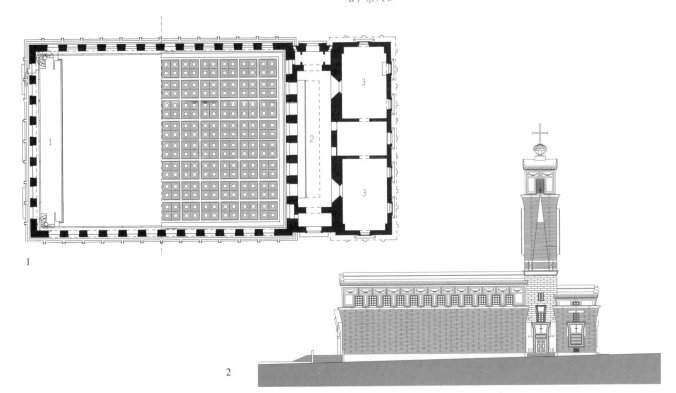

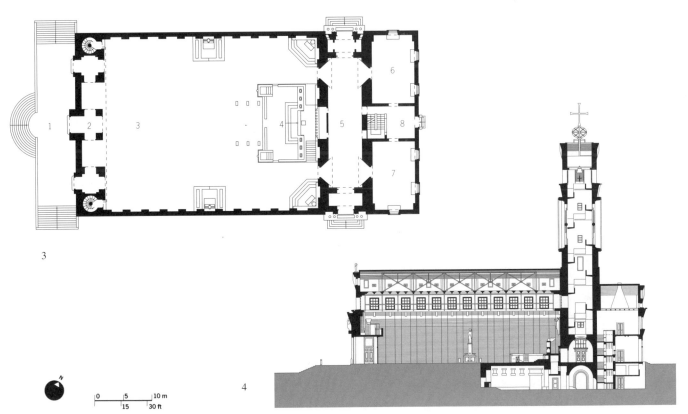

巴塞罗那博览会德国馆 Barcelona Pavilion

密斯·凡·德罗（Mies van der Rohe，1886~1969）

西班牙，巴塞罗那，1928~1929 Barcelona，Spain

　　1930年世界博览会闭幕后不久，这座德国馆就拆除了。此后直到1986年复原建成的半个多世纪里，它仅仅存在于黑白照片和图纸上。尽管如此，它依然在建筑史上保持着神话般的地位。某些评论家甚至冠之以"二十世纪最美的建筑"。

　　这座建筑的功能需求，既是严峻的挑战，同时也给了设计师自由发挥的空间。它的目的是展示第一次世界大战结束后的十年里，德国在民主和文化方面的迅猛进步，它应当是"新时代的赞歌"。密斯为此提出一个非常大胆的方案。和通常的博览会国家馆截然不同，这里没有特色产品，仅仅依赖建筑结构自身、一座雕塑和几件专门设计的家具——包括"巴塞罗那椅"展示国家文化。日后的数十年里，"巴塞罗那椅"成为全世界豪华办公室里最受青睐的现代家具。

　　由于无需产品展示的陈设，密斯获得了充分的自由度。他创造了一片彻底的流动空间，让室内与室外结合为一个整体。承重和围护体系，清晰地分成两组建筑元素。八根十字形截面钢柱，组成规整的方格柱网，长短不一的非承重隔墙灵活地划分空间。实际上，受巴塞罗那当地施工能力所限，某些隔墙也起到承重作用。然而，参观者丝毫觉察不到这一点，呈现在眼前的仍是非常前卫的建造方式和空间秩序。

　　许多评论家认为，这座展馆是空间抽象性最完美的诠释，它可以独立于环境和文脉而存在。它的魅力源自结构自身、围合的空间及各种精心选择的材料。墙面材料包括洞石、红色缟玛瑙和两种绿色大理石，玻璃分为绿色、灰色、白色和无色的不同种类。开敞的平台上，一片水池犹如镜面；展馆另一端，绿色大理石墙围合着一处较小的水池，水中立着雕塑家科尔贝（Georg Kolbe）的作品。这尊雕塑如同平台上水池中的睡莲，在周围因反光和镜像而显得不太真实的空间里，起到稳定的平衡作用。

　　1986年德国馆复建之后，理论界开始更多地关注建筑、地段环境与参观者之间的关系。例如，评论家卡洛琳·康斯坦丁（Caroline Constant）提出，它本质上是一座形式感很强的花园而非常规建筑；罗宾·伊文思（Robin Evans）则认为，镜面质感的镀铬钢柱，似乎是要拉住"漂浮"着的屋顶，而不是支撑屋顶的重量。通过密斯的精心设计，参观者的视平线恰好在地板与天花板距离的中点位置。建筑的平面没有任何对称性，然而在竖向上，空间仿佛上下对称。红色缟玛瑙墙面的纹理，也恰好基于视平线上下对称，更加强化了这种镜像的错觉。

　　事实上，德国馆并非独立于周边环境。密斯没有接受指定的地块，而是亲自选择用地。建成后的德国馆，位于折中主义的主展区和"西班牙村"之间。广场另一端，是巴塞罗那市新古典风格的展馆。远远看去，密斯的杰作像是古希腊神庙的基座，在冷静地评点着周围那些显得力不从心的古典建筑语言。

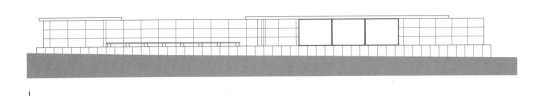

图1 东立面

1

图2 西立面

2

图3 东西方向剖面

3

图4 平面

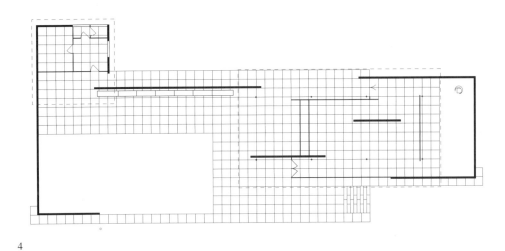

图5 北立面

图6 南立面

4

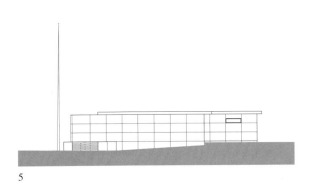

5

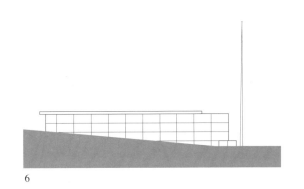

6

0　　5　　10 m

15　　30 ft

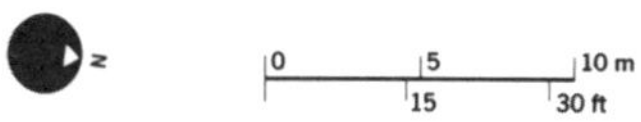

吐根哈特住宅 Tugendhat House

密斯·凡·德罗（Mies van der Rohe，1886~1969）

捷克共和国，布尔诺，1928~1930 Brno，Czech Republic

以德语为母语的犹太人吐根哈特夫妇，是当地著名实业家。其住宅位于一块宽阔坡地上，南面是大片的公园和布尔诺城区，附近还有几座秀美如画的城堡。整座建筑分为三层，进入住宅是从北侧的地势最高处。主入口很隐蔽地设在白色实墙和半圆形楼梯之间。门厅里洞石的地板、楼梯间乳白色的磨砂玻璃墙和深色花梨木饰面的大门，让这片半私密过渡空间暗含着宁静的华丽。

顺着宽大的两跑楼梯，来到二层极宽敞的起居空间。最引人注目的是南侧一面24米长、相当于整个建筑宽度的玻璃幕墙。只需一个按钮控制，其中的两片玻璃就会徐徐下降，隐藏在下面一层的墙壁里。这时，起居室就变成了向室外敞开的平台，可以在明媚的阳光下欣赏面前的花园。夜间，滑动的落地窗帘可以让起居室变成封闭的私密空间。

起居室是类似"巴塞罗那博览会德国馆"那样的自由空间，但为了适应主人的传统生活方式，起居室仍划分为餐厅、起居室、书房和音乐活动等区域。主要的划分手段，是一面半圆筒状的隔墙围合出餐厅区，隔墙材质是红褐色条纹的东南亚黑檀木。还有一面黄色缟玛瑙石的直线隔墙，分隔起居室和书房区域。十字形截面的不锈钢柱，进一步含蓄地划分空间。室内的某些家具，例如"布尔诺椅"，是专为这座住宅设计的。吐根哈特住宅，可谓结合了柯布西耶的"自由平面"和"斯托克雷府邸"的"整体艺术"。

密斯相信，清晰的承重体系是自由平面的基础。除了很少的局部使用承重墙，吐根哈特住宅的结构体系是方格柱网的框架结构。起居室和卧室里象牙色的亚麻地板，白天看上去和白色的天花板颜色几乎相同。密斯又采用了"巴塞罗那博览会德国馆"里的手法，让人的视线高度恰好在层高的中点位置，地板与天花板宛如对方的镜像。

带有鲜明美学特征的室内空间，与室外景观紧密结合。当时有评论者认为，密斯"已超越了单纯的理性和功能方面的考虑，上升到一个精神层面"。吐根哈特住宅和"巴塞罗那博览会德国馆"，相隔一年先后建成。它们宣告密斯脱离了纯粹的功能主义，或者说从建筑的社会角色出发的现代主义。新的空间模式和建造的表现方式，是他未来探索的方向。

1938年，随着纳粹势力在德国日益嚣张，吐根哈特一家逃离了捷克。他们的住宅几经转手，直到六十年代由捷克的共产党政权接管，起居室被用作残疾儿童康复训练。八十年代后期，经过捷克政府出资修复，除了最初的某些家具外，吐根哈特住宅基本恢复了原貌。

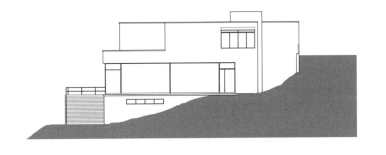

图1 东立面

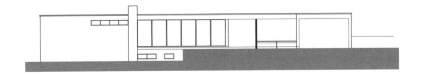

图2 北立面

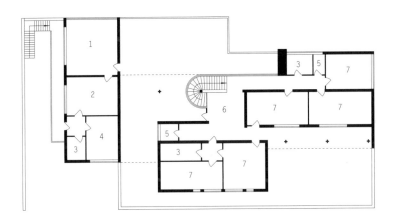

图3 南立面

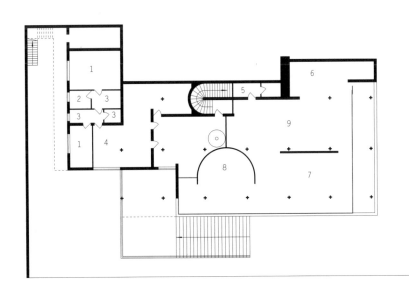

图4 三层平面

1) 车库
2) 储藏室
3) 浴室
4) 司机房间
5) 厕所
6) 入口
7) 卧室

图5 二层平面

1) 仆人房
2) 浴室
3) 储藏室
4) 厨房
5) 厕所
6) 书房
7) 起居室
8) 餐厅
9) 备餐区

萨伏伊别墅 Villa Savoye

勒·柯布西耶（Le Corbusier，1887~1965）

法国，普瓦西，1928~1931 Poissy，France

这座周末度假别墅，位于当时仍植被繁茂的巴黎郊区。它是柯布西耶二十年代纯净主义建筑思想的总结之作。1923年，柯布西耶把他在《新精神》杂志上陆续发表的文章结集出版，这就是影响深远的《走向新建筑》。书中的建筑理念，都将在萨伏伊别墅里实现。它充分利用了钢筋混凝土框架的结构优势，并且符合柯布西耶的"新建筑五项原则"：

① 首层由框架柱架空；② 屋顶花园，补偿首层架空的空间损失；③ 自由平面；④ 自由立面；⑤水平长窗。

萨伏伊别墅可以被视为某一类古典住宅的重新诠释，例如帕拉迪奥（Andrea Palladio）的圆厅别墅。它最显著的特征，是近乎正方形的平面和连续的水平长窗。古典建筑中心位置，通常是作为空间焦点的大厅，而柯布西耶却在核心处设置了一条坡道。建筑平面在两个方向都是四个开间，势必造成中间是一根柱子而不是一个开间，显然有悖于古典手法。平面也并非严格的正方形。在顺着坡道轴线的方向，两侧楼板最外缘都略微悬挑。

首层入口处的半圆形玻璃幕墙，体现了柯布西耶倡导的建筑的机械美感。它的平面尺寸，由当时法国流行的瓦赞（Voisin）牌小轿车的转弯半径决定。玻璃幕墙的中间是入口，进门后，面前就是坡道。起居室朝向室外平台一侧，是10米长的通高玻璃，一半宽度的玻璃可以通过操作摇柄，像推拉门一样打开。从室外平台沿着坡道继续向

上，来到屋顶阳光明媚的露台。在开敞的"阳光房"里透过片墙形成的景框，可以欣赏塞纳河的景色。屋顶虽然有绿化种植，但更像是轮船上的一片甲板。突出屋顶的半圆形楼梯间和白色钢管扶手更强化了这种感觉。屋顶上由单纯几何形围合的空间，洋溢着柯布西耶所说的"建筑最纯粹的魅力——数学的诗意"。

虽然建筑构图和隐约的对称性，具有古典主义气质，但建筑细节对使用者需求和观察者视角的呼应，显然是现代主义的新精神。例如，依照整体的结构柱网，分作两跑的坡道中央应当是柱子，而实际上却是坡道被夹在两排柱子之间。某些柱子略微偏离方格网的交点，以便与隔墙结合。孤立的柱子全部是圆形截面，而与墙结合的柱子都是矩形截面。

萨伏伊别墅充分展示了现代主义者倡导的分散式构图。这一方面体现在均布的方格柱网，另一方面体现在其主要功能空间布置在形体外缘（仿佛从中央的坡道生长出来），以及醒目的水平带窗。它们共同塑造了一种向上和向外的趋势，迎接绿荫、天空和大自然。

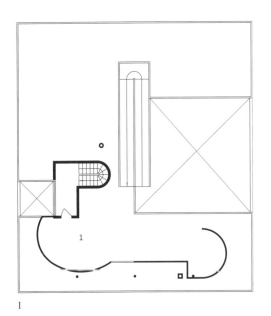

1

图1 三层平面

1）阳光露台

图2 东北立面

图3 二层平面

1）儿子的卧室

2）女主人卧室

3）女主人更衣室

4）浴室

5）客人卧室

6）卫生间

7）室外平台

8）厨房

9）储藏室

10）起居室

图4 东南立面

图5 首层平面

1）洗衣房

2）司机房

3）卫生间

4）仆人房

5）车库

6）厕所

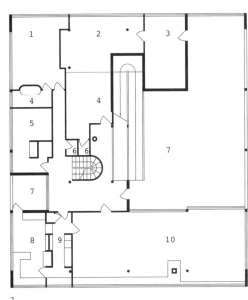

3

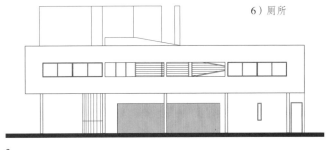

2

4

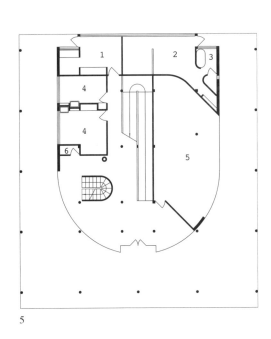

5

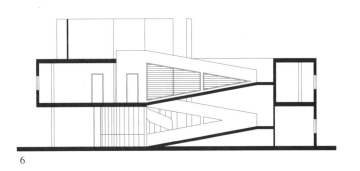

6

玻璃住宅 Maison de Verre

皮埃尔·夏洛（Pierre Chareau，1883~1950）伯纳德·贝伍特（Bernard Bijovet，1889~1979）

法国，巴黎，1928~1932 Paris，France

　　法国室内和家具设计师夏洛，与荷兰建筑师贝伍特合作，创造了现代建筑早期的经典之一。它以全新的方式，形象地诠释了何谓"居住的机器"。业主是著名妇科医生，希望自己的私人诊所和住宅结合在一栋建筑里。它位于巴黎城中一处安静的庭院里，非常紧凑地嵌在旁边的公寓建筑之间。

　　这座建筑因其独特的外立面而得名。立面的主要材料玻璃砖，当时通常只用于公共厕所隔墙或地面灯具。立面由宽度为四块玻璃砖的单元构成，单元的宽度（合91厘米）也成为整个建筑中的控制模数。这种设计手法，充分利用了玻璃砖的成本优势和建造便捷性。更重要的是，玻璃砖幕墙就像精美的纱帘，既能透过温和的自然光，又可维护室内的私密。日后的评论家们，经常把"玻璃住宅"的外墙和日本传统建筑的纸质推拉隔断联系在一起。

　　材料的实用性与抽象的精美，也反映在室内空间里。建筑的承重结构，是刷红色油漆的工字钢柱，截面尺寸刻意加大。工字钢两侧的翼缘，有薄的黑色钢板加固。貌似已过时的十九世纪工业技术，其实经过了有创意的设计。带防滑质感的深色橡胶地板上，露出暖风管的抛光钢板外壁。

　　富于工业美感的细部设计无处不在：两道金属栏杆形成书柜。一架酷似船上舷梯的钢梯，可以在不用时方便地收起来。电器开关直接嵌在明装的金属线盒上。轻巧又

实用的橱柜和抽屉，采用工业化生产的铝合金板。整片钢板制成通高的推拉门，灵活地划分空间，和粗壮的钢柱形成鲜明对比。卫生间使用弧形穿孔铝板隔墙。在八十年代，当玻璃住宅重新进入建筑理论界的视野后，这种隔墙成为许多设计师模仿的对象。

　　夏洛把玻璃住宅称作"工业标准化特征的手工艺作品"。事实上，它过度依赖工匠们精湛的施工，只是一个非典型孤例而难以普遍推广。夏洛缺乏处理设计和建造过程中各种复杂矛盾的经验，也并不期待创造"有机的整体"，而这恰恰是建筑界衡量作品的重要标准。尽管如此，他通常能以奇思妙想逐个解决琐碎的矛盾。二十世纪后半叶的设计师们，屡屡从"玻璃住宅"精致的细部里汲取灵感，抵抗建筑界构思与建造日益分离的潮流。

图1 首层平面　　　　图2 二层平面　　　　图3 三层平面　　　　图4 立面　　　　图5 剖面　　　　63

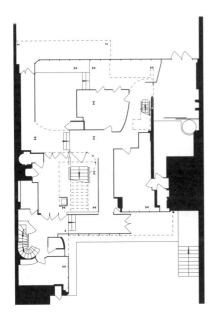

1

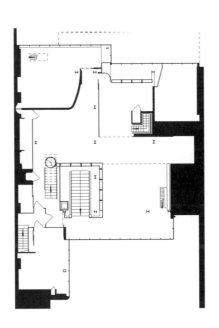

2

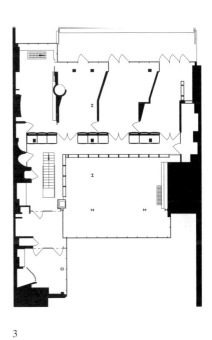

3

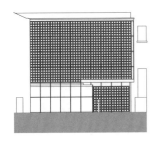

4

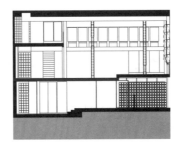

5

帕米欧结核病疗养院 Tuberculosis Sanatorium

阿尔瓦·阿尔托（Alvar Aalto，1898~1976）

芬兰，帕米欧，1928~1933 Paimio, Finland

在发现青霉素之前，结核病属于可怕的绝症。当时最好的治疗方式，就是让病人尽可能多地接触阳光和新鲜空气。这些正符合现代主义者对健康环境的定义：阳光、空气和绿地，因此疗养院成为功能主义者乐于设计的建筑类型。瑞士建筑师在这方面多有建树，设计了一批依山而建的退台式疗养院。然而最具建筑特色者，或许是1928年建成、位于荷兰的"佐内斯特拉尔疗养院"（Zonnestraal Sanatorium），设计师为戴克尔与贝伍特。此后可以与之相提并论者，当属阿尔托的帕米欧疗养院。曾任"国际现代建筑协会（CIAM）"秘书一职的瑞士评论家吉迪翁认为，正是这件作品奠定了阿尔托在建筑界的历史地位。

建筑的总体布局，按照清晰的医疗功能需求分成几个相对独立的体块。沿着单面走廊一字排列的病房，朝向西南方以获得尽可能多的阳光。芬兰地势平坦，难以实现像瑞士那样退台式的疗养院。病房楼的屋顶用作日光浴场，病人可以在那里充分享受阳光和四周森林美景。每一层病房走廊的东侧尽端，是一片悬挑的开敞阳台，好像树干上伸出的一丛树枝，充分显示了钢筋混凝土的结构潜力。当疗养院在六十年代改造成一家普通的医院时，各层开敞的阳台都被玻璃封闭起来。

室内空间充满了细致入微的人性化设计，阿尔托的原则是重新思考并且重新设计一切。双人病房的许多细节，都是从卧床病人的角度出发。固定在墙上的灯具向上投光，经天花板反射后的光线柔和宜人。盥洗盆经过专门设计，当病人洗手时水声很轻柔，尽量不打扰病友。衣柜悬空，便于清扫地面，角部抹圆以免病人磕碰受伤。

阿尔托设了一系列弯曲层压木的椅子，其中最早的一种就是专为这座疗养院所设计，称作"帕米欧椅"。通过和医生磋商，阿尔托设计的椅子靠背的曲线利于病人顺畅地呼吸。而它优美简洁的形式，堪称现代家具设计经典。帕米欧椅和许多其他建筑细节，例如主入口的曲线形雨篷，标志着阿尔托超越功能主义的发展方向。阿尔托更乐于使用天然材料，而非机器加工材料，擅长把曲线和直线形巧妙结合。尽管帕米欧疗养院仍属于国际式风格一员，但阿尔托日后逐步建立起独一无二的风格。他的成熟期作品，例如"塞伊奈约基图书馆"，对二十世纪后半叶的现代建筑产生了深远影响。

进入帕米欧疗养院，首先看到的是现代建筑经典的玻璃电梯。电梯旁阳台的悬挑梁，末端截面逐渐变小，采用了戴克尔"开敞式学校"的类似手法。而走廊通长的水平带窗，则是柯布西耶最常用的手法。结构方面也不乏创新，例如钢管吊挂的员工餐厅夹层。整座建筑内部充满了温润的自然光。楼梯间的休息平台处是宽大的落地窗，病人爬楼梯的过程似乎也成为治疗过程的一部分。

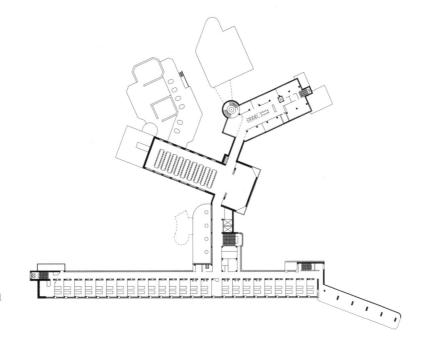

图1 二层平面

1

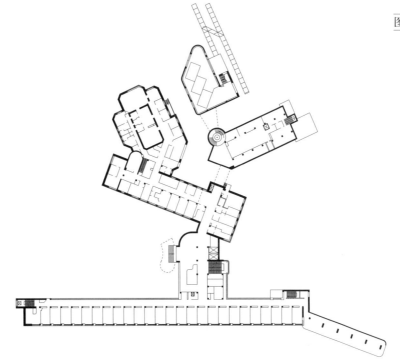

图2 首层平面

2

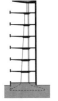

3

图3 剖面

图4 北立面

4

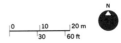

缪勒住宅 Müller House

阿道夫·卢斯（Adolf Loos，1870~1933）

捷克共和国，布拉格，1930 Prague, Czech Republic

阿道夫·卢斯对新艺术运动持犀利的抨击态度。他鄙视以"斯托克雷府邸"为代表的"维也纳创作联盟"的作品。卢斯的早期作品，1910年建成的施泰纳住宅（Steiner House），拥有当时整个建筑界最抽象和冷峻的外观。然而，其内部空间却仍是相对传统的。雪白光洁的外立面，与贴饰面板的内墙、橡木梁形成鲜明对比。卢斯的解释是，这种刻意而为的对立，反映了现代城市里个人籍籍无名的状态。不仅为人的躯体遮蔽风雨，同时也为人的精神提供庇护，成为他设计住宅的出发点。

第一次世界大战爆发前，卢斯写道："从体量组合的角度来设计建筑，是建筑界的伟大革命。"他提出"房间-平面"(Raumplan)的概念，建筑空间里包含不同体量的房间而不只是区域。1933年，在他去世前不久，他进一步解释："我并不设计平面、立面或者剖面，我只设计空间，一些相互联系的空间。每一个房间需要特定的高度，例如餐厅和储藏室，因此地面产生高差变化。必须以不露痕迹、自然而又实用的方式，使各个空间相互联系。"

位于布拉格的缪勒住宅，最充分地实现了他的"房间-平面"构想。首先，建筑平面围绕楼梯间组织。这是一种传统而简洁的手法，然而稍加研究就会发现复杂的空间变化。穿过一个小的前室才能进入主楼梯，向左转上七级楼梯就是休息平台，然后右转再上半层，方才到达空间的核心。各个房间的标高、空间比例和室内材质都有丰富

变化，给人以迷宫般的感觉。

卢斯继承了森佩尔关于材料饰面的理论。他认同建筑的起源就是在木框架上悬挂的兽皮或毛毯，因此应当用饰面遮盖承重墙，这样才能唤起人们对建筑本原的认识。卢斯喜欢用纹理丰富的石材或木材薄片作为饰面，让每个房间产生与各自功能匹配的独特氛围。例如，图书馆墙面是深色的红木，而女主人卧室采用柠檬木。

某些相邻空间的墙面或地面使用相同材质，使各自独立的空间结合成一个整体。例如，走廊不像主要房间那样具备自己的形象。走廊墙面的材质可能是向前面的房间"借来的"，而地板的材质和刚刚走过的房间地板相同。

缪勒住宅最精妙之处，在于一系列微妙丰富的变化，这些是常规的平面和剖面等图纸难以展示的。卢斯无法接受将建筑简化成图纸的趋势，他非常推崇建筑的手工艺传统，自认为是建造者而非建筑师。

图1 三层平面　　图2 二层平面　　图3 西立面　　图4 首层较高标高平面　　图5 剖面　　图6 首层较低标高平面　　67

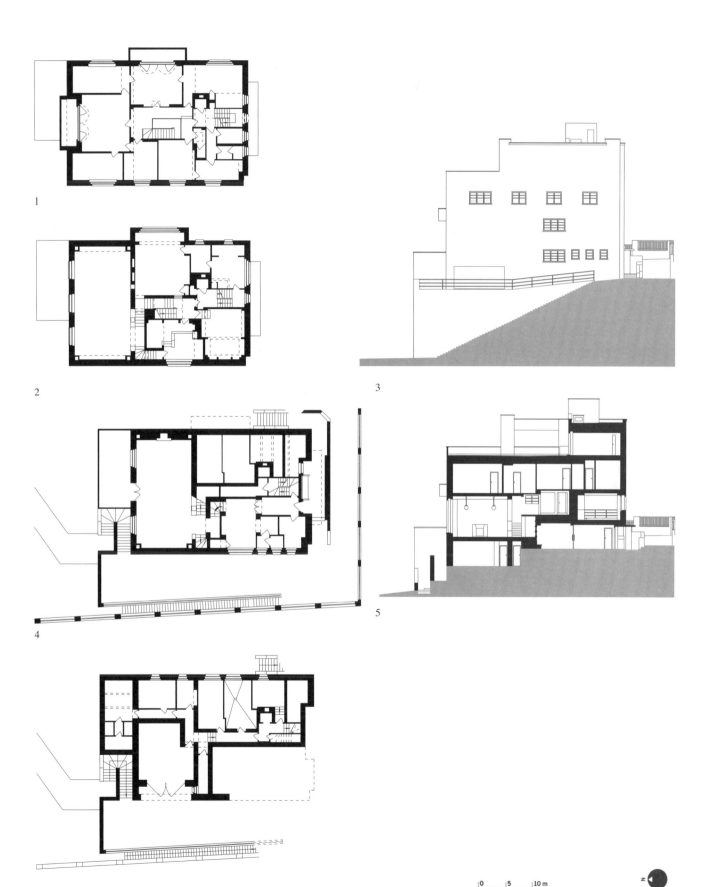

1

2

3

4

5

6

0　5　10 m
15　30 ft

瑞士学生宿舍 Swiss Pavilion

勒·柯布西耶（Le Corbusier，1887~1965）

法国，巴黎大学城，1930~1931 Cité Universitaire，Paris，France

　　位于巴黎南部大学城的瑞士学生宿舍，在柯布西耶的所有作品中占有重要地位。它可以作为柯布西耶二十年代建筑构想的总结，以及建筑形式趋于成熟的标志。建筑体形由两部分构成：一个长方体多层宿舍楼和一个单层公共服务基座。粗大的混凝土柱子把宿舍楼底层架空，宿舍楼屋顶是供学生使用的阳光房和服务员工的房间。

　　瑞士学生宿舍，以较大的规模实现了"新建筑的五项原则"，而此前的萨伏伊别墅毕竟只是一次小规模尝试。它的意义体现在，如何把这些原则应用于有大量重复单元的公共建筑。在自己的作品全集第二卷中，柯布西耶用图纸和文字强调底层架空的重要性。他提出，底层架空符合城市交通的需求，将成为现代城市发展的一个关键要素。在他看来，瑞士学生宿舍楼并不是一座孤立建筑，而是其"光辉城市"（Radiant City）理论中的居住建筑原型。由于建筑底层架空，"光辉城市"的地面变为连绵成片的公园，地面层只有步行和服务性道路，大量机动车在高架的快速路上川流不息。

　　在"萨伏伊别墅"中，我们注意到建筑平面与一幅描绘吉他的立体主义油画的联系。在瑞士学生宿舍楼，建筑与绘画间的关系更密切。即便是某些最虔诚的追随者，也忽视了柯布西耶的绘画作品。而柯布西耶自己认为，绘画是对形式"耐心的探索"，对他而言至关重要。在这座建筑中，多个截然不同的元素被"画家"组合在同一构图里。视觉形象方面最突出的特征，是拼贴式的材料组合：平整的石块、混凝土表面粗糙的碎石、玻璃砖和钢框的玻璃幕墙。萨伏伊别墅里纤细的圆柱，被粗壮的混凝土柱代替——在柯布西耶的事务所里，它们被戏称为"狗咬骨"。

　　富于雕塑感的底层支柱，采用柯布西耶钟爱的"粗野混凝土"，可以视为日后"马赛公寓"架空底层的先导。首层楼梯间开始的位置，有一根截面形状酷似飞机叶片的柱子，上面贴满大尺寸黑白照片，照片内容是植物、矿物等自然形态的显微细节和辽阔荒原的鸟瞰，却找不到柯布西耶早期崇尚的"机器时代"的象征。自然形态和机器，始终在建筑象征的领域里此消彼长。瑞士学生宿舍，预示着自然形态终将成为柯布西耶的灵感源泉。

图1 北立面　　　图2 横剖面　　　图3 标准层平面　　　图4 首层平面

1）餐厅
2）办公室
3）厨房
4）舍监办公室
5）淋浴间
6）厕所
7）卧室
8）厨房与餐厅
9）门厅

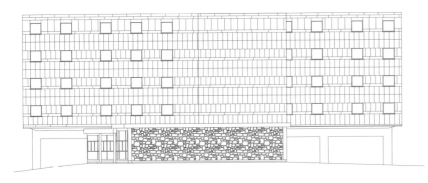

1

2

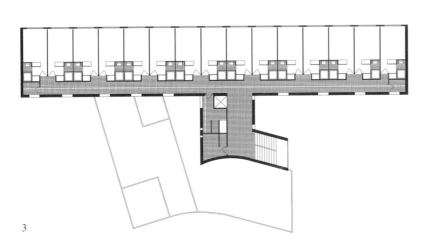

3

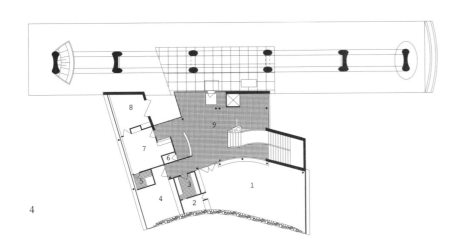

4

施明克住宅 Schminke House

汉斯·夏隆（Hans Scharoun，1893~1972）

德国，勒鲍，1932~1933 Löbau，Germany

德国建筑师雨果·哈林（Hugo Häring）倡导的"有机建筑"，是现代建筑的一个重要分支，汉斯·夏隆是其中最坚定的实践者之一。哈林在1923年发表的住宅方案，提出以"使用和流线"来决定形状。同年，密斯发表了著名的砖墙乡村住宅。密斯的构想侧重点在构图舒展的自由空间，为"巴塞罗那博览会德国馆"奠定基础，而并不关注如何使用。在哈林的住宅方案中，明确地设计出墙如何围绕家具形成特定的使用空间。哈林否定所有美学的戒律，也不接受柯布西耶的建筑观。他认为柯布西耶是"拉丁古典主义"的代表，把几何形式强加于生活。哈林认为，建筑应当像自然界中的生长现象那样"有机地成长"，以适合的材料包裹轻巧的结构，密切呼应业主的需求和用地特征。

虽然深受哈林的建筑思想影响，夏隆却不可能对柯布西耶作品中强悍的视觉冲击无动于衷。施明克住宅的一幅草图，显示车库位于一片挑出的露台下方，很可能借鉴了"萨伏伊别墅"。尽管和纯净主义的"萨伏伊别墅"在形式方面有共通之处，然而夏隆的设计在许多其他方面与柯布西耶的手法完全对立。柯布西耶希望在完整纯净的几何形体里容纳复杂的功能空间，夏隆却允许体形在各种功能空间的"压力"下自由伸缩。

这座住宅的业主，是当地实业家弗里茨·施明克（Fritz Schiminke）夫妇。用地临近德国与捷克边境，在东北方向有宜人的景观，沿街入口在南侧。为了呼应用地的特征，夏隆把建筑主体朝向南面，东西两端的外墙平行于用地边界。这样使东端的阳光房朝向景观，也就是夏隆所说的"视线轴"。主楼梯也顺斜轴布置，为平面核心增添了空间变化，同时强化了与东西方向主轴抗衡的斜向轴线。

建筑室内基本上采用现代主义典型的开敞流动空间，但也清晰地划分出各具特征的功能分区。例如，餐厅专为摆放餐桌而凸出一角，壁炉是起居室里的视觉焦点，沿着起居室墙面设有固定的条凳。照明设计同样呼应各种功能空间：餐桌上方的天花板密布吸顶灯，钢琴、壁炉和沙发附近各自有局部照明，书架和盆花由专门的射灯照亮。首层建筑东端是阳光房和室内花园，二层是主卧室的阳台。用地东北角是一面陡坡，阳台和富有雕塑感的室外楼梯潇洒地漂浮在草地上方。

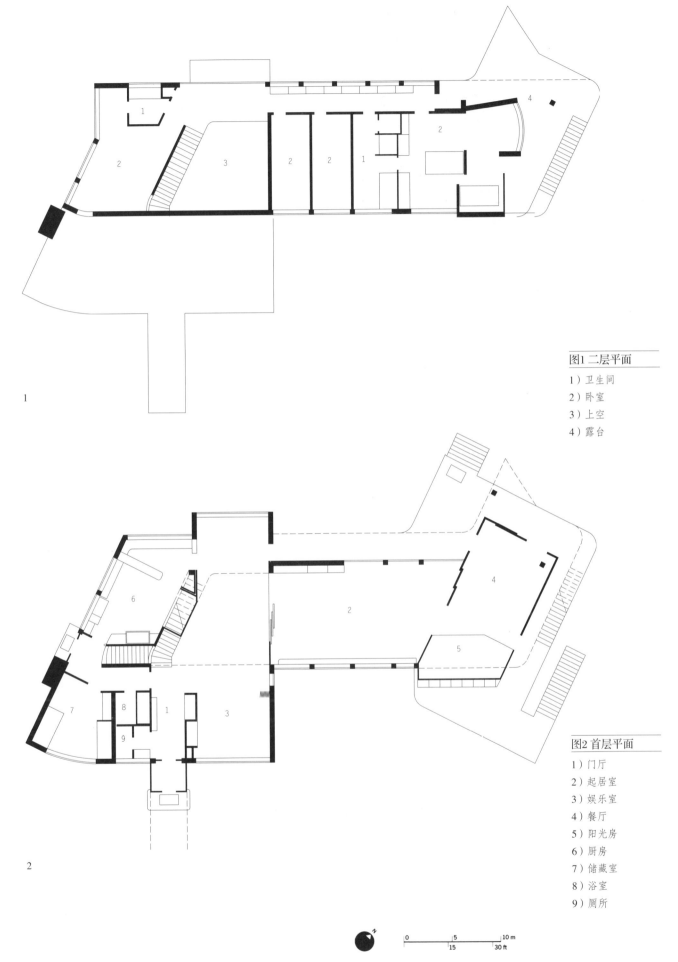

1

图1 二层平面

1）卫生间
2）卧室
3）上空
4）露台

2

图2 首层平面

1）门厅
2）起居室
3）娱乐室
4）餐厅
5）阳光房
6）厨房
7）储藏室
8）浴室
9）厕所

0　　5　　10 m
15　　30 ft

法西斯党总部大楼 Casa del Fascio

朱塞佩·特拉尼（Giuseppe Terragni，1904~1943）

意大利，科莫，1932~1936 Como，Italy

1926年，米兰理工学院的几位毕业生成立名为"七人组（Gruppo 7）"的建筑师团体。他们的设计风格被称作"意大利理性主义"，寻求抽象的现代主义建筑语言和地中海地区古典建筑传统的结合。墨索里尼青睐这种结合，他宣称法西斯主义正是一座"玻璃房子"。"七人组"成员之一特拉尼的这座代表作，俨然为墨索里尼的理论提供了注解。

这座建筑是法西斯党在当地的总部大楼，主要用于日常办公，同时也充当宣传和政治"教育"基地。地段位置非常优越，与科莫大教堂隔着广场相望。在特拉尼最初的方案中，建筑的核心是一个室外庭院，后来修改为室内中庭。中庭位于九宫格形平面的中央，顶部有玻璃砖天窗，四周围绕着办公室或会议室。

和密斯的"巴塞罗那博览会德国馆"类似，这座建筑也有一个低平的基座。基座上的台阶，成为室内外过渡的第一个层次。穿过台阶上五根柱子形成的柱廊，面前是许多扇玻璃门组成的外立面，玻璃门可以通过电子控制同时开启。进入室内，两排柱子划定的过渡空间里，一侧是主楼梯，另一侧是1922年法西斯党罗马大游行的纪念碑。接下来是立方体状的大厅，极具抽象的空间里刻意抹去"上"与"下"的方位感。

法西斯党总部大楼具有和"施罗德住宅"相似的抽象性，然而荷兰风格派的抽象语言建立在细致的建筑构造上，而特拉尼却选择了相反的方向。最初的方案有更传统的立面处理，墙面上排列着凹入的洞口。实施方案中，抹去了结构和填充墙的差异。所有的外墙表面，都是意大利北部出产的灰白色博蒂奇诺大理石，整个建筑可以解读为板片和空洞组成的复杂构图。

具有多层柱廊的建筑正立面（即西立面），是现代主义非对称的构图，简洁而具有纪念性。建筑的背立面（即东立面）顶层的中间部分变成开敞的柱廊，隐约地带有帕拉迪奥式别墅的痕迹。1936年，特拉尼在《象限》杂志上介绍这一建筑，通过日照分析解释了南立面开窗最少的原因，是为了避免室内过热。北立面的构图变化最为丰富。

初看上去，这座建筑像是在坚实的长方形体块里，用减法做出深深凹入的窗洞。稍做观察，就会发现窗洞其实是退在柱廊构架后面的玻璃幕墙。特拉尼认为，建筑并非只能在厚重的墙体和框架-填充墙两种体系间选择。他的选择，是以独特的手法结合传统与现代。

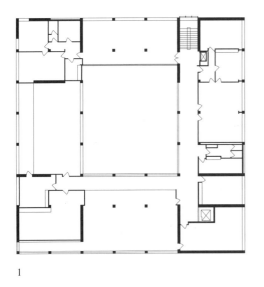

1

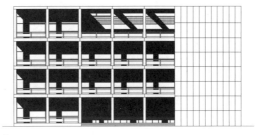

2

图1 四层平面

图2 正立面

图3 三层平面

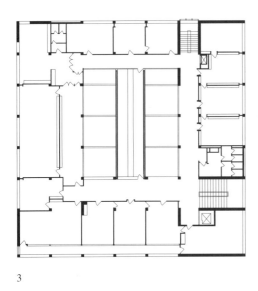

3

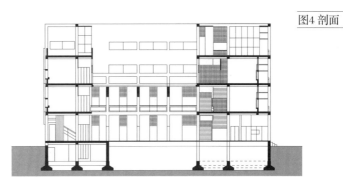

4

图4 剖面

图5 二层平面

图6 首层平面

5

6

哥德堡法院加建 Gothenburg Law Courts Annex

贡纳·阿斯普隆(Erik Gunnar Asplund，1885~1940)

瑞典，哥德堡，1934~1937 Gothenburg，Sweden

　　哥德堡法院加建项目，经历了漫长的波折。早在1913年，阿斯普隆就赢得了它的设计竞赛。他的方案充满民族浪漫主义的情趣，然而却回避了一个重要矛盾：原有的法院建筑是古典主义，如何让新旧两部分结成一个新的整体。接下来的一系列修改中，加入了明显的古典主义元素。最终阿斯普隆确定的原则是，加建部分既尊重原有建筑，同时又保持自身特征。

　　目前看到的加建部分立面，是1936年才设计定案。当时，结构施工已开始。阿斯普隆手法纯熟地融合了新与旧、现代与古典。内部楼板和框架体系，颇似特拉尼的"法西斯党总部大楼"。立面非对称的开窗规律，暗示加建部分是老建筑的延伸，而非自成一体。尤其是二层的四扇新的窗子，不仅在整个立面上构图不对称，每个窗子自身也不对称。它们对应着主立面一侧最重要的房间和室内中庭。

　　和阿斯普隆最初的中标方案相比，室内设计同样经历了显著修改。最初的方案里，老建筑的室外庭院将加盖玻璃屋顶，实施方案放弃了老庭院的玻璃屋顶，而是在加建部分设计一个室内中庭，老庭院靠近加建部分采用一侧玻璃幕墙。新的中庭平面形状，最初是圆形，后修改为矩形。室内采用了鲜明的现代主义手法，例如玻璃电梯井、层压木的饰面板、木质中庭栏杆扶手和弯曲层压木家具。这些与阿尔托并行的特征，属于强调"人性化"与"自然"的斯堪的纳维亚风格，将在五六十年代蔚然成风。

　　阿斯普隆对使用功能的敏感，体现在这座建筑的每个角落。联系首层与二层的大楼梯，是一部坡度异常平缓的直跑楼梯，使人们的情绪在进入法庭前可以经历缓慢调整。上面各层的楼梯是半圆形休息平台的两跑楼梯，它们的最低一级台阶采用蓝色皮革，并且放大成接近半圆形，表现一种迎接的姿态。楼梯纤细的钢管扶手顶部略微弯曲，仿佛是呼应人施加的重量。

　　以绝大多数国家的标准衡量，法庭本身的设计实在太过散漫。土豆形状的平面，和阿尔托常用的流畅曲线截然不同。加之法庭内家具的非对称布置，都体现出极其现代的司法观念。司法人员的座位仅比其他人略高一点，主审法官与其他法官座位一样高，而被告人、律师和旁听人员的身份差异，仅体现在家具的位置不同而已。

图1 立面

1

图2 剖面

2

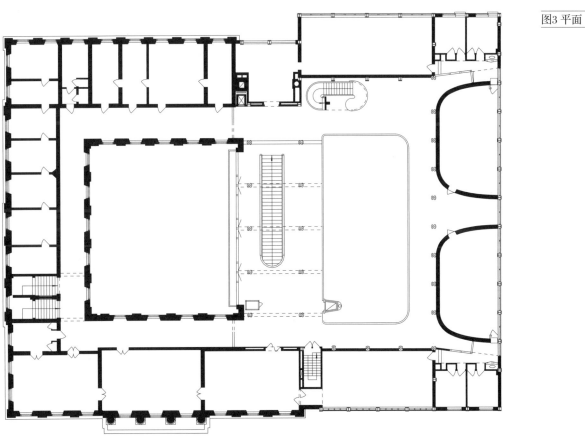

图3 平面

3

流水别墅 Fallingwater

弗兰克·劳埃德·赖特（Frank Lloyd Wright，1867~1959）

美国，宾夕法尼亚州，熊奔溪，1935~1937 Bear Run，Pennsylvania，USA

埃德加·考夫曼（Edgar Kaufmann），是在匹兹堡市拥有庞大购物中心的富商。他的儿子小埃德加曾是赖特的塔里埃森学徒会中的一员。当考夫曼夫妇计划修建一座山林别墅时，小埃德加向他们引荐了自己的导师。在考夫曼拥有的1600英亩山林中，赖特选择了一个令业主意想不到的地块：在一条溪流形成的小瀑布上方，近旁还有一块巨石，小埃德加经常站在上面驻足赏景。很显然，在赖特初次踏勘并选定地块时，如何让这座建筑捕捉"溪流的音乐"，其大致方案已经成型。然而，其后的九个月时间里，它仅仅存在于赖特头脑中。直到某一日，考夫曼突然告知要来视察方案，在短短几小时内，一套完整的方案便跃然纸上。这一设计过程已成为建筑史上的传奇故事。

住宅主体的承重结构，是天然石材的承重墙和钢筋混凝土楼板。来自附近采石场的石片，不规则地层层叠叠砌筑，抽象地模拟岩层天然的沉积纹理。穿过相对幽暗的入口，进入宽大的起居室，外面瀑布的阵阵水声吸引你走出去，来到豁然开朗的露台上。起居室里大壁炉前，保留着上面提到的那块巨石。在闪亮的片石地板衬托下，它仿佛仍静卧在属于自己的溪水里。

钢筋混凝土的露台，在瀑布上方出挑远达五米。起居室不仅在水平方向对着露台敞开，而且通过带玻璃顶的廊架向"上"延展，还通过一部楼梯向"下"延展，直达水面。赖特认为楼梯下方的溪水足够游泳的深度，事实上

溪水很浅，楼梯主要充当了建筑与溪水联系的象征。几间卧室以烟囱为核心呈风车状布局，每间卧室都有各自的壁炉和露台。

赖特形容这座建筑是"峭壁的延伸"。出挑的露台楼板通过石材承重墙，和基地的山石拉结在一起。在二层楼板标高有一道半圆形混凝土梁，环绕一棵大树，强调与自然的融合。树皮粗糙的纹理，和建筑中片石层叠的肌理形成呼应。赖特认为混凝土是一种富于流动性的材料。如果说墙属于石头，那么混凝土的部分象征着流水。他原本设计在混凝土表面饰以金箔，与波光粼粼的溪流交相辉映。最终由于太过张扬而放弃，采用了一种暖色涂料。

终其一生，赖特醉心于在自然现象，尤其是尺度巨大的地貌变异中探求灵感。他认为，石头是"我们星球上的基本材料"，它揭示了"宇宙变化"的规律。流水别墅描绘了一幅自然变化的图像：一方面，石头在讲述着历经沧海桑田之后的静止；另一方面，斑驳的树影和潺潺的水声，在提醒人们生命中永无止境的变化。

图1 三层平面　　　图2 立面　　　图3. 二层平面　　　图4. 剖面　　　图5. 首层平面　　　图6. 总平面

1）卧室　　　　　　　　　　　　　1）露台　　　　　　　　　　　　　1）起居室　　　日后加建的客人卧
2）露台　　　　　　　　　　　　　2）入口　　　　　　　　　　　　　2）露台　　　　室区，通过半圆形
3）书房　　　　　　　　　　　　　3）卧室　　　　　　　　　　　　　　　　　　　　雨篷和主体联系

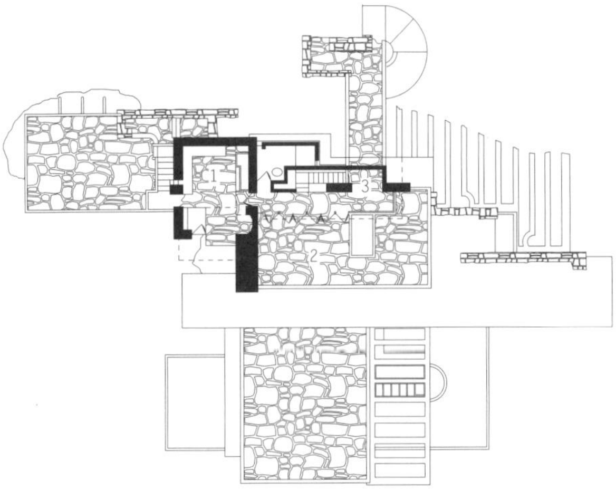

1

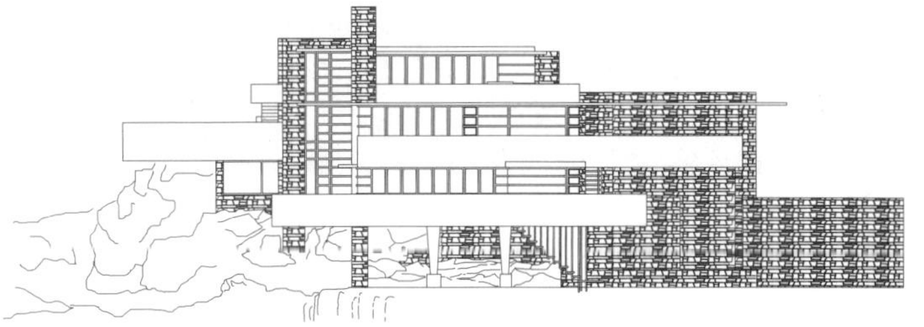

2

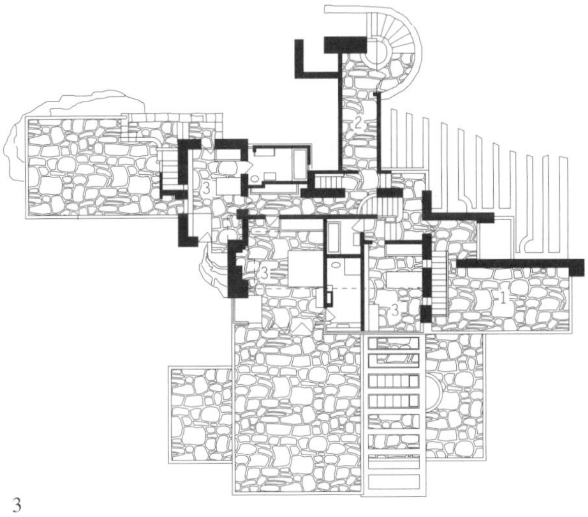

3

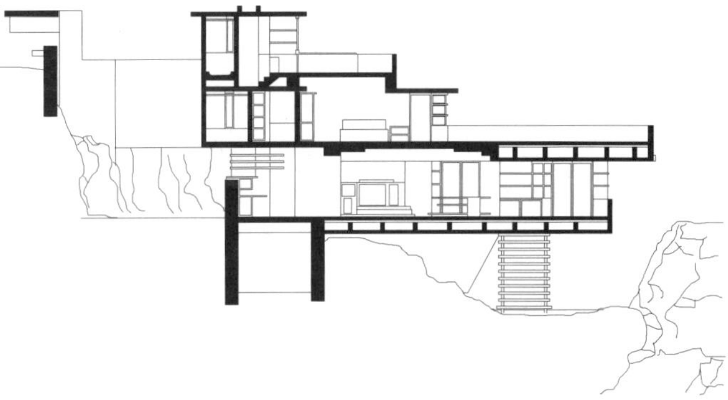

4

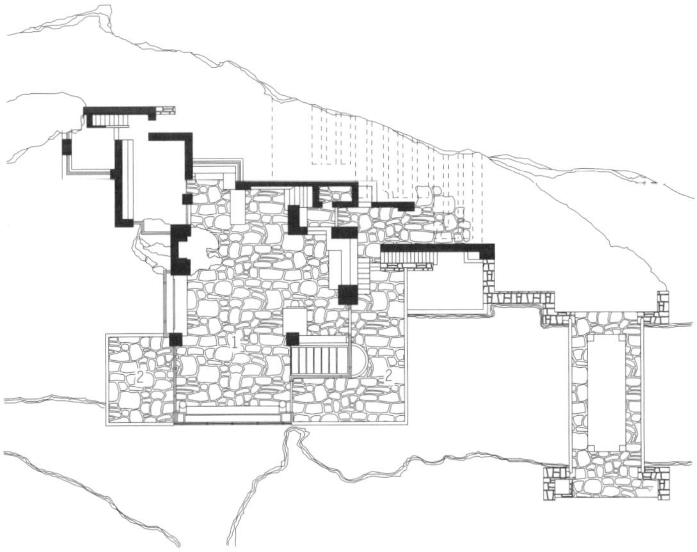

5

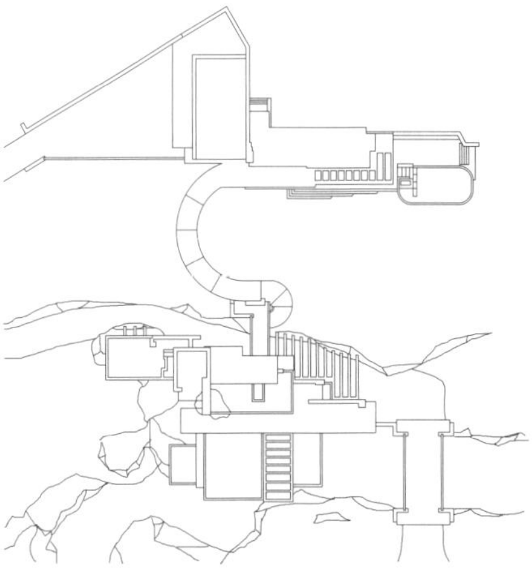

6

0　5　10 m
15　30 ft

雅各布斯住宅 Jacobs House

弗兰克·劳埃德·赖特（Frank Lloyd Wright，1867~1959）

美国，威斯康辛州，麦迪逊，1936 Madison，Wisconsin，USA

　　1929年，柯布西耶的著作《明日的城市》发行了英文版。在书中，柯布西耶描绘了高度密集的城市化远景，例如高架公路旁宽阔的草地上，一座座高耸的公寓大楼。二十年代后期，赖特也在用"乡村主义"旗帜鲜明地与之抗衡。在这期间，他构思了一系列"尤松尼亚"住宅——"尤松尼亚"（Usonia）是赖特对美国的爱称，作为符合美国自然与人文环境的郊外居所。1936年，第一座"尤松尼亚"住宅建成。它的业主是年轻的报社记者雅各布斯及其家人。数年后，赖特还为这家人设计了他们的第二座住宅。

　　以美国当时的生活标准衡量，这座包含三间卧室的住宅仅有125平方米建筑面积，实属窄小。赖特没有采用通常那种建筑置于用地中心的布局，而是采用"L"形布局，建筑两翼紧贴地界，在内侧围合成花园。贴近道路一侧的外墙较封闭，只有卧室前走廊上的高窗。花园一侧的外墙大量采用通透的落地窗。入口旁只有悬挑顶盖没有侧墙围护的开放式停车位，是赖特的一项发明。室内空间的核心，是夹在壁炉与卫生间之间的厨房。

　　赖特认为，合理的结构体系是任何杰出建筑的出发点。雅各布斯住宅采用了一种廉价而又高效的结构体系：砖木结合的承重墙。厨房周围的内墙是常规砖墙，而绝大部分外墙都是这种夹心式的复合墙体。固定在墙上的书架，起到加强墙体刚度的作用。外墙上的水平条纹，间距

符合竖向模数。平面采用长2.4米、宽1.2米的模数。涂红色油漆的混凝土地板分缝，同样呼应这一模数。

　　出挑的平屋顶，夏季满足遮阳需求，冬季却可以让阳光射入室内。砖墙和混凝土地板（下面埋有地暖水管），具备良好的蓄热性能，白天吸收热量，夜间再缓慢释放。在当时的美国，地暖仍是新奇的事物。赖特自称他其创新借鉴了日本和朝鲜的传统建筑。然而他很可能了解，英国人巴克尔（Arthur Henry Barker）在1907年就曾采用过这一古老技术。

　　在赖特眼中，花园是这座住宅里最重要的"房间"。对有机建筑，"不再有室内与室外的截然分开，二者将变得融为一体"。赖特排斥夏季使用空调。他在1954年出版的《自然的住宅》书中写道："许多人并未意识到这一点，那就是他们的健康和精神面貌都取决于生活的'氛围'，就像植物依赖它们生长土壤那样。"

　　就与环境的密切结合而言，雅各布斯住宅超前于许多同时代的现代建筑。它成为解决"小住宅问题"的典范，吸引了广泛的关注。1938年第一期的《建筑论坛》杂志（Architectural Forum），详细介绍了雅各布斯住宅。赖特为此亲自撰写的文章中，强调重点并非外观特征，而是造价低廉而实用的建造技术。在赖特的众多作品中，小巧的"尤松尼亚"住宅虽没有惊人的气势，却拥有足以和"罗比住宅"、"流水别墅"比肩的重要地位。

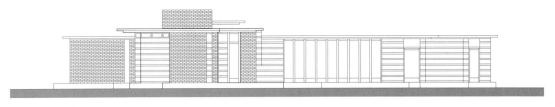

图1 西立面

1

图2 东西方向剖面

2

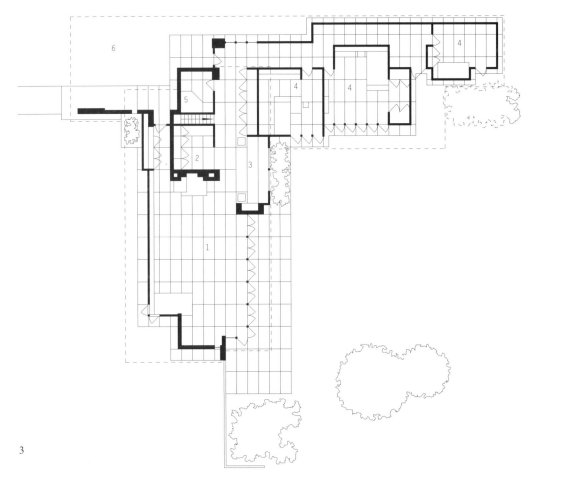

图3 平面

1）起居室
2）厨房
3）餐厅
4）卧室
5）卫生间
6）停车位

3

约翰逊制蜡公司办公大楼 Johnson Wax Administration Building

弗兰克·劳埃德·赖特（Frank Lloyd Wright，1867~1959）

美国，威斯康辛州，雷森，1936~1939 Racine，Wisconsin，USA

在著名工业设计师罗维（Raymond Loewy）和盖迪斯（Norman Bel Geddes）的引领下，三十年代美国的设计界被称作"流线形的十年"。最初，汽车设计中引入流线形外壳以减小风阻。很快，流线形就成为整个设计界的时尚，体现在从冰箱到订书机的各种产品设计中。赖特对这种时尚的回应，是约翰逊制蜡公司办公大楼。这座建筑的历史意义，并不在于其流线形外表，而是它革命性地突破了常规结构体系和建造方式。

与"拉金公司办公大楼"周边嘈杂污浊的环境相比，该项目地处市郊，周边环境尚差强人意。尽管如此，赖特仍采用了明显的"内向"布局。当你驾车来到隐蔽的入口处，通过低矮的门厅后，就会进入赖特所有作品当中，甚至整个二十世纪建筑史上，最令人激动的空间之一。蘑菇形的柱子形成一片明亮的树林，上粗下细的钢筋混凝土圆柱，轻巧地立在黄铜支座上。这一手法，脱胎于赖特1931年设计的俄勒冈州某报社大楼方案。面对这种新奇而又"脆弱"的结构体系，当地审核人员要求进行专门试验。赖特满怀自信地观看了试验：在一个足尺蘑菇柱的柱帽上堆积沙袋，直到超出当地规范要求荷载的十倍，柱子才失稳坍塌。

室内充溢着柔和的自然光。在百合花瓣一样的柱帽之间，是带条纹肌理的半透明屋顶。它和建筑外墙上的采光带，都是由耐热玻璃管拼合而成。美国建筑评论家希区柯克（Henry-Russell Hitchcock）形容，站在大厅里犹如在水族箱底仰望天空。这项视觉效果强烈的发明，存在严重的技术缺陷。在尚未发明弹性封条之前，由于热胀冷缩造成的缝隙，这里的屋顶出现了漏雨，为赖特作品中常见的漏雨记录又增添了一笔。因此，日后屋顶不得不替换成塑料板。

外立面材料是机制红砖、红色砂岩和白色混凝土压顶的组合。立面上的所有细节，都是为了强调流畅圆润的水平线条。在顶层的办公室，圆润的流线形体现得酣畅淋漓。希区柯克认为，如果说建筑是居住的机器，那么这件作品比欧洲所有的现代建筑都更像一架伟大的居住机器。无论室内还是室外，它既具备办公空间需要的井然有序，同时也让员工们享受沉静轻松的氛围。

由于私家轿车的普及，人们的居住更分散，相互交往也日益松散。赖特认为，工作场所应当重新产生强大的凝聚力，而有能力实现这一理想的企业凤毛麟角。他成功地说服业主，在建筑内设置了一个壁球场和一个250座小剧场。位于夹层里的小剧场，可以放映电影、举办演讲和聚会。1939年，当这座建筑投入使用时，它吸引了众多报纸、杂志和电视等媒体的热切关注。业主欣慰地发现，他们的投入物超所值。

图1 剖面　　　　　图2 首层平面　　　　　图3 夹层平面　　　　　　　　81

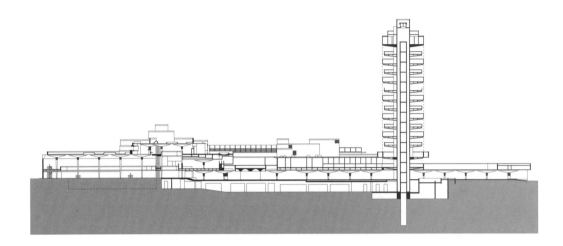

1

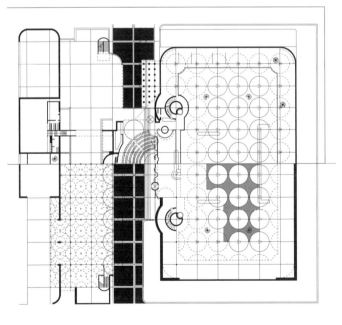

2

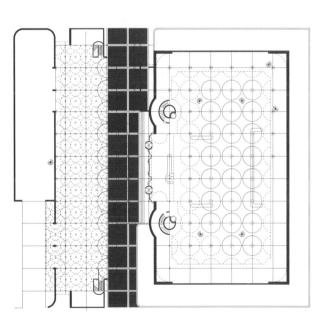

3

麻省理工学院贝克楼 Baker House

阿尔瓦·阿尔托（Alvar Aalto, 1898~1976）

美国，麻萨诸塞州，剑桥，1937~1940年 Cambridge, Massachusetts, USA

当他的祖国芬兰因战争而陷入窘迫的经济状况时，阿尔托通过定期前往美国授课，支撑其家庭和事业。战争结束后，他继续作为访问教授在麻省理工学院任教。与此同时，他开始更深入地思考一个对他而言无比重要的命题：如何实现更具有人性的现代建筑。"如何使机器驯服地为人服务，而不是武断地回避或毁掉它？如何实现发达的工业化，但绝不能使人也沦为一件机器？"在战后芬兰的重建过程中，预制木框架住宅取得显著的成功。作为一名坚定的爱国者，阿尔托希望利用这一成果展示如何通过工业手段实现"灵活的标准化"。

同一时期，建筑界正就如何赋予建筑"新的纪念性"展开论战，路易·康和瑞士建筑评论家吉迪翁为之撰文，阿尔托也对此有所接触。1937年，麻省理工学院委托他设计一栋规模很大的宿舍楼，供高年级学生使用。阿尔托将借此机会，把他对技术、纪念性和人性化问题的理解付诸实践。项目位于一个较狭长的地块，平行于一路之隔的查尔斯河。

在许多人的印象里，阿尔托的设计过程似乎是直觉驱动着随性的铅笔草图。然而针对这个项目，阿尔托还是进行了一系列"功能化"的方案比较。以阳光、窗外景观和私密程度为依据，他衡量了多种总体布局的优势和缺点。蛇形弯曲的最终方案，貌似"不理性"，事实上它一方面从形式上呼应近旁的查尔斯河，另一方面在用地范围内，使尽量多的房间拥有阳光与河景。阿尔托有意识地背离了包豪斯式的正统现代建筑。值得注意的是，几年后，格罗皮乌斯设计的学生中心将要在附近的哈佛大学建成。

蛇形弯曲的平面布局，决定了宿舍房间多种多样的形状。投入使用不久，学生们就为不同规格的房间选择了昵称："棺材"、"馅饼"或"沙发"。临河一侧，是两层高的长方形公共服务大厅。宿舍走廊的宽度，根据人流密度和驻足停留的状态有所变化。一对悬挑在整体之外、呈连续跌落的直跑楼梯，赋予建筑朝向校园的立面鲜明的纪念性。这两部楼梯的外立面材料原先设计为瓷砖，最终为节省造价而采用抹灰和涂料。

阿尔托特意选择了一种质感粗糙的黏土砖，作为这座建筑最主要的材料。砖块之间的尺寸和颜色偏差，都非常明显。他提出，在施工中所有砖块都要加以利用，连形状最不规整者也不例外。某些砖的形状接近香蕉，似乎要从墙面上脱落了。此外，他要求水平的灰缝应当比竖向灰缝凹入更多些。最终生动鲜活的效果，堪称"灵活的标准化"的样本。麻省理工学院建筑与规划系的系主任沃斯特（William Wurster），说他联想到了古老的佛罗伦萨。毫无疑问，这样的评价令阿尔托倍感欣慰。

图1 西北立面　　　图2 首层平面　　　　　　　　　　　　　　　　　83

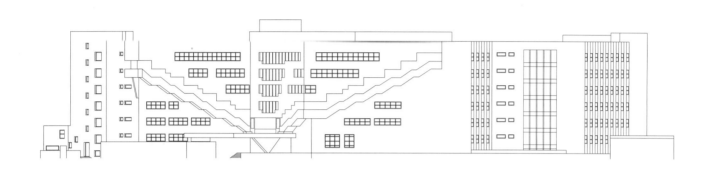

1

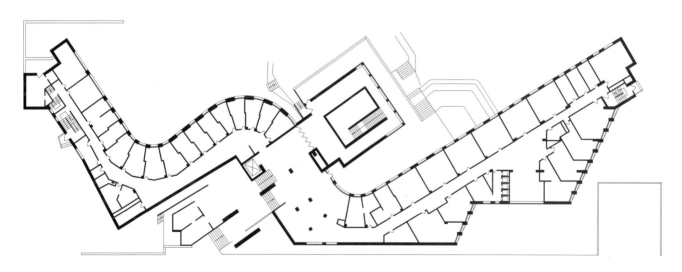

2

玛丽亚别墅 Villa Mairea

阿尔瓦·阿尔托（Alvar Aalto，1898~1976）

芬兰，诺尔马库，1937~1940 Noormakku，Finland

在北欧国家，人们习惯在自家别墅里度过夏天，在大自然怀抱中彻底放松。芬兰实业家哈里·古里森（Harry Gullichsen）和妻子玛丽亚委托阿尔托设计一栋这样的别墅，它应当是芬兰传统与现代技术的融合。阿尔托的设计出发点，是农场上的木屋。它将不是一座孤立的建筑，更像一组建筑的组合，与周边场地和植被共同构成一片庭院。

依照芬兰的传统，桑拿房应是别墅中最先建成的部分。玛丽亚别墅的桑拿房，是整个平面构图生长的原点。构图的高潮，是女主人玛丽亚的工作室。玛丽亚曾于二十年代在巴黎学习绘画。架空在二层的工作室，外墙采用竖向木板条，类似阿尔托设计的1935年巴黎世界博览会芬兰馆。依照芬兰的传统样式，桑拿房采用木板墙和植草屋顶。与传统桑拿房不同的是其平屋顶和墙上的木板条构图。木板条纵横的构图变化，像日本的茶室一样精致。别墅的其他区域，也保持着类似的微妙融合。例如，餐厅的外观貌似标准的现代主义风格，但它粗糙的木板屋顶却散发着浓郁的野趣。

室内结合了现代开敞空间和芬兰民居。在芬兰传统农舍的起居室里，柱子起到限定功能分区的作用。从位于首层的主入口开始，铺地材质不断变化——石材、地砖、木地板直到地毯，逐步加强温馨的家庭氛围。而餐厅的基调，显得相对正式。

最不同寻常的，是对柱子的处理。虽然柱网是规整的方格，但没有两根柱子的建筑处理完全相同。除了图书室里的一根柱子是钢筋混凝土，其余柱子都采用表面涂黑的圆形钢管（某些是两根或三根钢管的束柱），再裹以藤条或桦木片的饰面。密斯总是尽可能直接表现结构本身，阿尔托则借助结构抽象地隐喻芬兰的森林。尤其是某些黑色钢管只是局部包裹了桦木片，就像树皮自然剥落后露出里面的树干。

"森林里的光线"，是阿尔托的另一设计手法。在图书室的书柜和天花板之间，是弧形木格栅。无论低斜的夕阳，还是室内的灯光，都会产生如同密林深处的光影效果。支撑工作室的两根白色钢柱，如同室内"松树林"边缘的两棵白桦。阿尔托还在旁边设计了一根倾斜钢柱，结构工程师认为完全可以取消它，在玛丽亚的坚持下保留了这种"绘画式"的做法。

阿尔托利用并置的片段，唤起人们对自然界和芬兰传统建筑的记忆。其中还融合了明显的异域文化痕迹。除了日本，还有来自意大利的影响，例如刷白色涂料的砖墙。方格柱网的"自然化"处理，削弱了结构自身的表现力，其效果如同在森林中漫步，你感到自己是空间中不断移动着的核心。

图1 西南立面　　　　图2 东南立面　　　　图3 二层平面　　　　图4 剖面　　　　图5 首层平面

1）工作室

2）女主人卧室

3）带壁炉的大厅

4）男主人卧室

5）露台

6）游戏室

7）孩子们卧室

8）客人卧室

1）游泳池

2）桑拿房

3）室内花园

4）起居室

5）图书室

6）餐厅

7）入口门厅

8）主入口

9）仆人房

10）办公室

11）厨房

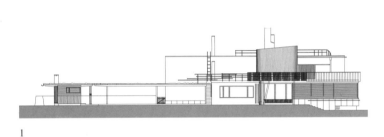

1

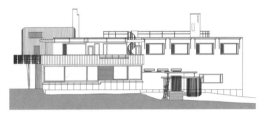

2

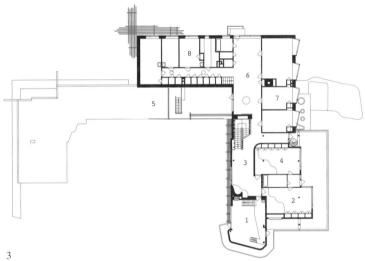

3

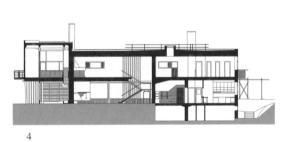

4

5

纽约古根海姆博物馆 Guggenheim Museum

弗兰克·劳埃德·赖特（Frank Lloyd Wright，1867~1959）

美国，纽约州，纽约市，1943~1959 New York City，New Yok，USA

　　所罗门·古根海姆（Solomon Guggenheim）是美国最富有的巨商之一，同时也是一位资深艺术收藏家。在来自德国的女艺术家蕾贝（Hilla Rebay）成为其收藏顾问前，他偏好收藏较传统的艺术品。蕾贝与欧洲的许多现代艺术家交往甚密，1927年移民来到美国并结识了古根海姆夫妇。两年后，他们一道访问欧洲，买回了古根海姆的第一批抽象风格藏品，包括康定斯基、蒙德里安（Mondrian）、莫霍利-纳吉（Moholy-Nagy）和鲍尔（Rudolf Bauer）的作品。此后，古根海姆委托蕾贝选购抽象艺术品藏品，并且开始筹建一座博物馆作为"抽象艺术的殿堂"。蕾贝认为，抽象艺术是纯粹的空间、体型和线条的艺术。对于敏感的观察者而言，抽象艺术将引导他们实现精神上的转变，尚未建成的博物馆将"为需要文化生活的人们提供一座高尚而宁静的圣殿"。

　　虽然赖特的有机建筑观和蕾贝的某些想法有共通之处，然而他似乎不是这个项目建筑师的理想人选——作为古代东方艺术的追随者，赖特从不掩饰自己对现代艺术的鄙薄。接受委托后，赖特最初的构想，是把横向舒展的博物馆建在一片俯瞰哈德逊河的坡地上。最终选中的用地，位于第五大道旁的闹市区，临近大都会博物馆和中央公园。赖特接受了这块用地，然后想到了他二十年代设计的一个未实现的天象馆方案。它形如一种圆台形的古代两河流域的神庙，汽车可以沿着连续的螺旋状坡道直达建筑顶部。圆形的母题，似乎和纽约的城市方格网难以协调，但赖特更看重该方案中连续的空间、表面和室内光环境。这些都有利于参观者近距离欣赏艺术品，而这正是业主顾问蕾贝所强调的功能需求。

　　面对这个上大下小的圆台体，从设计初期，就有人质疑如何沿着连续的圆形坡道悬挂画、参观者是否会对缺乏变化的空间感到乏味。它可以鲜明地宣扬"普世的秩序"，然而作为博物馆，它的实用性和灵活性值得商榷。赖特的解释是，抽象艺术需要一种全新、前卫的展览方式。绘画作品无需带玻璃的画框，只需朝参观者略微倾斜地悬挂即可。这里将实现一种常规博物馆所没有的"氛围"，将展品和环境融为一体。建成的博物馆体现了完美的空间连续性，以及混凝土"流动的天性"。某些专业人士仍持批评态度，认为它是在抹黑现代艺术及纽约的城市面貌。

　　然而，反对者也不得不承认，自落成开放之日起，古根海姆就赢得了巨大的社会成功。它迅速成为纽约市最重要的旅游目的地之一，并且是纽约市民文化生活的一部分。有趣的是，尽管参观者络绎不绝，博物馆的室内却保持着一种独特的宁静氛围，在这一点上许多传统格局的博物馆都难以企及。

图1 二层平面　　　图2 首层平面　　　图3 东西方向剖面

1）入口
2）主展厅
3）坡道
4）展厅
5）办公室
6）雕塑庭院

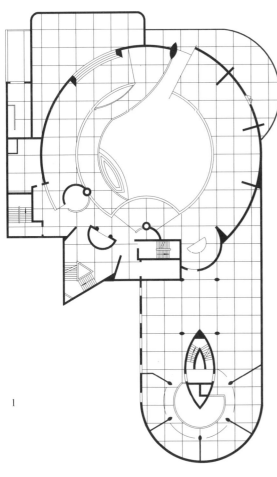

1

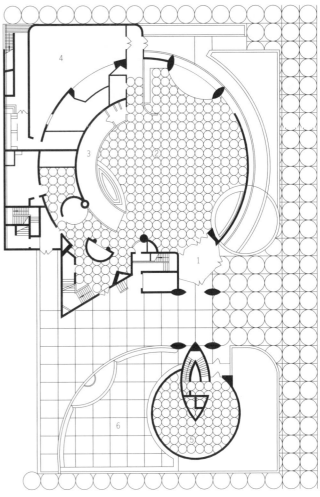

2

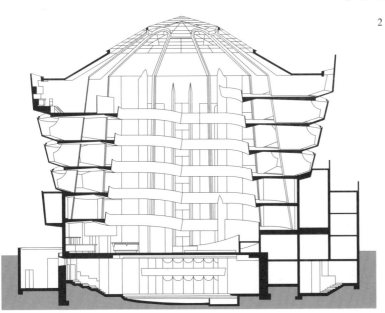

3

0　　5　　10 m
15　　30 ft

伊姆斯住宅 Eames House

查尔斯·伊姆斯（Charles Eames，1907~1978）雷·伊姆斯（Ray Eames，1912~1989）

美国，加利福尼亚州，洛杉矶，1945~1949 Los Angeles，California，USA

"案例研究住宅"（Case Study House），是《艺术与建筑》（*Art and Architecture*）杂志的主编英坦泽（John Entenza）发起的一个项目。从二十世纪四十年代到六十年代初，他委托一批初露头角的青年建筑师，设计了一系列试验性的独栋住宅。设计宗旨是鼓励材料方面的创新，呼应加利福尼亚州南部的气候环境。当时，建筑师查尔斯·伊姆斯和他的画家妻子雷，仍主要以家具设计著称。1945年，伊姆斯和埃罗·沙里宁合作设计了这座"伊姆斯住宅"。然而，当1949年施工即将开始时，伊姆斯却在现场对方案大刀阔斧地进行了修改。

最终的实施方案，采用高度模数化和工业化的建造方式。工字钢柱按照面阔2.25米、进深6米的模数形成方格柱网，预制的小型钢桁架作为屋顶结构。整座建筑分为两个均为两层高的独立体块。建筑一侧是山坡下60米长的挡土墙，另一侧是几株高大秀美的桉树。主要生活区占据八个开间，与五个开间的工作室隔着室外庭院相望。建筑两端敞开，形成高大的灰空间。

建筑的立面，是黑色钢框支撑着透明玻璃、磨砂玻璃和轻质填充墙板组成的幕墙。为了让构图更活跃，多种颜色的填充墙板又划分成大小悬殊的尺寸。在建筑室内，波纹钢板屋顶内侧和裸露的桁架都涂成白色。生活区的首层和二层，通过一个木质踏步小螺旋楼梯联系。阳光透过磨砂和透明玻璃组合的立面，在地板上投下斑驳摇曳的树影，为简洁的室内空间增添了无穷趣味。

伊姆斯住宅的成功之处在于，它不但提供了一个简洁实用的生活空间，并且把周围的桉树林、植被和室内的家具、雕塑等装饰物（伊姆斯夫妇周游各地的收获），全都巧妙组织在一起，成为建筑的一部分。它不仅是一座住宅，而是逐渐兴起的加利福尼亚生活方式的代言人。正如伊姆斯的朋友英国建筑师史密森（Peter Smithson）所言，伊姆斯是"一个地道的加州人。毫无疑问，他驾驭本地的资源和技术，例如电影、航空的广告工业，就像喝水一样轻松自如"。伊姆斯住宅频繁出现在《生活》（*Life*）和《时尚》（*Vogue*）等杂志的摄影广告里，成为正在兴起的消费社会的完美象征。在建筑界同行中，正如英坦泽所描述的那样，"它提出了一种理念而不只是建筑形式"。六十年代中期，伊姆斯住宅已是公认的二战后的建筑杰作之一。

图1 西立面　　图2 剖面（穿过起居室）　　图3 东立面　　图4 南立面　　图5 二层平面

1）起居室上空
2）卧室
3）更衣间
4）过厅
5）卫生间
6）储藏区
7）工作室上空

图6 剖面（穿过工作室）　　图7 首层平面　　图8 北立面

1）起居室
2）餐厅
3）厨房
4）设备间
5）庭院
6）暗房
7）工作室

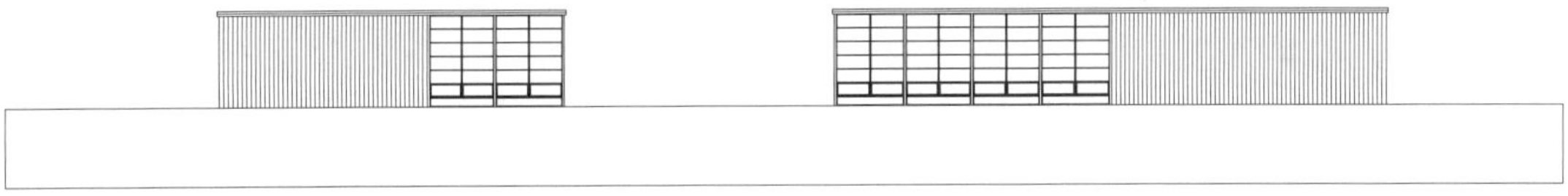

1

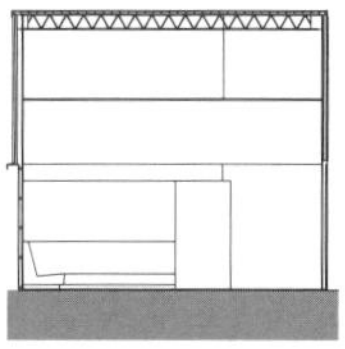

2

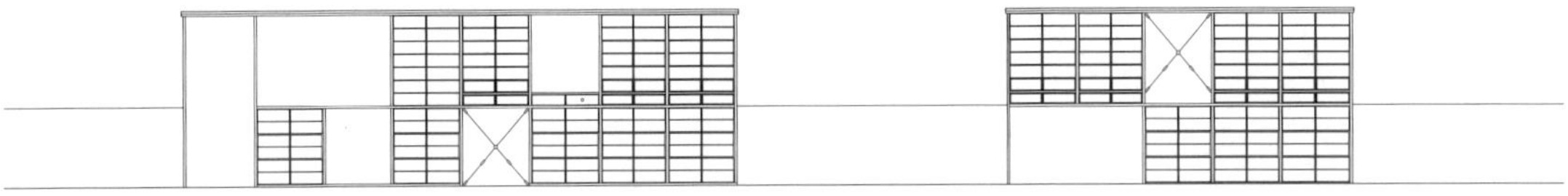

3

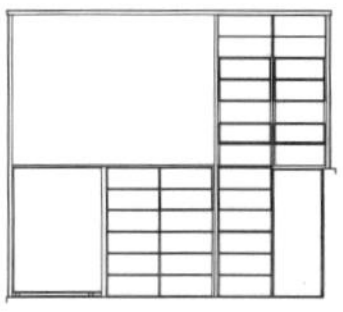

4

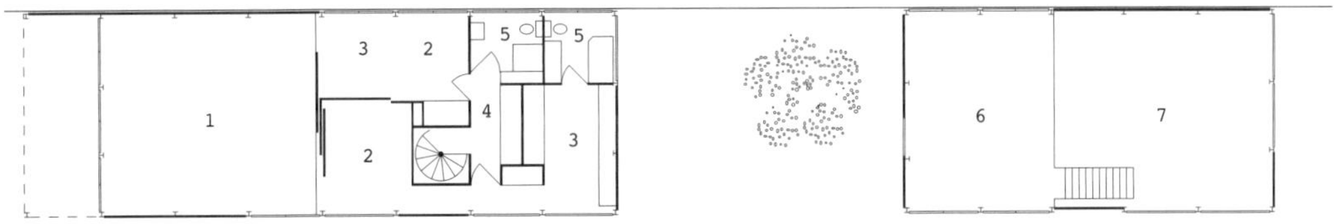

5

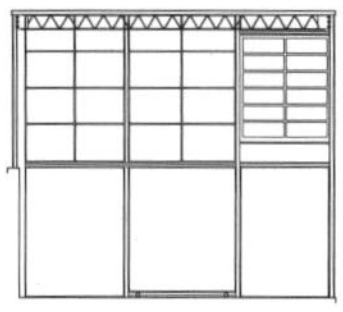

6

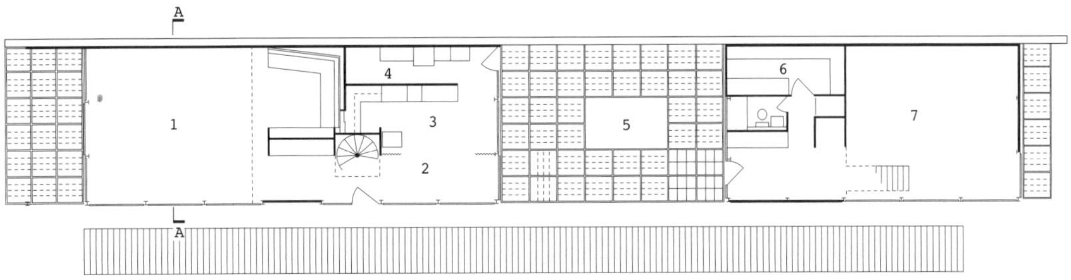

7

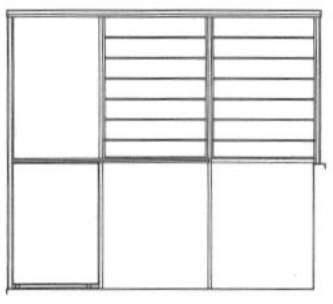

8

0　　5　　10 m
15
30 ft

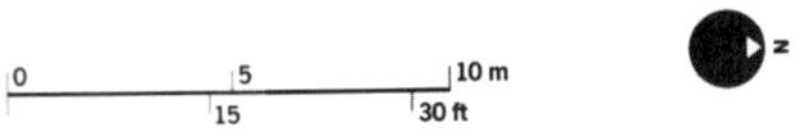

范思沃斯别墅 Farnsworth House

密斯·凡·德罗（Mies van der Rohe，1886~1969）

美国，伊利诺伊州，普莱诺，1945~1951 Plano，Illinois，USA

艾迪斯·范思沃斯是事业有成的医生，她在一次聚会上结识了密斯，向建筑师提到自己准备建一座周末度假别墅，密斯随即提出愿意为她设计这座别墅。他们成为亲密的朋友（仅此而已），而范思沃斯很快接受了"少就是多"的建筑哲学。她购买的这块用地，容易被雨季洪水淹没，因此建筑室内地坪比室外地面抬高了1.5米，结构体系是八根工字钢柱支撑着一块长方形地板。

室外地面和室内地坪之间，有一片宽敞平台，同样由工字钢柱支撑。室内是一整片开敞的自由空间。岛状的"服务核"包括两个卫生间、一个壁炉和开放式厨房。和"吐根哈特住宅"一样，落地窗帘用以调节私密性。密斯设计的家具像雕塑一样，摆在乳白色地毯上。

密斯选择的材料虽不张扬却都很昂贵：洞石地板、白桃花心木隔墙饰面，还有产于中国的丝绸窗帘。建筑细部的构造，异常光洁精密。钢梁与钢柱之间的焊缝，经过打磨光滑后再用白色油漆遮盖焊缝。这座建筑给人的印象，就像调音用的音叉一般精准。它简洁内敛的形式，更利于居住者的注意力投向室外的自然景色。据后来的屋主帕伦波爵士（Lord Palumbo）描述，他的嗜好之一就是清晨起床，凝视窗帘上的树影婆娑。

如同其所有作品那样，密斯认为理想的比例取决于使用者的感受，而非工程计算结果。与结构计算结果相比，这座别墅的钢柱与钢梁尺寸都有所夸张。梁的尺寸加大，确保楼板不会出现轻微的下垂变形。柱子尺寸加大，以实现密斯认为合适的"视觉比例"。有趣的是，十九世纪的铸铁结构往往采用极其纤细的构件。

范思沃斯别墅，被公认是自由平面的典范，完美体现了密斯追求的"近乎无物"的境界。然而，女业主感到这种彻底敞开令她不适。她发现实际造价比起预算近于翻倍，而且建筑也没有考虑气候因素。她把密斯告上了法庭，而密斯随即反诉业主，追讨尚未收到的设计费，并且最终胜诉。这场纠纷引起了舆论关注，发表在《美丽的住宅》杂志上的一篇文章如此评价道："自命不凡的精英，试图告诉我们应当如何生活。"

对密斯而言，这件作品是其前一阶段建筑语言的总结。始于二十年代的非对称的灵动，在此达到了高潮。此后，他将转向更加静态、充满古典气息的对称体形，例如"克朗楼"和"西格拉姆大厦"。

图1 南立面　　　图2 剖面　　　图3 平面　　　　　　　　　　　　　91

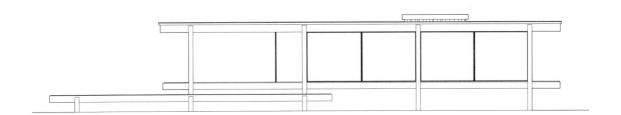

1

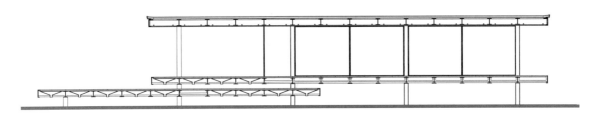

2

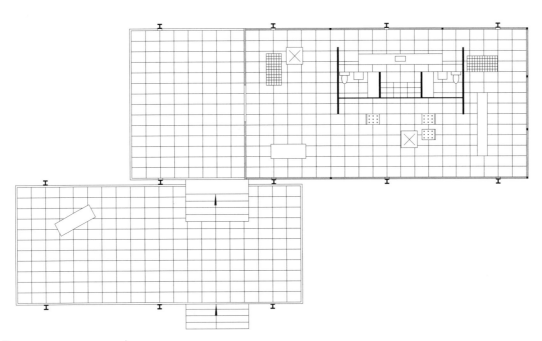

3

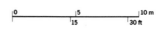

考夫曼沙漠别墅 Kaufmann Desert House

理查德·纽特拉（Richard Neutra，1892~1970）

美国，加利福尼亚州，棕榈泉，1946 Palm Springs，California，USA

　　流水别墅的主人考夫曼，以乐于资助建筑方面的探索而著称。他的儿子小埃德加曾是赖特塔里埃森学徒会的一员。当考夫曼计划在加利福尼亚建造一座冬季度假别墅时，埃德加很自然地希望仍由赖特设计。然而，这一次考夫曼想尝试更轻快的氛围，他找到了纽特拉。纽特拉没有辜负他的信任，使考夫曼的名字和又一件现代建筑杰作联系在一起。

　　这块长90米、宽60米的用地，周边是壮美的沙漠和群山。从位于南侧的主入口进入起居室。仆人房位于西侧。客人卧室在北侧，和餐厅隔庭院相望。主人卧室在起居室东侧，窗外就是游泳池。建筑的整体气质轻松明快。局部厚重的石墙，与大片玻璃窗相互平衡。建筑的另一特征，是它采用了适应当地环境的节能措施，例如出挑的平屋顶、可调角度的遮阳百叶、地板采暖及制冷系统。

　　以起居室壁炉为核心的十字形平面布局，与赖特早期的草原住宅有含蓄的继承关系，而更直接参考是赖特为约翰逊制蜡公司总裁设计的 "展翼(Wingspread)" 住宅。然而，纽特拉呼应周边环境的手法与赖特大不相同。同样地处沙漠，赖特自己的冬季居所西塔里埃森（Taliesin West），采用了尽量低矮的体形，材料的色彩和质感紧密呼应周围的岩石与沙漠。而纽特拉认为，应当充分利用现代化的预制构件和空调设施，一座沙漠里的建筑 "不应当像是从地面生长出来的，而应当是远道而来的构件组装而成"。他的建筑语言更加抽象，表面光洁的板片宛如漂浮在地面上，与周边环境的质感形成鲜明对比。纽特拉自己形容这种反差 "让岩石显得更具野性"。

　　在住宅周围，纽特拉用富有当地特征的岩石和仙人掌布置庭院，日后这座别墅的景观甚至比建筑本身更具影响力。在五十年代经过多家杂志介绍，它成为呼应加利福尼亚当地气候与地貌的典型设计。事实上，修建整齐的大片草坪和巨大的长方形游泳池，未必 "适合" 干旱的加利福尼亚南部。尽管如此，纽特拉和洛杉矶周边更年轻的一辈建筑师们，共同定义了富于当地特色的生活方式。

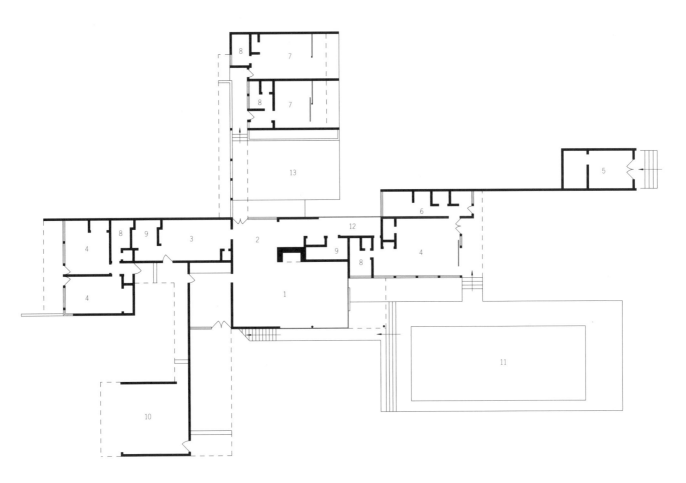

图1 首层平面　　　　　93

1）起居室　　　8）卫生间
2）餐厅　　　　9）储藏室
3）厨房　　　　10）停车位
4）卧室　　　　11）游泳池
5）设备间　　　12）画廊
6）更衣室　　　13）室外庭院
7）客人卧室

1

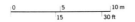

巴拉甘住宅及工作室 Barragán House and Studio

路易·巴拉甘（Luis Barragán，1902~1987）

墨西哥，墨西哥城，1947~1948 Mexico City，Mexico

路易·巴拉甘1902年生于墨西哥的瓜达拉哈拉（Guadalajara）。他在大学里的专业起初是工程，后来转为建筑。1931年至1932年，他在欧洲旅行，拜访了柯布西耶，被现代建筑的魅力所征服。回到墨西哥后，他创办了自己的事务所。其后八年间，完成了约三十项国际式风格的建筑。就在这时，他宣布不再接手商业性设计项目。他买下一块地，投入大量精力开发和设计一系列小住宅。出售这些住宅使他获得了足够的经济保障，可以放手建造自己的住宅和工作室。

从街道上看去，这座建筑在社区中显得平淡无奇。然而当你走入其中时，独特的氛围扑面而来。它似乎带有西班牙殖民时期建筑风格的痕迹，但更醒目的是墨西哥传统建筑艳丽的色彩。体形方面属于国际式风格清晰的几何构成。所有这些结合成了属于巴拉甘的独特语言。整座建筑由一些各具特征的房间组成，这一点和卢斯的"缪勒住宅"有共通之处。混凝土框架填充混凝土砌块，墙面上质感粗糙的抹灰，再涂以艳丽的颜色。在漫射的自然光下，色彩鲜艳的墙面和木梁、木地板、火山岩的铺地和台阶形成鲜明对比。

起居室里一面宽大的玻璃窗，朝向墙上爬满绿植的庭院。玻璃上纤细的十字形分格，带有宗教暗示，让室内空间与室外庭院之间的界面，增添了神秘色彩。庭院里没有任何装饰或摆设，主人也从不进入，任由绿植自生自灭。

大厅里一面黄色墙壁旁的花岗岩楼梯，通向楼上的几间卧室。另有一个小楼梯通向屋顶花园。1954年，即入住六年后，巴拉甘在屋顶花园四周砌起很高的围墙，从此花园"专注"地朝向天空。这一构思显然受到柯布西耶的影响，屋顶花园的围墙色彩各异，高低起伏。乳黄、褐色、深红、紫色和水泥的本色，如果没有墨西哥炽烈的阳光相伴，谁会有足够的勇气把这些颜色组合在同一个空间里呢？

和安藤忠雄的"小筱邸"相仿，巴拉甘试图以住宅作为一种堡垒，对抗狂躁和难以捉摸的外部世界。他认为"墙产生宁静"，只有被墙包围着，方能冷静地面对生活。作为虔诚的天主教徒，巴拉甘相信美具有救赎灵魂的功能，独处是一种必要的生活方式。这座建筑也体现了他对时间的认识：把时间"浪费"在冷静的思考，具有非常宝贵的价值。巴拉甘反对国际式建筑那种机器模样的形象，他希望追求永恒甚至让时间停止。起居室窗子上十字架形的分格，是以永恒的形式与窗外不断变化的花园对峙。巴拉甘住宅的价值，远远不只是一种设计手法，而是体现了一种价值观。建成半个世纪来，每当人们不满足于把住宅简化成一件工业产品或华而不实的艺术品时，就会把目光投向这里。

图1 西立面　　　　图2 二层平面　　　　图3 三层平面　　　　图4 四层平面　　　　图5 首层平面　　　　95

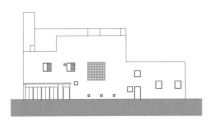

1

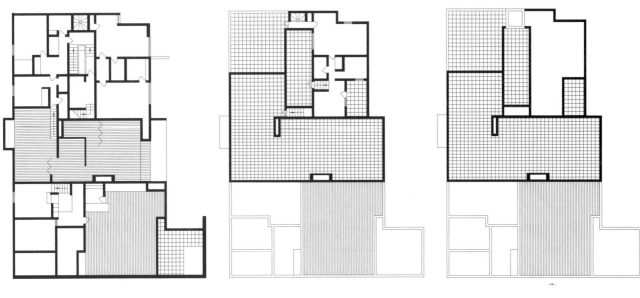

2　　　　　　　　　　　　　3　　　　　　　　　　　　　4

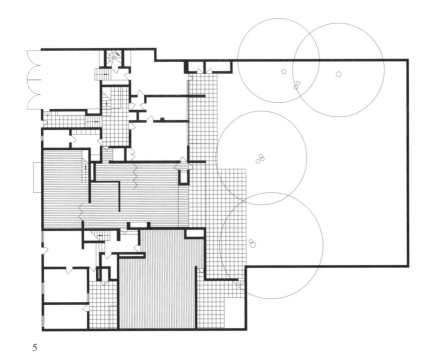

5

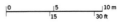

马赛公寓 Unité d'Habitation

勒·柯布西耶（Le Corbusier，1887~1965）

法国，马赛，1947~1952 Marseilles，France

　　为满足战后重建的迫切需求，这一尺度巨大的"居住的机器"应运而生。柯布西耶称之为"垂直的花园城市"——可以同时满足舒适的居住、私密性和接触大自然。马赛公寓绝不是传统的集合住宅，然而柯布西耶内心深处对居住的理解却是传统的。他理想中的家庭生活，是全家人一起在壁炉旁共进晚餐，当然他也同意柴火可以被天然气或电炉代替。

　　柯布西耶提出，在没有仆人的家庭里，"起居室必须是厨房，而厨房就是起居室"。在1953年出版的介绍该建筑的著作中，他强调必须复兴古老的传统，"否则现代家庭就会失去凝聚力"。他认为，挽救现代家庭的关键手段，就是合理设计的住宅。要确保每一家住户的私密性，不受邻居的噪声干扰，并且能就近便捷地使用各种服务设施。一个个居住单元体，嵌在整体的结构框架中。法国设计师让·普罗维（Jean Prouve）曾经设想，大批量预制这种钢结构的居住单元。在马赛公寓的实践中，采用了现浇钢筋混凝土。

　　横剖面呈"L"形的居住单元，两两相扣。每一户都有东西两侧阳台。每三层共用一条纵向贯通的走廊，柯布西耶称之为"室内街道"。两层通高的起居室，与开敞式的厨房联通。主卧室有专用卫生间，儿童也有自己的淋浴间。整层高的玻璃窗，使自然光能照到室内深处，而混凝土格栅可以遮挡耀眼的直射阳光。

　　柯布西耶设计了23种基本单元的衍生形式，18层的马赛公寓总共有337个居住单元。屋顶设有游泳池、体育活动场地和跑道。最上面两层设有托儿所和幼儿园。第七层的局部和第八层设有商店、餐厅和旅馆等其他服务设施。

　　入住的第一批住户，仍习惯外出购物和娱乐，室内商业设施在一段时间里近乎荒废。然而，随着中产阶级住户越来越多，商店也逐渐开始聚集人气。阳光、空间与植被，是柯布西耶心目中"必备的愉悦"，它们在马赛公寓得到了集中体现。柯布西耶认为，屋顶花园会给人妙不可言的空间体验。在自己的作品全集里，他把马赛公寓屋顶的模型和一张阿尔卑斯山的照片摆在一起，以此说明建筑与自然界直接的并置，将成为他未来作品的主题。

　　马赛公寓无疑是柯布西耶美学形式的一次突破。他抛弃了纯净光洁的表面和纤巧的柱子，取而代之的是富于力量感和雕塑感的形式。粗糙的混凝土质感，保留着木模板的痕迹。他把这种"新"材料称作"粗野混凝土"。日后一批建筑师广泛使用这种质感的混凝土，他们的建筑风格被英国评论家班汉（Reyner Banham）称为"新粗野主义"。

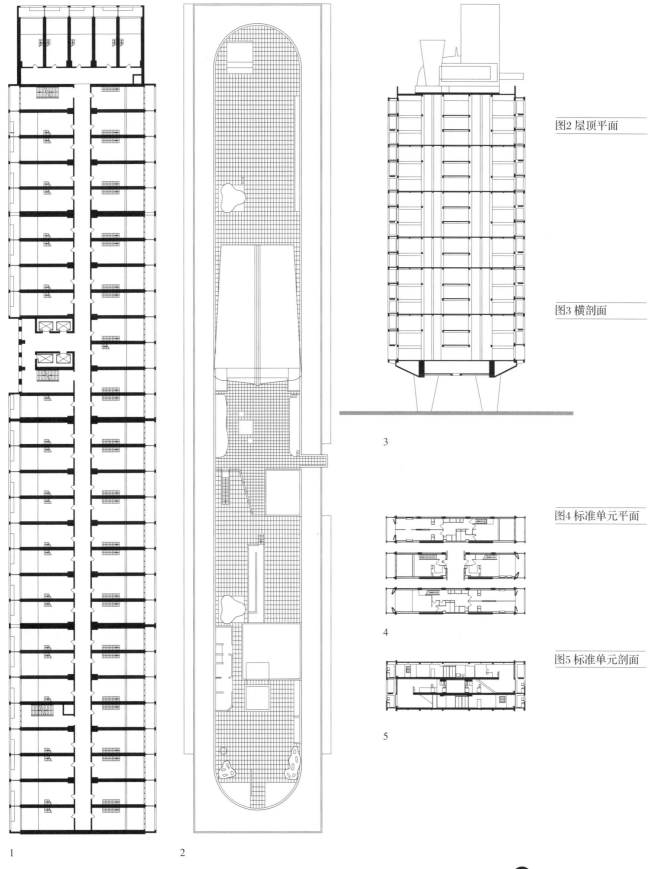

图1 标准层平面

图2 屋顶平面

图3 横剖面

3

图4 标准单元平面

4

图5 标准单元剖面

5

1   2

0   5   10 m
15   30 ft

珊纳特塞罗镇公所 Säynätsalo Town Hall

阿尔瓦·阿尔托（Alvar Aalto,1898~1976）

芬兰，珊纳特塞罗，1949~1952 Säynätsalo，Finland

　　小镇珊纳特塞罗，位于芬兰中部城市于韦斯屈莱附近派延奈湖中的小岛上，木材加工是全镇的支柱产业。1944年，阿尔托为这里设计了总体规划。五年后，阿尔托赢得了镇公所的建筑设计竞赛。阿尔托崇拜文艺复兴早期城邦国家的文化，这座建筑的灵感，直接来源于阿尔托钟爱的意大利。他希望借此机会为独立不久的芬兰树立"美好生活"的典范。庭院式的格局可以视为"玛丽亚别墅"的延续，但更接近意大利的传统庭院（Cortili）。采用当地制造的红砖——这在当时芬兰的公共建筑中仍非常罕见，显然借鉴了意大利的传统建筑。在二十世纪二十年代他在意大利旅行时的速写里，可以看到古城圣吉米尼亚诺（San Gimignano）著名的砖塔。

　　尽管建筑的规模不大，功能也较单纯，阿尔托仍巧妙地利用空间的构图，实现了富有诗意的场景。坡度舒缓的屋顶、高高耸起的议事厅和西侧阶梯状的平面轮廓，都是构图的重要元素。庭院比周边的地坪抬高了一层，竖向的联系可以通过东侧较正式的石砌大台阶，或西侧木板植草的大台阶。后者还可以供人们散坐聚会。它象征阿尔托崇尚的"自然"与"文化"的结合，可惜这项潜在功能很少发挥作用。银行、商店和图书馆等市民服务设施，日后也都改作镇政府办公使用。

　　作为花园与广场的结合体，庭院里采用了多种铺地材质：红砖、地砖、草坪和长方形水池，意在使建筑和庭院融为一体。日后由于草地逐渐占据了庭院，这种效果被显著削弱了。在芬兰的气候条件下，意大利式开敞的柱廊很不实用，因此阿尔托采用了玻璃封闭的单面走廊。建筑室内也大量采用清水砖墙和砖铺地。沿着走廊的庭院一侧，窗台下是连续的砖砌坐凳，类似意大利常见的环绕广场的坐凳。砖砌的坐凳同时也充当暖气片罩。红砖硬朗的质感，衬托着皮革细条精心缠绕的青铜门把手。

　　通向议事厅的走廊地面和墙面，全由砖砌成。议事厅地面是木地板，砖墙上有木格栅遮挡强烈的阳光。议事厅高耸的空间显得古雅庄重，一对像展翅的蝴蝶形状的木屋架支撑着屋顶。对于这一独特的结构形式，阿尔托的解释是利于屋顶下方空间通风。实际上，更重要的目的是强调空间的仪式感，同时形成构图高潮。

　　这座建筑与柯布西耶的"贾奥尔住宅"共同证明了，砖是一种足够"现代"的建筑材料。阿尔托摒弃了第二次世界大战前欧洲盛行的匀质空间、无视地域特征的建筑手法，在他的影响下，植根于特定地域和文化的建筑风格，在全世界尤其北欧地区日益成熟。

图1 议事厅标高平面　　图2 剖面　　　　　　图3 庭院标高平面

1）议事厅
2）阁楼商店

1）入口门厅　　　　11）公寓
2）儿童图书馆　　　12）员工咖啡厅
3）图书管理员柜台　13）福利事务办公室
4）成人图书馆　　　14）镇政府会议室
5）报刊阅览室　　　15）税务办公室
6）活动室　　　　　16）财务办公室
7）研究室　　　　　17）镇长办公室
8）卧室　　　　　　18）信息咨询室
9）厨房　　　　　　19）存衣间
10）游客卧室

图4 西南立面

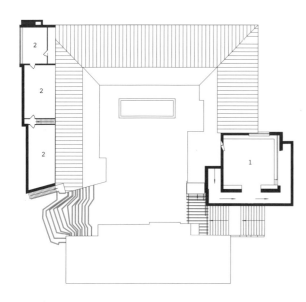

1

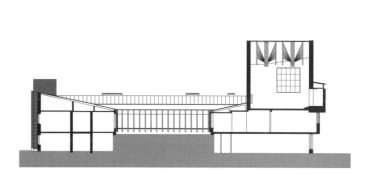

2

3

4

利华大厦 Lever House

戈登·邦沙夫特（Gordon Bunshaft，1909~1990），SOM事务所

美国，纽约州，纽约市，1950~1952 New York City，New York，USA

1936年，路易·斯基德莫（Louis Skidmore）和内森尼尔·欧文斯（Nathaniel Owings）在芝加哥共同创办了日后被称为SOM的建筑事务所。它以周密的团队合作著称，借鉴了美国的商业管理模式，一度成为全球规模最大的建筑事务所。邦沙夫特为SOM的辉煌崛起，做出了至关重要的贡献。1945年，他作为设计总监之一加入事务所。他最有影响力的作品之一是纽约公园大道旁的利华大厦，和密斯的西格拉姆大厦隔街相望。

利华大厦由两层高、带屋顶花园的裙房和21层高的塔楼组成。平面呈长方形的裙房，中心是一个正方形露天庭院。裙房既可用作对外开放的公共空间（例如咖啡厅和餐馆），也可作为塔楼办公区华贵的前厅。塔楼的柱子全都贯通至裙房，但从外观看，塔楼却仿佛从裙房屋顶拔地而起。与密斯的"芝加哥湖滨公寓"和"西格拉姆大厦"一样，裙房首层的玻璃幕墙略微退后，使柱子清晰地显露出来。

塔楼各层楼板，略微出挑于钢框架外，这样就实现了完整光洁的玻璃幕墙外立面。绿色幕墙玻璃可以吸收阳光辐射，降低空调荷载。楼板位置不透明的玻璃隔板，显示了楼层划分。从立面形式上，看不出任何内部的空间分区。楼顶两层高的设备围挡，采用同样的玻璃幕墙，只是玻璃的横向分格变得更密。由于标准层面积不大，设备间全都集中于平面一端，而不是常见的中心位置。

裙房加塔楼的空间格局，以及纯净的玻璃幕墙，成为全世界类似建筑普遍效仿的手法。然而，这种国际式手法也逐渐暴露出其缺陷：无视当地气候环境，更不必说义化特征。当然，这并不会令邦沙夫特的成就减色。裙房加塔楼的布局，曾出现在柯布西耶的"瑞士学生宿舍"、1932年建成的费城PSFS大厦，但是在利华大厦变得更加成熟与完善。凭借轻盈的姿态、通透光洁的玻璃立面和宛如细线的窗梃，利华大厦在纽约由石块堆积成的摩天楼中鹤立鸡群，实现了一百年来对于玻璃建筑的梦想。

图1 剖面　　　　图2 西立面　　　　图3 四层平面　　　　图4 标准层平面　　　　　　　101

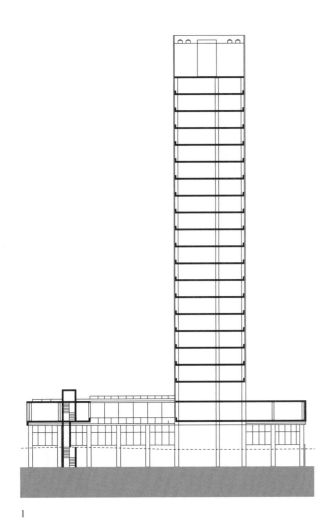

1

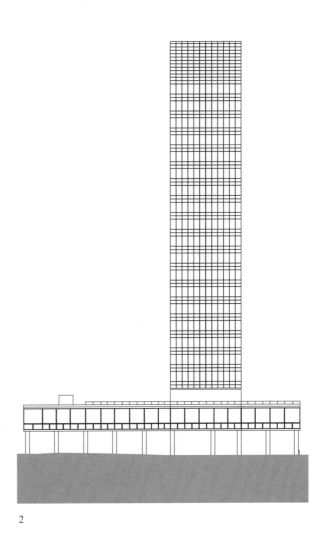

2

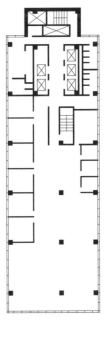

3

4

朗香教堂 Chapel of Notre-Dame-du-Haut

勒·柯布西耶（Le Corbusier，1887~1965）

法国，朗香，1950~1954 Ronchamp，France

第二次世界大战结束后，柯布西耶在建筑领域的价值观，产生了一个突发的转变。机器的概念不再占据统治地位，粗粝的、富于雕塑感的形式洋溢着崇拜自然界与古代建筑的激情，取代了二十年代"理性"的几何体和光洁的表面。马赛公寓是他对于"类型解决"的最后一次尝试，在那里这种转变已相当明显。而随着一座小教堂在法国东南部的小村庄里落成，柯布西耶在"机器时代"的一切现代特征自此荡然无存。

当地原有的老教堂在战争中被毁，需要在原址新建，并且利用废墟中残存的某些材料。柯布西耶留下的草图里，在一片厚实的曲面墙旁边的注解写道："如何利用残存的石块建造墙。"然而，从实际建造角度，它很难解释最终建成的形式。平面上或凹或凸的曲线，是柯布西耶综合了诸多因素的结果：例如，呼应周围群山产生的"压力"、如何为前来朝圣的信徒提供遮蔽。每逢宗教节日，大批信众可以在东侧挑出的屋顶下举行弥撒。

仅从外观推测，很难想象这座建筑是现浇混凝土结构。事实上，只有这种结构体系才能实现柯布西耶设计的曲面屋顶（据柯布西耶讲，其灵感源自于蟹壳）。貌似漂浮着的屋顶与墙面脱离，两者间形成一道透入自然光的细缝。建筑另一侧是三个朝着不同方向的塔，顶部有高窗引入神秘的自然光。1910年，柯布西耶在意大利旅行时，在古罗马遗址哈德良行宫（Hadrian's Villa）的速写，记录了类似的高窗。随着山丘自然的地形变化，室内地面向着圣坛方向逐渐变低。

巨大而厚重的南向墙面上，散落着许多尺寸与形状各异、内宽外窄的洞口，它们是室内主要的光线来源。某些洞口里，镶嵌着由柯布西耶亲手上色的彩绘玻璃。虽然它们是经过柯布西耶的"模数"化构图推导而来，然而更像是曾经用于计算机的穿孔卡片。

柯布西耶形容这座教堂是"宁神静思的场所"。虽然他本人并非虔诚的教徒，也从未体验过"信仰产生的奇迹"，但是朗香教堂满足了天主教的礼仪规程，信徒们对此也无可挑剔。值得注意的是，这座教堂同时也散发浓郁的异教气息。"洞穴"状的空间，灵感或许来自新石器时代的石柱和爱琴海上基克拉迪群岛的民居。墙面上貌似随机的洞口，则是北非生土建筑的常用手法。无论究竟是哪些"源泉"，它们在建筑大师手中实现了前所未有的结合。1954年，当朗香教堂建成之时，众多建筑评论家惊呼它偏离了现代建筑的主流。半个多世纪过去了，它与柯布西耶的绘画和雕塑作品间的内在联系，仍有待深入剖析。

图1 南立面　　图2 东立面　　图3 纵剖面　　图4 首层平面　　图5 总平面　　　　103

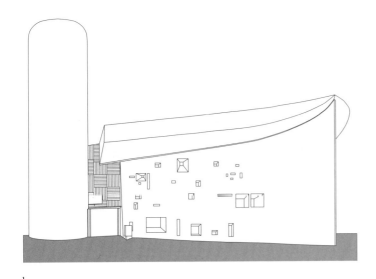

1

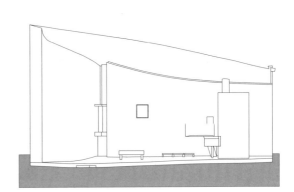

2

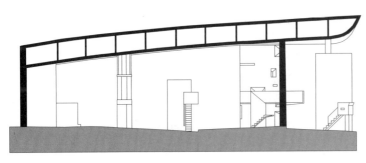

3

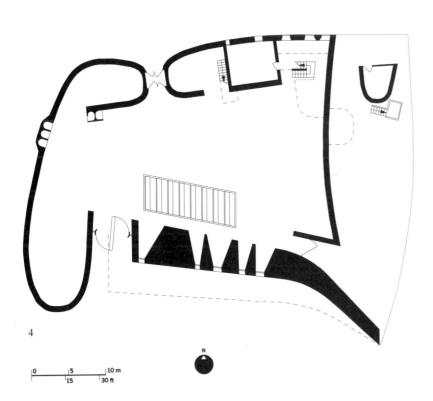

4

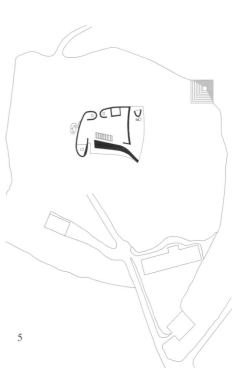

5

克朗楼 Crown Hall

密斯·凡·德罗（Mies van der Rohe，1886~1969）

美国，伊利诺伊州，芝加哥，伊利诺伊理工学院，1950~1956 Illinois Institute of Technology, Chicago, Illinois, USA

1938年，在就任艾慕尔工学院（即伊利诺伊理工学院前身）校长的履新演讲中，密斯强调"正确地利用"材料，应当在探索新建筑形式的过程中担任核心角色。第二年，他受托着手规划学院的新校园。在1943年建成的"矿物和金属研究大楼"，他开始在立面的局部尝试日后作品中的标志性母题——工字钢的竖向窗棂，作为表皮与结构间的中间层次。

这一细部，或许得益于密斯在彼得·贝伦斯事务所的工作经历。他曾参与"汽轮机工厂"的外立面设计。1947年建成的"校友纪念馆"，使密斯的这一"经典"形式语言愈发成熟。混凝土包裹的钢结构外侧，是砖与玻璃组成的幕墙式立面。工字钢的窗棂突出竖向线条，建筑角部是一根角钢固定的一对工字钢。

恰逢其时，校方委托他设计将命名为"克朗楼"的建筑与设计学院大楼。通过三个关键作品："范思沃斯别墅"、未建成的汽车外卖餐馆和"50英尺[①]见方住宅"，密斯对钢结构的研究已更趋完善。它们的室内空间，都是一片毫无阻隔的"万能空间"，外立面显露工字钢的结构柱。在后面两个项目中，屋顶的钢梁都显露在室外，与克朗楼相仿。

克朗楼里毫无阻隔的"万能空间"，其面积明显大于项目任务书要求（密斯给出的理由，是为学院扩大规模而预留空间）。最终建成的屋顶长66米，宽36米，结构的

费用自然也有所提高。与"范思沃斯别墅"相仿，首层楼板被略微抬高，建筑整体由玻璃与钢包裹。外立面上半部是分格较大的透明玻璃，可以从室内看到天空（未拉下遮阳百叶时）；下半部分是分格较小的磨砂玻璃，起到过滤光线的作用，并且使建筑内部在校园环境中保持私密。

尽管与"范思沃斯别墅"存在诸多共同点，克朗楼仍不失为密斯建筑事业中的另一个转折点。密斯越来越倾向于以构件本身，而不是昂贵的饰面材料作为主要表现手段。室内地坪抬高半层，从建筑正中央分为两段的大理石台阶进入。同在一个建筑内的设计学院，设在只能通过高窗采光的半地下室。不难看出，密斯以此表露建筑学与设计学重要性的差别。

克朗楼严格的对称性，和密斯自己做出的校园规划也有所抵触。其所处地块位于校园边缘，原先所预想的是一个不太醒目的体量。然而这些都无关紧要，"少就是多"又一次充分展示了它优雅的力量。

① 一英尺=0.3048米

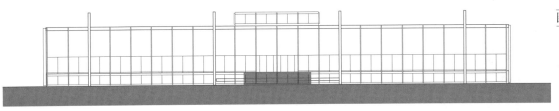

图1 正立面

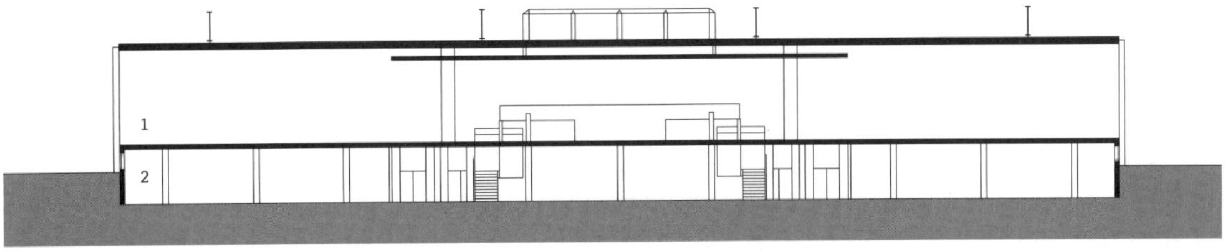

1

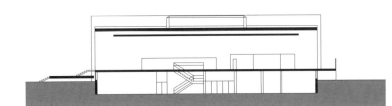

图2 纵剖面
1）首层建筑学院
2）地下一层设计学院

2

图3 横剖面

3

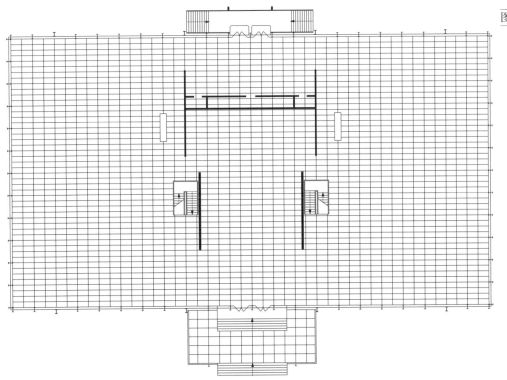

图4 首层平面

4

贾奥尔住宅 Maisons Jaoul

勒·柯布西耶（Le Corbusier，1887~1965）

法国，巴黎，1951~1954 Paris，France

贾奥尔住宅与"拉图雷特修道院"的设计，几乎同时进行。它与柯布西耶早期的两座住宅作品，库克住宅（Maison Cook）和加尔舍住宅（Villa at Garches）都距离不远。贾奥尔住宅有力地证明了，柯布西耶已经把自己早期的机器时代美学抛在身后。在作品全集的第五卷中，他声称这座住宅代表了二战结束后最富挑战性的难题之一。应业主的使用需求，这座住宅分成了两个独立的小建筑。用地原本就很狭小，但仍需依照法规退线，而预算之低简直"令人难以接受"。柯布西耶采用的布局，是把两个长方形呈"L"形布置，两个小建筑共享连接车库的入口，分别有各自的花园。

屋顶采用西班牙加泰罗尼亚地区传统的砖砌筒壳。这种筒壳矢高很小，在室内直接显露砖砌屋顶，无需饰面。部分缘于造价限制，柯布西耶选用的其他材料也都异常简朴：清水砖墙、地砖和粗糙的混凝土。白色抹灰墙面和局部木饰面，起到了软化的平衡作用。长久以来，柯布西耶对古希腊一种名为"墨伽翁（Megaron）"的建筑形式颇感兴趣，它是一种具有长条形空间的大殿。贾奥尔住宅就利用了这种口袋式的房间布局。

早在1919年，针对第一次世界大战后的住宅短缺，柯布西耶设计过一种带有很扁的筒壳屋顶的住宅。它的混凝土屋顶，不及贾奥尔住宅这样具有浓郁的"乡村"气息，但已体现出柯布西耶所说的"主观"的形式，或者说"女性化的建筑"。

1935年，柯布西耶在一座周末别墅设计中，也曾采用过拱顶。当时，柯布西耶已开始拒绝所谓"国际式"。他把国际式"客观的"形式称作"男性化的建筑"。那座周末别墅拱形的植草屋顶、粗糙的砌砖工艺，已可以看出贾奥尔住宅的端倪。在空间方面，柯布西耶开始追求类似"原始的草棚"和洞穴的围合感。

在柯布西耶的追随者当中，对于贾奥尔住宅的评价趋于两极化。新粗野主义的代表人物彼得·史密森认为，它精妙地结合了乡村的野趣。同为英国建筑师的斯特林，在《建筑评论》杂志（Architectural Review）上撰文《从加尔舍到贾奥尔》。他认为柯布西耶丧失了二十年代英雄式的激情，贾奥尔住宅不啻为一种退缩。对柯布西耶本人而言，只有毅然决然地向前。在接下来的十年中，他几乎所有的作品（参看"昌迪加尔议会大楼"），都散发着原始古朴气息。

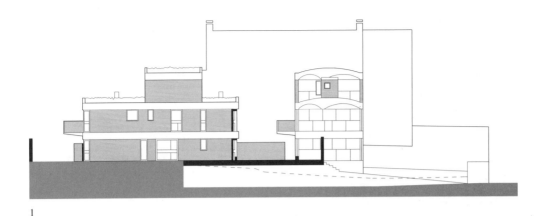

图1 东北立面　　107

1

图2 剖面

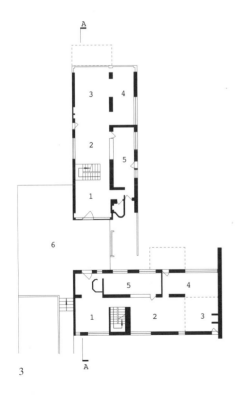

图3 首层平面

1）入口门厅

2）餐厅

3）起居室

4）书房

5）厨房

6）车库

2

图4 二层平面

1）卧室

2）卫生间

3）起居室上空

图5 三层平面

1）卧室

2）卫生间

3　　　　　　　　4　　　　　　　5

昌迪加尔议会大楼 Parliament Building

勒·柯布西耶（Le Corbusier，1887~1965）

印度，昌迪加尔，1951~1963 Chandigarh，India

　　1948年，印度旁遮普邦的西半部分及首府拉合尔，被划归新独立的巴基斯坦。仍属印度的东半部分，需要新建一座城市作为首府。1951年，柯布西耶在自己三十年代提出的"光明城市（Radiant City）"构想基础上，为新的旁遮普邦首府昌迪加尔制定了规划。他还设计了一组重要的政府建筑（包括总督府、议会大楼、高等法院和秘书处等），象征整个城市的"头脑"。

　　在设计这些核心政府建筑的过程中，柯布西耶研究了印度传统的莫卧尔王朝的建筑元素，例如敞廊、曲线优美的屋顶和水景。这些当地建筑语言和西方的古典主义结合在一起，还融入了柯布西耶对雨水、太阳等自然界现象的思考。议会大楼中一个至关重要的建筑元素，是其新月形的弧面屋顶，既起到遮阳和收集雨水的作用，也是把穹顶这一大众最熟悉的权威象征刻意倒置。类似元素也用于总督府和高等法院的屋顶，但议会大楼的屋顶尺度最大，遮盖了建筑巨大的前廊。

　　议会大楼的平面布局，某种程度上沿袭了古典手法，例如圆形的议会大厅置于长方形平面的核心，但略微偏离平面的几何中心。众议院大厅的屋顶酷似发电厂里常见的冷却塔。正方形的参议院大厅，屋顶是一个侧偏的金字塔，从平面形状到屋顶形式，都是"拉图雷特修道院"里小礼拜堂的放大版本。在柯布西耶留下的草图里，阳光射入众议院大厅屋顶的天窗，勾画出类似罗马万神庙穹顶

下的光影效果。屋顶独特的外观，很可能借鉴了印度首都德里附近的观象台（Jantar Mantar）。太阳的象征在这座建筑里俯拾即是：在非正南北向的建筑柱网里，确保众议院大厅的平面轴线指向正北；屋顶设计确保每一年议会正式开幕当日，一缕阳光恰好射在众议院议长的坐席上。

　　柯布西耶为昌迪加尔设计的几座政府建筑，全都以"粗野混凝土"为主要材料。在它们落成之际，就体现出一种庄重而又古老的废墟感。议会大楼外立面采用整齐重复的混凝土遮阳板。建筑室内的大厅里，密布纤细的混凝土柱。涂成黑色的天花板周边，环绕着一条镂空的光带，使天花板好像漂浮在空中。方形的巨大空间里，坡道和楼梯镶嵌在树林般的柱列中，其肃穆的氛围，宛如古埃及神庙里密布柱列的大殿。

图1 三层平面　　　　图2 东南立面　　　　图3 首层平面　　　　图4 剖面（穿过众议院大厅）

1）众议院大厅上空　　　　　　　　　　　　1）主入口　　　　　　　1）众议院大厅
2）办公室　　　　　　　　　　　　　　　　2）大厅　　　　　　　　2）长廊
3）参议院大厅　　　　　　　　　　　　　　3）众议院大厅　　　　　3）记者休息厅
4）记者休息厅　　　　　　　　　　　　　　4）门厅
5）阳台　　　　　　　　　　　　　　　　　5）办公室
　　　　　　　　　　　　　　　　　　　　　6）水池

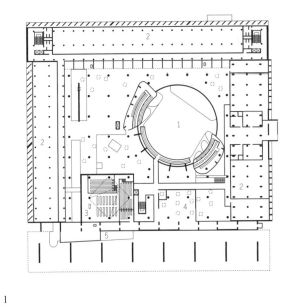

1

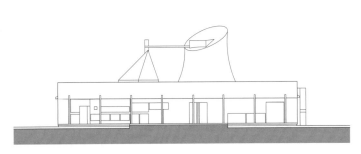

2

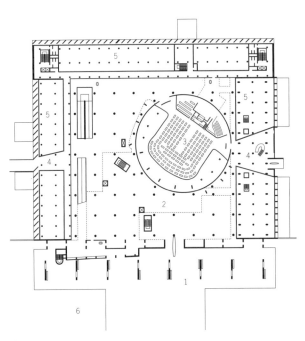

3

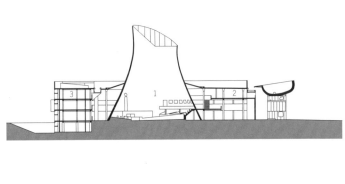

4

0　　10　　20 m
30　　60 ft

尼迈耶住宅 Niemeyer House

奥斯卡·尼迈耶（Oscar Niemeyer，1907~2012）

巴西，卡诺阿斯，1953 Canoas，Brazil

二十世纪三十年代末，柯布西耶与几位巴西的青年建筑师合作设计了"巴西文化与卫生部大楼"。这些合作者中，最具天赋者当属奥斯卡·尼迈耶。在其漫长的职业生涯中，最著名的作品是巴西新首都巴西利亚的一组标志性建筑。早在1939年，他就凭借纽约世界博览会巴西馆崭露头角。1943年，他为巴西度假胜地潘普利亚（Pampulha）设计了包括赌场、游艇俱乐部、餐馆和教堂的一组公共建筑。它们采用了充满流动感的自由曲线，类似的形式将在稍后几年出现在柯布西耶的作品里。

本例是尼迈耶为自己设计第二座住宅，地处两座小山间，俯瞰着山坡下绮丽的景色。为了最大程度欣赏美景，首层的室内基本上是开敞的自由空间。沿着平面的轮廓是落地的透明玻璃幕墙，出挑的屋顶起遮阳作用。四间卧室和一个小起居室，位于下面地势较低的一层，其屋顶形成了首层地面的平台。

初看上去，建筑的首层平面就像德国艺术家阿尔普（Hans Arp）或西班牙画家米罗（Joan Miró）的抽象画。白色屋顶的轮廓是一条自由蜿蜒的连续曲线。餐桌旁的弧形隔墙，隐约有"吐根哈特住宅"的影子。弧墙延伸到室外，变成不规则的连续"Z"字形，好像古代岩画上的线条。庭院里的一块天然巨石，一端穿过玻璃横卧在建筑室内，另一端伸进自由曲线形状的游泳池里。建筑周边点缀着姿态各异的热带植物，在其衬托下，屋顶好像也是一株

放大了的植物。尼迈耶形容道："它的屋顶最充分地体现了与周边环境密切的关系。"

到访的某些欧洲同行认为，建筑的上下两层平面缺乏一致性，带有浓郁个人风格的几何形式显得过于随意。尼迈耶的目的，恰恰是拒绝过分强调一致性的正统现代建筑手法。他直接从自然界的形式里寻找灵感，再加以抽象艺术的过滤。建筑与花园完全融为一体，后者是他的朋友，巴西的景观建筑大师马克斯（Roberto Burle Marx）的作品。

这座建筑的形式，既源于自然界同时也属于巴西的民族文化。"我对于直角、直线或其他僵硬的东西都不感兴趣。我欣赏自由和生命力饱满的曲线，例如巴西起伏的群山、蜿蜒的河流或者女性可爱的身体。"这座住宅把"自由平面"推到极致，却没有失去其最本质的庇护功能，宛如贴近大自然的人间天堂。从这个角度衡量，在整个现代建筑史上也罕有其匹。

图1 剖面   111

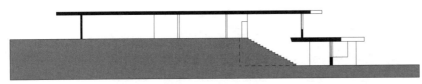

1

图2 首层平面

1）起居室
2）餐厅
3）厨房
4）卫生间
5）天然巨石

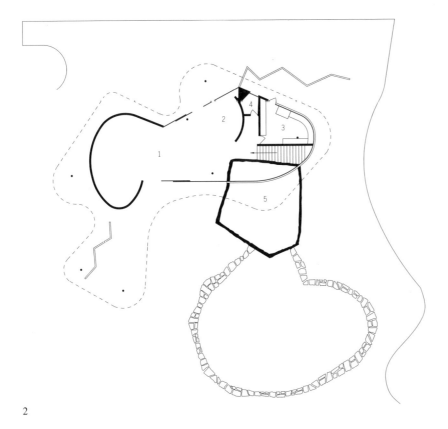

2

图3 卧室标高层平面

1）卧室
2）起居室
3）卫生间

3

拉图雷特修道院 Monastery of La Tourette

勒·柯布西耶（Le Corbusier，1887~1965）

法国，里昂附近，艾沃，1953~1957 Eveux-sur-Arbresle，near Lyons，France

在教会决定委托柯布西耶设计"朗香教堂"和拉图雷特修道院的过程中，天主教多明我派（Dominican）的神父古久里（Alain Couturier）都起到一定的作用。古久里是《神圣的艺术》杂志的编辑，他倡导"回归本质"的宗教精神。他和几位有影响力的多明我派神父都认为，乡野间的罗马风（Romanesque）教堂是建筑方面的典范。柯布西耶在二十岁时，曾参观过意大利佛罗伦萨附近的修道院。那里严格的空间秩序、集体和个人空间的均衡，都令他印象深刻。在修士狭小的房间里，从窗洞眺望外面的自然景色，类似的场景在柯布西耶日后的作品中频繁出现。

在设计工作开始前，古久里神父建议柯布西耶参观法国普罗旺斯地区的托罗奈修道院（Thoronet Abbey），借鉴这座十二世纪的古建筑如何以基本的建筑元素实现神圣的空间。柯布西耶兴致盎然地完成了参观。他的朋友摄影家赫维（Lucien Hervé）于1957年出版了一本托罗奈修道院的摄影集，柯布西耶专门为它撰写了介绍文字。他称赞其最简洁的形式体现了"极度的丰富"、"光与影诉说着真理、静谧与力量，它们是这座建筑的喉舌"，而这些描述同样适用于他自己设计的修道院。拉图雷特修道院粗野的混凝土，是在模仿中世纪建筑里坚毅的石材，其他元素如围合式的庭院、供修士们沉思散步的屋顶花园，都直接借鉴了托罗奈修道院。

一如既往，柯布西耶在传统形式基础上，加入了充满新意的形式和空间语言。修士们的卧室设置在公用设施上面。交通流线不是常规的环绕式走廊，而是在庭院中的十字形走廊。除了最西侧的礼拜堂，其余体块和十字形走廊，都由混凝土柱架空在坡地上方。

修道院的礼拜堂，比朗香教堂中的礼拜堂更简洁质朴。单纯的长方体空间里，屋顶和南立面之间有一条细缝，两侧坐席背后的墙上，是几个窗洞侧面涂成彩色的细长条窗。主礼拜堂旁边还有一个形状不规则的小礼拜堂，和主礼拜堂严整的肃穆形成对比。礼拜堂位于建筑的最低一层，却是整个空间序列的高潮。

小礼拜堂室内的墙略微内倾，周边的墙上没有窗，宛如洞穴。为了强化置身地下的感觉，只借助内壁涂成红色、黄色或蓝色的三个圆筒形天窗采光。这种被柯布西耶称作"光炮"的天窗和建筑里疏密有致的竖向窗榄、木质百叶，日后都成为柯布西耶的门徒们效仿的对象。

图1 剖面　　　　图2 六层平面　　　　图3 四层平面　　　　图4 三层平面　　　　　　　　113

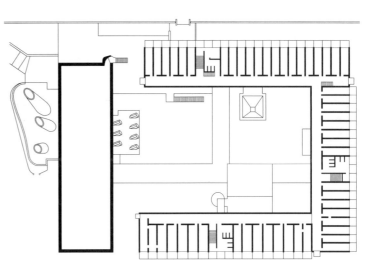

1

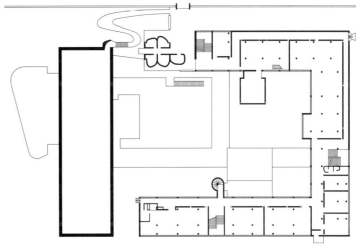

2

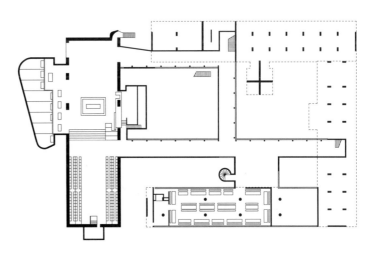

3

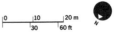

4

莱斯特大学工程系系馆 Leicester Engineering Building

詹姆斯·斯特林（James Stirling，1926~1992）；詹姆斯·戈万（James Gowan，1923~ ）

英格兰，莱斯特，莱斯特大学，1953~1963 Leicester University，Leicester，England

斯特林被誉为二十世纪后半叶英国最具创造力的建筑师，与詹姆斯·戈万合作完成的这座建筑是其成名作。像同时代的史密森夫妇一样，斯特林致力于为英国现代建筑注入新的活力。二十年代现代建筑的所谓"英雄时代"、被长久忽视的英国传统的工业建筑，都是他灵感的源泉。

这座工程系系馆，包括带有北向天窗的大型工坊，和30米高水头的水力试验装置。在非常狭小的用地内，这两项内容被有机组织在一起。教工办公室设计成一座高塔，正好可以放置水力试验所需水箱。工坊的屋顶，采用45°斜向工业厂房式天窗。

斯特林成功地把各种功能空间，置于激情饱满并富有雕塑感的建筑形式中。实验室构成另一个较低的塔楼，小报告厅尾部从实验室塔楼下远远挑出。办公塔楼的楼梯和电梯组成一个醒目的竖向"服务核"，颇似路易·康的"理查德医学研究中心"。服务核里的楼梯尺寸很小，显示出使用人数非常有限。

建筑的细节有许多独到之处。大报告厅后面有一个螺旋楼梯，既是消防疏散必备也为迟到的学生提供方便。采用机制的红砖实墙体块，和玻璃体块间既保持各自独立，又形成联系紧密的构图。两座塔楼间的玻璃连接体，形状非常复杂，以至于需要在施工现场才能定案下料。

来自"英雄时代"的影响可见一斑。例如，尾部出挑的小报告厅，令人联想到俄国建筑师梅尔尼科夫（Konstantin Melnikov）的作品，1929年建成的"鲁萨科夫工人俱乐部"；室外有柯布西耶式的坡道。建筑的整体气质，让人联想到1926年德国建筑师梅耶（Hannes Meyer）的"国际联盟大厦"设计方案，以及赖特的"约翰逊制蜡公司办公大楼"。

莱斯特大学工程系系馆，被某评论家称作"未来主义的复兴"。站在数十年后的今天来评价，它并未创造新的形式，而是批判性地综合已有的现代建筑手法。在这方面，它和后现代主义的"母亲住宅"、理查德·迈耶的作品（继承柯布西耶但风格更纯净），以及斯特林自己日后的重要作品——掺杂历史文脉的"斯图加特美术馆"，存在共通之处。

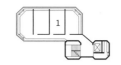

1

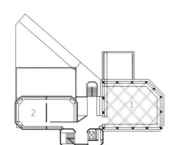

2

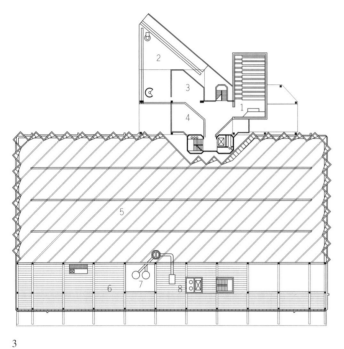

3

图1 九层平面

1）教工办公室

图2 七层平面

1）金属实验室

2）系主任办公室

图3 五层平面

1）图书馆

2）机械实验室

3）电子实验室上空

4）空气动力实验室上空

图4 东北立面

图5 二层平面

1）小报告厅

2）露台

3）门厅

4）入口大厅上空

5）工坊/实验室上空

6）油漆间

7）锅炉房上空

8）锅炉

图6 剖面

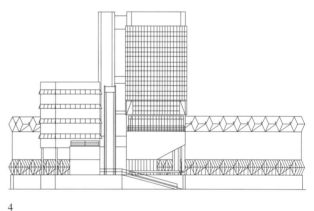

4

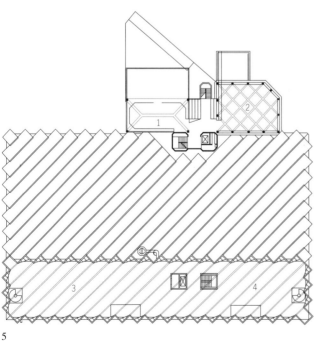

5

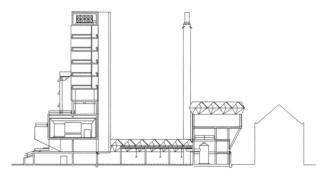

6

西格拉姆大厦 Seagram Building

密斯·凡·德罗（Mies van der Rohe，1886~1969）

美国，纽约州，纽约市，1954~1958 New York City，New York，USA

在1919年和1923年，密斯分别曾设计过钢结构或混凝土结构的高层建筑方案，它们都具有巨大的玻璃幕墙立面。1950年建成的"芝加哥湖滨公寓"（Lakeshore Drive Apartments），是密斯第一次实现了纯净长方体形式的高层建筑。他利用工字钢作为玻璃幕墙的竖向窗棂，"代表"内部的钢结构。出于防火考虑，真正的钢结构外侧裹有混凝土保护层。在菲利普·约翰逊（Philip Johnson）协助下完成的西格拉姆大厦，这种立面形式更臻完善，成为世界各地高层办公建筑模仿的对象。

西格拉姆大厦的业主西格拉姆公司，是著名的威士忌酒制造商。公司总裁布洛夫曼（Samuel Bronfman）希望这座建筑既造福于直接的使用者，也能为整个城市增添色彩。用地位置非常显要：毗邻纽约市的公园大道，位于第52街与第53街之间。地段西侧是著名的新古典风格事务所"麦金、米德与怀特"（McKim, Mead & White）的作品：1918年建成、文艺复兴风格的豪华会所"网球俱乐部"（Racquet and Tennis Club），地段北侧就是"利华大厦"。

依照纽约市的规范，建筑的最大覆盖率是25%，以确保建筑间保持足够距离。密斯决定，在建筑和繁忙的公园大道之间留出一大片广场。这种处理在当时的纽约尚无先例，但很快就成为高层办公建筑的常用手法。

一方面为了满足使用功能，另一方面也是呼应对面"网球俱乐部"的轴线，在塔楼东侧布置了五层高的裙房。广场上的一对水池更强化了中轴对称的感觉，水池四周有大理石坐凳，供往来市民小坐休息。

在西格拉姆大厦，密斯采用了青铜窗棂和深琥珀色幕墙玻璃。密集的竖向窗棂，强调挺拔的竖线条，仿佛把建筑完整地包裹起来。从侧面看去，几乎看不到玻璃而只有密集的竖向窗棂，产生厚重典雅的视觉效果，与街对面"利华大厦"光洁通透的隐框玻璃幕墙，形成鲜明对比。

密斯喜欢引用基督教圣徒奥古斯丁（St.Augustine）的名言："美就是真理的光辉。"他把建筑称作"结构的艺术"，但西格拉姆大厦所讲述的"真理"，并不是单纯的结构美，而是整体的建筑美。以长方形为构图元素外立面，没有显示起结构作用的抗风斜撑。37层均匀一致的立面，也没有体现结构竖向荷载由上至下递增的规律。密斯相信，相同的抽象单元无穷无尽地重复，正是现代城市的表现力。西格拉姆大厦，把重复的力量推向了极致，产生了近乎神圣肃穆的氛围。

图1 平面　　　图2 西立面　　　图3 首层平面　　　　　　　　　　　117

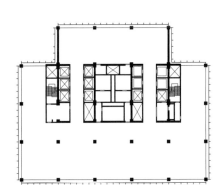

1

2

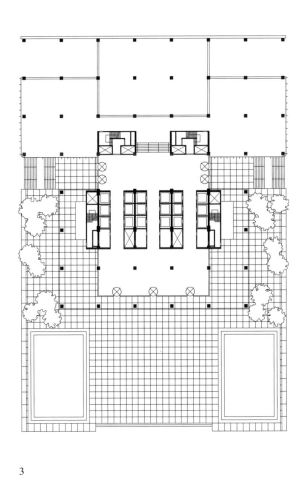

3

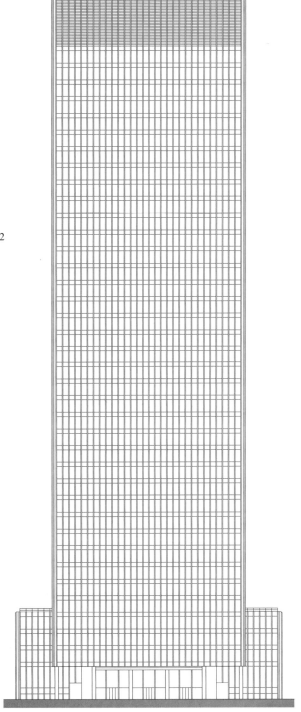

阿姆斯特丹市立孤儿院 Amsterdam Municipal Orphanage

阿尔多·凡·艾克（Aldo van Eyck，1918~1999）

荷兰，阿姆斯特丹，1955~1960 Amsterdam，The Netherlands

凡·艾克生于1918年，他凭借抨击第二次世界大战前盛行的"功能主义"的文章，引起建筑界关注。他提出"想象力是人与自然界之间唯一的公分母"。他在实践中逐渐形成一套富于诗意的建筑语言。建筑不是像空间或时间一样抽象的概念，而是有关场所和行为。他反对简单的功能分区，认为应当代之以"像迷宫一样清晰"的丰富变化。早期的现代建筑经典，以及他在非洲旅行时所见的传统聚落，都是他用以支持自己的论据。

凡·艾克认为，希腊神庙式的静态美和以蒙德里安抽象画为代表的非对称、动态的美，两者可以和谐共生。他关注不同构件或空间之间的组织。1947年，他第一次有机会在实践中尝试这些构想，设计了一系列游戏场地。场地的几何形状结合了古典的对称性与荷兰风格派的灵动。

然而，富于创意的游戏场地毕竟难以称其为建筑。阿姆斯特丹市立孤儿院，真正奠定了凡·艾克在建筑界的地位。它像伊斯兰古城那样，由许多小的细胞单元组成。平面为正方形的基本单元，其屋顶是扁平的穹顶。圆形截面混凝土柱支撑着带长条形空洞的预制混凝土梁。一条曲折的内部"街道"，联系起按孩子年龄分组的建筑单元。八个大一些的穹顶，打破了重复的秩序。它们对应的功能：在首层是年龄更小些的孩子们的活动场地，二层则是年龄大些的孩子的卧室。

凡·艾克的出发点，是一套由重复单元形成的清晰框架，因此他在日后被评论家冠以"结构主义"之名。在框架基础上，他利用矮墙、高差、色彩变化和圆形母题来塑造各种性质的场所。庭院里有多处圆形沙坑，室内外高差被处理成半圆形台阶，强化"交汇的界面"。圆形戏水池，旁边是环状座椅，八个混凝土"靠背"让人联想起古老的圆形巨石阵。

凡·艾克钟爱圆形，但他认为应当把圆形处理为"柔顺的正方形"，以免圆心过于醒目。在较大穹顶下的活动场地里，在一片正方形矮墙中心，是一个小的下沉式圆形"游戏场"。两者组合成复合的单元，放置在更大的正方形空间的角部。

在设计层面，这座建筑不失为一件杰作。然而，设计与施工耗时五年之久，以至于1960年当它竣工之际，市政府已决定这种大规模建筑用作孤儿院并不适合。因此这座建筑始终处于空置状态，直到1990年，这座建筑重新开放，用作一所私立建筑学院——贝尔拉格学院的校舍。这所学院的校长，正是凡·艾克最出色的学生赫尔曼·赫茨伯格。

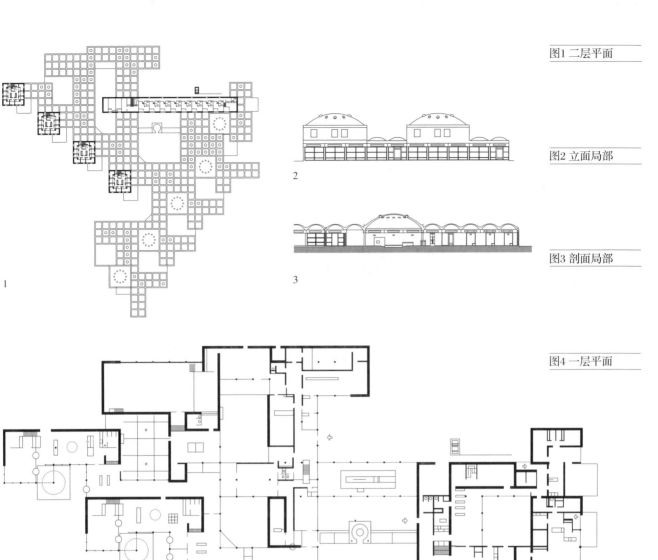

图1 二层平面

图2 立面局部

2

图3 剖面局部

3

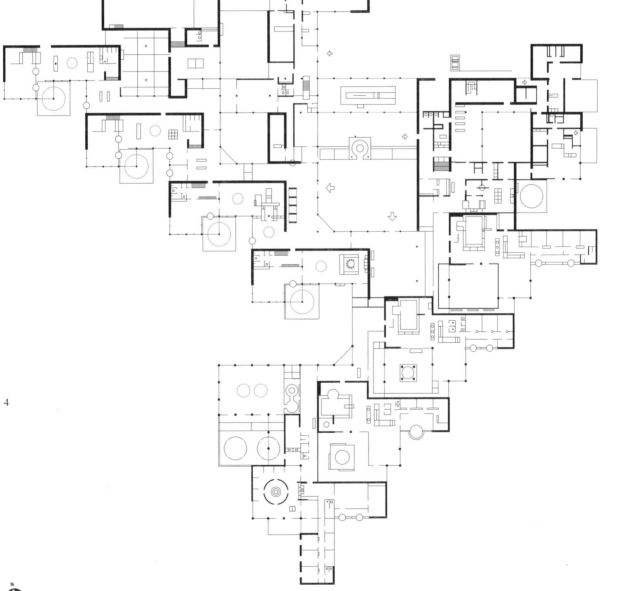

图4 一层平面

4

N

0 5 10 m
15 30 ft

奥恩集合住宅 Halen Housing Estate

五人工作室（Atelier 5，1955~ ）

瑞士，伯尔尼附近，1955~1961 near Berne，Switzerland

第二次世界大战结束后，"居住问题"已成为众多建筑师心目中的关键议题，但在西方民主国家，现代建筑思想仍很少触及商业开发的集合住宅。非政府投资的集合住宅项目中，在建筑设计方面有所建树者少而又少。伍重设计的"弗雷登斯堡庭院住宅"是罕见的成功案例。另一个有影响的实例，是位于瑞士的"奥恩集合住宅"，设计者"五人工作室"，1955年成立于伯尔尼，由弗里茨（Erwin Fritz）、盖博（Samuel Gerber）等建筑师共同组成。他们的这一代表作，借鉴了柯布西耶的四十年代末设计的两个未建成的集合住宅。

这个项目位于一片朝南的杂树丛生的坡地，由81套联排住宅组成，分别布置在三个标高的台地上。单元细长的平面和南向阳台，都颇似"马赛公寓"的单元体。这种重复性极高的单元非常适合工业预制，但由于找不到配合的生产商，它们仍采用传统方式在现场施工。隔户的承重墙，由两片厚度均为120毫米的混凝土墙和80毫米宽的空腔组成。每户住宅都与巨大的中央设备连接，空腔中没有设备管道，因此各户之间的隔声效果非常理想。

私密性是设计中的一个重要原则。缺乏私密性，是成本低廉的集合住宅的常见问题。这座建筑希望在确保各户私密性的前提下，激发独立式住宅区缺少的社区责任感和凝聚力。住户们不仅共享热力设备，并且共用机动车道、步行路、开敞的室外空间、健身设施、游泳池、洗衣房、车库、托儿所和周边树林。地势较低一层住户的屋顶，自然成为较高一层住户的露台花园。

住户组成的委员会管理整个社区事务。这种做法在公寓社区里很常见，用于联排住宅尚不多见，在法律和建筑方面都需要一定的创意。设计师的理想，是赋予这里意大利山城小镇或北非伊斯兰村落的传统气息。

小广场和钟塔一样高耸的锅炉烟囱，使这片社区好像一个微型小镇。它的形态使人联想到凡·艾克的"阿姆斯特丹市立孤儿院"和"坎迪里斯、约西奇和伍兹"事务所（Candilis Josic& Woods）设计的"柏林自由大学综合楼"。奥恩集合住宅继承了柯布西耶提出的"垂直社区"概念，但它在水平方向发展、与地势结合方面体现出不俗的创意。

图1 总平面　　　图2 单元剖面　　　图3 单元平面　　　图4 总体剖面　　　　　　　121

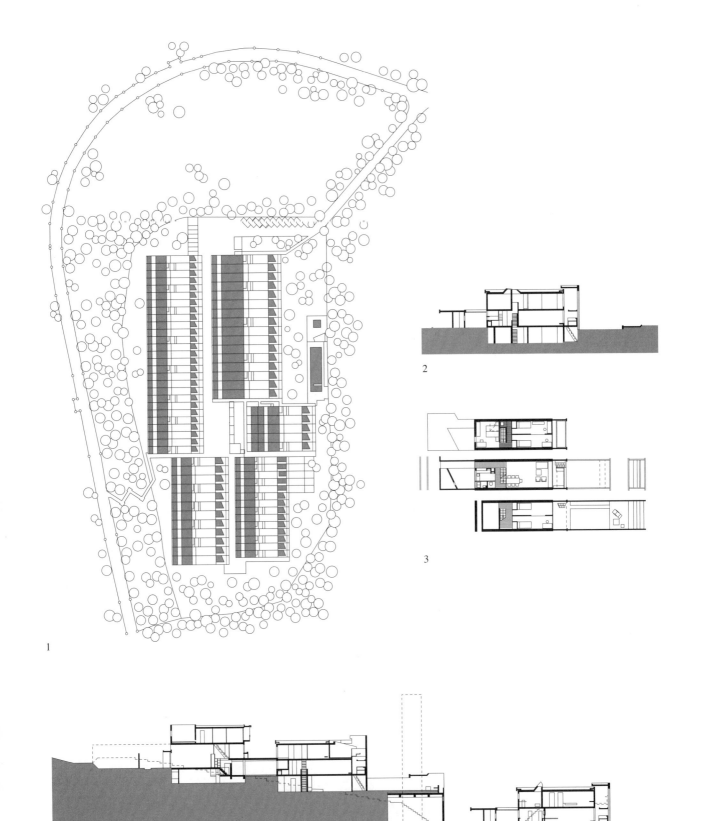

1

2

3

4

路易斯安娜博物馆 Louisiana Museum

约尔根·波（Jørgen Bo，1919~1999）；威廉·沃拉特（Vilhelm Wohlert，1920~2007）

丹麦，胡姆勒拜克，1956~1958 Humlebaek，Danmark

　　建造一座博物馆，是丹麦实业家詹森（Kund Jensen）的夙愿。他从父亲那里继承了生产乳酪的企业，并且建立了一个协会推动"工作空间里的艺术"。他曾受邀参加一次广播谈话节目，主题是"丹麦艺术博物馆"的未来发展。节目中充斥的"十九世纪布尔乔亚的自以为是"，令詹森感到极为厌恶。

　　詹森始终没有放弃建造博物馆的计划。1955年，他在丹麦东北部海滨买下了一座名叫"路易斯安娜"的废弃庄园。詹森希望伍重设计他的博物馆。然而，伍重对于他的诚意抱有怀疑，拒绝了这一邀请。两位年轻的丹麦建筑师承接了这个项目。最初，项目内容仅限于改造原有的几座畜棚。后来随着企业生产的乳酪和奶粉销量节节攀升，詹森设立了"路易斯安娜基金会"，博物馆的预计规模也进一步扩大。

　　为了向建筑师们解释自己理想中的博物馆氛围，詹森取来一幅画挂在树上。建筑师们理解了他的构想，提出这样的方案：一组小巧的单层建筑，由曲折的玻璃长廊联系。他们直接在现场进行测量和设计，根据地形和树木不断调整方案。参观者从一座原有老房子进入建筑，沿着长廊向前，在一株粗壮的山毛榉树下转弯45°，继续向前来到新建的一系列展厅。

　　几座尺寸不等的展厅，呈阶梯状的平面格局分散排布。其中一座展厅里，摆放着瑞士艺术家贾科梅蒂（Alberto Giacomtti）的雕塑，窗外是一片池塘作为背景。沿着一段宽而短的走廊，来到展厅序列尽端，这里是一间阅览室，可供参观者休息。它的轴线与展厅轴线呈30°夹角，以便更好地欣赏建筑南侧的草坪。

　　一方面，这种建筑体现了赖特、加利福尼亚学派及日本传统建筑的影响；另一方面，它质朴而又精到的建造工艺，散发着浓郁的丹麦本土气息。空间的尺寸和原材料尺寸尽量协调，确保施工中不出现零碎的黏土砖、地砖或木板。走廊地面随着舒缓的地形起伏，令人难以察觉。建筑与景观实现了天衣无缝的融合。室内空间、展出的艺术品和室外的自然景观，仿佛在轻松地闲谈。

　　在许多类似的带状布局的博物馆，如果想中断参观过程，必须沿原路返回，没有捷径可取。在路易斯安娜博物馆，你既可以跟随设定的路径参观，也可以自由地穿过草坪选择捷径。1958年建成开放后，这座博物馆立即在丹麦全国赢得广泛好评，成为丹麦重要的文化机构之一。如今，它已成为颇具国际声誉的现代艺术博物馆，阅览室扩充为一间大的咖啡厅，室外景观增加了一片雕塑公园，建筑也经过数次扩建，然而其最初设计时蕴含的诗情画意，依然沿袭至今。

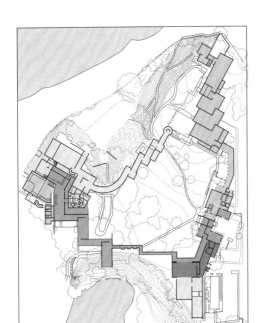

1

图1 总平面　　　　图2 立面　　　　图3 平面

1）原有建筑
2）大厅
3）展厅
4）展厅
5）阅览室/咖啡厅

2

3

0　　5　　10 m
15　　　30 ft

柏林爱乐音乐厅 Philharmonie Hall

汉斯·夏隆（Hans Scharoun，1893~1972）

德国，柏林，1956~1963 Berlin，Germany

　　1956年，柏林爱乐乐团为它的新音乐厅举行了设计竞赛。在收到的众多方案中，唯有汉斯·夏隆的方案把观众席设计成环状，包绕着中央岛状的舞台。类似的布局多见于戏剧剧场，然而用于音乐厅却罕有先例。乐团指挥卡拉扬（Herbert von Karajan）毫不迟疑地接受了这一方案，他相信这样可以使观众们所有的注意力都集中在音乐演奏上。

　　夏隆把建筑的布局比作层层跌落的峡谷，乐队位于峡谷底部，观众席就像顺着山势铺开的一片片葡萄园。卡拉扬认为，这种布局利于实现高品质的声学效果，充分展现柏林爱乐乐团个性鲜明的演奏风格。同时，它还确保了2200名观众中的任何一位，与乐队间的距离不超过32米。

　　依照这种思路，观众席被分隔成每块包含100人至300人的"观众组团"，就像人们在室外广场上围成圆圈，欣赏即兴表演。夏隆刻意使这些组团的轴线角度灵活交错，座椅方向不是一律指向舞台中心，因而观众的视线也更加灵活多变。每一块平台在同标高内有单独的出口，通向观众厅下方的大厅。平面形状不规则的大厅里，许多部楼梯和树枝状倾斜的柱子，充满活力与趣味。德国结构工程师弗雷·奥托（Frei Otto）称之为"有一千个角度的空间"。虽然观众的流线是按照从停车场到存衣再进入观众厅的顺序，但是迷宫一样的大厅，仍会让不熟悉这里的人无所适从。

　　演出声学方面的要求非常苛刻。乐队发出的声音具有很强的指向性，歌声的指向性更明显。因此，实现完美的声学效果，成为室内设计的核心原则。像帐篷一样下垂的弧面天花板和许多悬吊的反声板，有效防止了声聚焦。建筑声学专家的要求，与夏隆青睐的"有机"形式正好契合。由于没有方盒子式端正的四壁，在观众厅中环顾四周，你将看到不断变化着的空间形态，很难目测它的空间尺寸和形状。即便用广角镜头拍摄的照片，也无法体现夏隆精妙的设计效果。

　　在项目实施过程中，建筑的用地改为另一块荒废的空地，目的是在西柏林范围内尽量靠近整个柏林的中心地带。六十年代末，附近陆续建成了密斯设计的"国家新美术馆"和夏隆本人设计的"国家图书馆"，但是这一片国家级"文化广场"仍缺乏足够的城市氛围。1987年，根据夏隆遗留的草图加建完成了室内乐演奏厅。无论从建筑形式、声学效果还是室内设计而言，柏林爱乐音乐厅都无愧于二十世纪最出色的演出空间。

图1 剖面　　　图2 入口层平面　　　图3 观众厅层平面　　　　　　　　　　　125

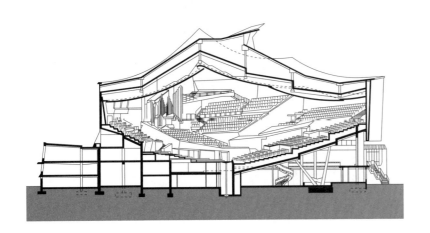

1

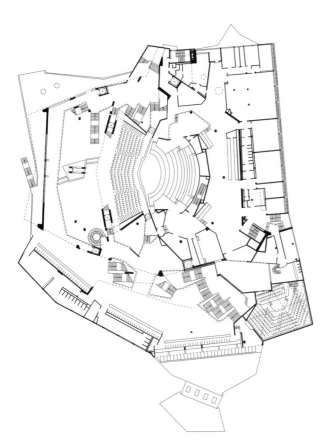

2

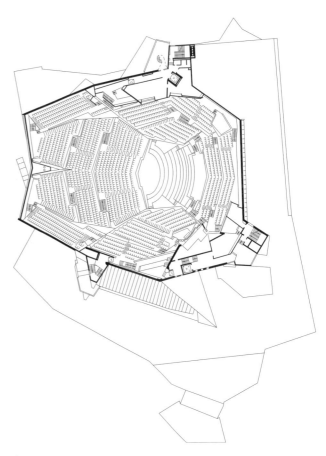

3

悉尼歌剧院 Sydeny Opera House

约恩·伍重（Jørn Utzon，1918~2008）

澳大利亚，新南威尔士，悉尼，1956~1973 Sydeny，New South Wales，Australia

　　第二次世界大战后，建筑界开始重新评价"机器时代"的价值观，以及由它生发的主流现代建筑。许多建筑师希望从自然界或古代文化里汲取灵感，给现代的建造技术注入活力。1958年，一位籍籍无名的丹麦青年建筑师赢得了悉尼歌剧院的设计竞赛，二十世纪最著名的公共建筑应运而生。

　　伍重方案的核心在于，两个观演大厅并排布置在巨大的平台上。由于用地位于一块狭窄半岛上，演出用的后舞台和侧舞台，不得不设置在平台以下，通过巨大的升降机与主舞台联系。这样的布局，换来了异常宽阔的平台和近90米长连续的大台阶，后者堪称二十世纪最重要的公共空间之一。

　　1949年，伍重曾在墨西哥旅行。悉尼歌剧院巨大的基座，灵感就来源于尤卡坦半岛的玛雅神庙遗址。经过细致计算的建筑造型，将随着参观者在平台上或附近大桥上的视角变化而不断变化。屋顶表面满铺瓷砖的手法，则借鉴了伊斯兰建筑的传统。在中东古城大片生土住宅的衬托下，镶嵌瓷砖的清真寺穹顶熠熠生辉。仅仅研制和铺砌瓷砖就耗费了三年时间。建成后屋顶独特的质感，与波光变幻的海面交相辉映。

　　如何实现伍重的设计蓝图，成为当地政府的一项重任。当时，政府根本没有足够的资金准备，新南威尔士州后来专门为此发行彩票。出于政治利益考虑，政府要求设计尚未完善就尽快开工。在设计深化过程中，伍重预想的以混凝土薄壳建造浪漫的"船帆"状屋顶，被证实无法实现。在与阿鲁普（Ove Arup & Partners）结构事务所的合作过程中，伍重提出让所有的屋顶曲面都来自同一个球面。由于它们的曲率半径完全相同，因此可以充分利用预制的混凝土单元，在现场拼接成形态各异的屋顶。屋顶铺砌的瓷砖，也采用了类似的预制单元。"灵活的标准化"——让标准化生产的构件产生变化丰富的形式，一直是伍重建筑哲学的核心。伍重设计的观众厅天花板，是一组圆筒状的层压木板，模拟他工作室窗外起伏的海浪。屋顶下玻璃幕墙的几何形状，脱胎于海鸟翅膀的羽毛。

　　由于1966年当地政府换届产生的政治纠纷，伍重被迫于次年离开澳大利亚。设计工作由政府指定的当地建筑师接手，伍重的室内设计构想全都化为泡影。尽管后续设计平庸寻常，悉尼歌剧院仍凭借其令人惊叹的形式，获得了世界性声誉。一座新建筑成为整个城市的象征，或许只有"毕尔巴鄂古根海姆博物馆"可以与之相提并论。

图1 立面　　　图2 剖面　　　图3 屋顶平面　　　图4 北立面　　　图5 基座标高平面　　　　　127

1）音乐厅
2）乐队舞台
3）门厅
4）设备风管
5）休息厅
6）歌剧院
7）乐池
8）舞台
9）升降机
10）灯光控制室

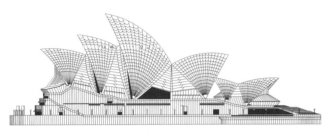

1

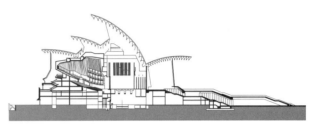

2

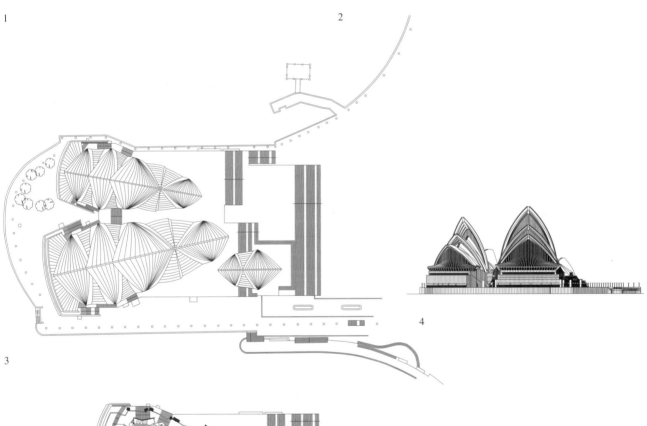

3

4

5

0　10　20 m
30　60 ft

理查德医学研究中心 Richards Medical Research Building

路易·康（Louis Kahn，1901~1974）

美国，宾夕法尼亚州，费城，宾夕法尼亚大学，1957~1961 University of Pennsylvania，Philadephia，USA

　　和其他几位建筑大师相比，路易·康可谓大器晚成。年逾五十，他才获得了一定的国际知名度。1905年，路易·康随父母从沙俄治下的爱沙尼亚移民美国。在宾夕法尼亚大学，他接受了全美最纯正的"巴黎美术学院派"建筑教育。1928年，流亡美国的德国建筑师斯托诺罗夫（Oscar Stonorov）向他推荐了柯布西耶的著作，这是路易·康初次接触欧洲的现代主义建筑。他这样形容自己的感受："我如同走进一座名为柯布西耶的美丽城市。"1950年至1951年作为罗马的美国学院访问学者的经历，对于路易·康而言意义非凡。他游历地中海沿岸，看到了西方建筑真实的源头。他在大量精彩的旅行速写中，记录了埃及金字塔、卡纳克神庙、古罗马哈德良行宫和众多古希腊的建筑遗迹。在这些古老的遗迹中，他发现了长久以来正统建筑教育中缺少的激情与活力。

　　"巴黎美术学院派"的体量与造型训练，与柯布西耶作品中的新思想结合，曾深刻影响了路易·康的建筑哲学。然而，1955年他才开始彻底地重新思考建筑。建筑中的每项元素，都必须经受最基本原则的检验。能够实现这种建筑的机会并不多见。路易康的首次尝试，是位于新泽西州一片犹太社区中心的淋浴房。周边规划的许多社区建筑都没有实施，但这座体量很小的建筑却成为路易·康职业生涯的转折点。

　　名为"淋浴房"，其实它只是露天游泳池的入口和更衣间。混凝土砌块墙支撑着四个金字塔形的屋顶，呈对称的十字形布局。平面的中心位置，是正方形的开敞庭院。以此为起点，质朴而又鲜活的力量贯穿于路易·康日后的所有作品中。具体而言，是一种鲜明的"秩序"：清晰的划分"服务"与"主导"空间，建筑结构与空间密切结合。

　　在理查德医学研究中心，作为"主导"空间的实验室仍采用正方形平面。楼梯、管井等"服务"空间像挺拔的砖塔一样，位于正方形外露的各边中点位置。钢筋混凝土的柱与梁，都清晰地显露在实验室塔楼的立面上。角部的结构荷载变小，梁高也随之减小，这一变化也成为立面构图的元素。混凝土梁与红砖的窗下墙之间，是宽大的玻璃窗。在这一阶段，路易·康仍在摸索如何为建筑表皮找到应有的秩序。

　　建筑优美的轮廓线，令人联想到意大利古城圣吉米尼亚诺（San Gimignano）的砖塔，但它绝不是古迹的翻版。不足之处在于，形式严整的设计难以满足实验室复杂凌乱的功能需求。不同塔楼里实验室之间的视线交流，使整座建筑具有城镇的氛围。投入使用后，各种管道开始在划定的管井外蔓延滋生。内部空间难以灵活划分，室内夏季时常闷热难耐。

　　使用者对某些功能方面的缺陷感到失望，但这座建筑的魅力并未因此失色。尽管它的某些特征早已出现于赖特的"拉金公司办公大楼"，理查德医学研究中心仍体现出极富创造性的秩序感和表现力。

1

图1 立面　129

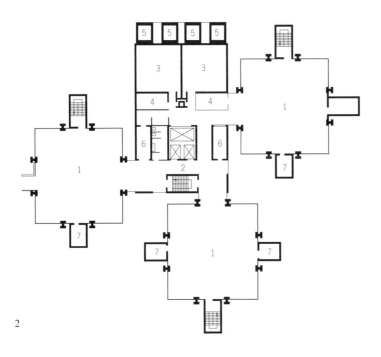

2

图2 标准层平面

1）实验室
2）电梯与楼梯
3）动物区
4）动物饲养间
5）新风管井
6）新风分配井
7）排风管井

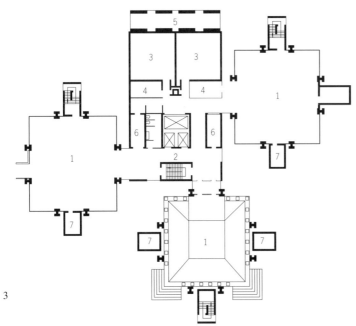

3

图3 首层平面

1）实验室
2）电梯与楼梯
3）动物区
4）动物饲养间
5）新风管井
6）新风分配井
7）排风管井

罗马大体育宫 Palazzo dello Sport

皮埃尔·鲁基·奈尔维（Pier Luigi Nervi，1891~1979）

意大利，罗马，1958~1959 Rome, Italy

高度320米的埃菲尔铁塔和跨度110米的机械馆（Machine Hall），出现在1889年的巴黎世界博览会上，成为轰动建筑界的奇迹。作为维奥莱·勒·杜克的学生，建筑师博多（Anatole de Baudot）宣称："建筑师的影响力已经衰落，杰出的工程师将取代他们。"阿道夫·卢斯甚至把结构工程师称作"当代的古希腊建筑大师"。我们不难理解，为什么他们对于工程师不吝溢美之词。

两千多年来，石材一直是西方建筑发展的基础。通过无数次经验积累，古代工匠们充分掌握了石材的结构性能与施工规律。然而，在十九世纪的建筑师们眼前，突然出现了一批全新材料——铸铁、钢和钢筋混凝土。与此同时，工程师们却已经具备了驾驭这些材料的经验，掌握了如何计算构件尺寸。工程师们设计的结构，没有古代建筑形式的影响，充分体现了"效率"和"实用为美"的理念。无怪乎某些"纯粹"的结构作品，例如瑞士工程师马亚尔（Robert Maillart）设计的桥，被视为艺术杰作。

在二十世纪，只有极少数结构工程师，独立完成过广受关注的建筑作品。其中最杰出者当属意大利工程师奈尔维。在奈尔维看来，建筑"艺术"和结构"技术"之间的割裂，完全是毫无意义的人为破坏。"合理的建造过程"，就是建筑的核心。奈尔维擅长使用钢筋混凝土，它身兼建筑师和结构工程师的角色，在没有承包商愿意为他的设计冒险时，还亲自承接施工承包。意大利悠久的建造传统和高标准的施工水平，确保了他研究的崭新的施工技术得以圆满的实现。

1932年建成的佛罗伦萨体育场看台，为奈尔维赢得了国际声誉。看台上方悬挑梁支撑的混凝土薄壳屋顶，不仅建造成本极低，而且展示了独特的优雅姿态。奈尔维为1960年罗马奥运会设计了三座场馆。其中拥有11000座的大体育宫的屋顶，利用了他1949年为都灵展览馆设计的屋顶形式。屋顶采用预制混凝土单元，在工地用现浇混凝土把单元浇筑成为一体。屋顶荷载传递到环形看台最上方的48个结构支撑点，看台下方是倾斜的现浇混凝土柱。这些富于雕塑感的混凝土柱，产生了强烈的视觉效果。

由于休息环廊外侧的玻璃幕墙遮盖了结构，大体育宫的造型效果显得过于稳重，远不及同为奈尔维设计的小体育宫（Palazzetto dello Sport）那样灵巧鲜活。然而，大体育宫室内巨大的混凝土穹顶，仍极具视觉冲击力。正如奈尔维所言，它脱胎于严格的结构逻辑，但是选择结构形式的过程，始终离不开设计师对形式的直觉。

图1 剖面　　　图2 平面　　　　　　　　　　　　　　　　　　　131

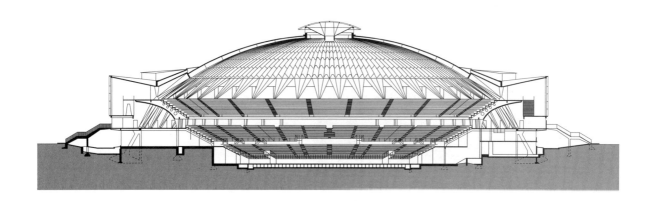

1

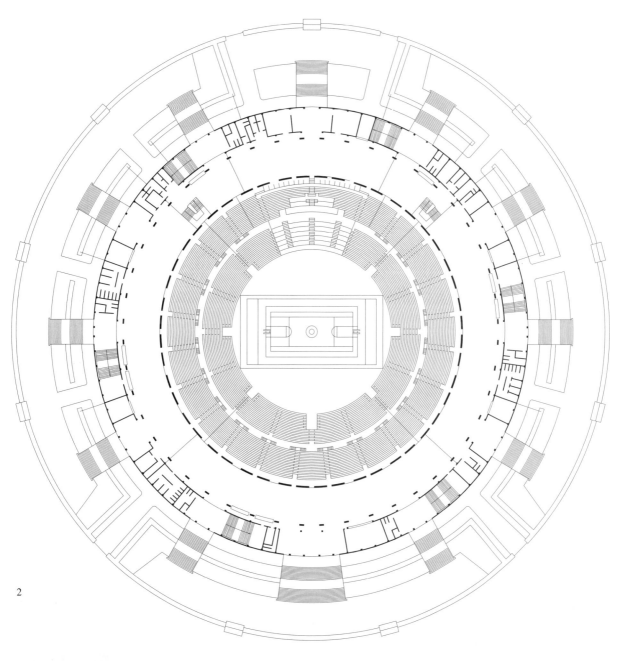

2

杜勒斯国际机场 Dulles International Airport

埃罗·沙里宁（Eero Saarinen，1910~1961）

美国，弗吉尼亚州，尚蒂伊，1958~1962 Chantilly，Virginia，USA

　　埃罗·沙里宁（即小沙里宁），是著名芬兰建筑师伊里尔·沙里宁（Eliel Saarinen）的儿子，他出生在赫尔辛基附近的家中，而那栋房子本身就是芬兰"民族浪漫主义"的杰作之一。1923年，老沙里宁赢得"芝加哥论坛报大楼"设计竞赛的二等奖，并获得两万美元奖金。他借此机会移民美国，在一位底特律富商资助下，创办了匡溪艺术学院（Cranbrook Academy of Art）。然而，小沙里宁却选择进入耶鲁大学，接受正统的"巴黎美术学院派"建筑教育。1934年，小沙里宁毕业之后短暂地在盖迪斯的事务所工作，并且通过盖迪斯结识了查尔斯·伊姆斯。经小沙里宁举荐，伊姆斯来到匡溪艺术学院任教。他在那里的同事诺尔（Florence Knoll）、维斯（Harry Weese）、瑞普森（Ralph Rapson）和伯托埃（Harry Bertoia），都是美国二战后家具设计界的领军人物。1940年，在纽约现代艺术博物馆（MOMA）举办的"有机"家具设计竞赛中，伊姆斯和小沙里宁合作，斩获两项第一名。

　　自1941年直到老沙里宁于1950年去世，小沙里宁一直与父亲合伙从事建筑设计。其间最重要的作品，是占地900英亩的"通用汽车技术中心"。它典型的密斯风格，丝毫看不到日后在小沙里宁手中大放异彩的优美曲面。

　　1956年，小沙里宁接受委托，为TWA航空公司设计纽约肯尼迪机场的航站楼。这座像"大鸟"展翅一样的姿态优美的航站楼，在建筑界的知名度堪与悉尼歌剧院相提并论。然而，它的实际尺寸比照片中显示的小许多，在周围建筑中也并不醒目。

　　此后，小沙里宁接手了服务首都华盛顿特区的新机场的设计。在详尽研究之后，沙里宁决定放弃众多机场采用的"手指状"登机廊布局。他认为，仍在欧洲广泛使用的摆渡车是最佳登机方式。它貌似"落后"，却可以有效免除乘客在候机楼里的长途奔走之苦。小沙里宁设计了一种名为"可移动候机厅"的摆渡车，使乘客能方便地直接从车上登机。关键在于，"它是一个可移动的建筑，它可以脱离航站楼，把乘客送到飞机方便停靠的位置"。它在实际使用中发挥了很好的作用，而可移动建筑，在六十年代属于非常前卫的概念。

　　这座建筑的结构特征之一，是悬链线形状的钢索支撑的混凝土屋顶，两侧向外倾斜的柱子，抵消水平方向的推力。它的横剖面形状，就像一架飞机在天地间滑翔。弧线优雅的屋顶，极具视觉表现力。令人遗憾的是，在它1962年落成之时，小沙里宁已于前一年因病去世，无缘欣赏这件现代建筑的杰作。

图1 横剖面

133

图2 离港层平面

1）入口
2）票务
3）海关
4）离港（搭乘"可移动候机厅"）
5）管理与控制塔

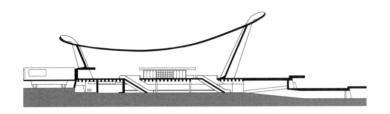

1

2

米拉姆住宅 Milam Residence

保罗·鲁道夫（Paul Rudolph, 1918~1997）

美国，佛罗里达州，蓬特韦德拉，1959~1961 Ponte Vedra, Florida, USA

保罗·鲁道夫以设计富于纪念性的公共建筑著称，其代表作包括耶鲁大学建筑系系馆、波士顿政府事务中心等。然而，他事业的起步点却是位于佛罗里达州的一系列私人住宅。其中的代表作当属米拉姆住宅。从格罗皮乌斯执掌的哈佛大学设计学院毕业后，鲁道夫来到佛罗里达州，加入比他年长二十岁的特维切（Ralph Twitchell）的事务所。1949年，他被提升为事务所合伙人。鲁道夫和特维切合作，设计了一系列适应当地气候环境的住宅。

1952年，鲁道夫离开特维切自立门户。在耶鲁大学建筑学院院刊的创刊号上，他称作欧洲现代主义建筑的继承者。在具有纪念性的建筑形式方面，密斯和柯布西耶是他的灵感源泉，然而鲁道夫对原始状态的棚屋也颇感兴趣。一方面，佛罗里达原生态的海滨环境，促使鲁道夫做出回应；另一方面，始自十八世纪法国建筑理论家洛吉耶（Marc Antoine Laugier），原始的的建筑形态一直是现代建筑理论的关注点。1946年，纽约现代艺术博物馆（MOMA）以"南太平洋上的艺术"为开幕展，开启了一系列介绍世界各地土著建筑艺术的展览。

在米拉姆住宅，鲁道夫把他接受的各方面影响融汇重铸。建筑的承重墙和围护墙，全都采用高宽各为200毫米、长度400毫米的混凝土砌块。他打破了此前作品中严格的模数控制，砌块单元的尺寸是这座建筑唯一的控制模数。这座住宅的精髓在于其剖面而非平面。围绕壁炉的一组平台，形成标高错落的多个"楼层"。这些平台的位置和层高，对应室内活动的各种"情绪"，例如独处或者几人共坐、安静地阅读等各种需求。复杂空间序列，容纳于一个完整的方盒子中，这一点和欧洲的现代主义有显著的亲缘关系。在空间的气质方面，也不难发现他早年所崇拜的赖特作品的影子。混凝土砌块清晰显露的表面，在构图中增添了尺度宜人的肌理，或许借鉴了二十年代赖特设计的几座混凝土砌块住宅。

米拉姆住宅最突出的特征，是东立面上醒目的构件装饰。很显然，它脱胎于柯布西耶喜爱的混凝土遮阳构件。由于这座住宅使用空调，它的遮阳功能并不显著，其构图形式也不受阳光角度限制，因此鲁道夫得以自由地处理这件抽象雕塑。在他设计的公共建筑里，这种具有游戏意味的手法也体现于形式和空间组织中。

图1 西立面　　　图2 二层平面　　　图3 南北方向剖面　　　图4 首层平面　　　图5 东西方向剖面　　　135

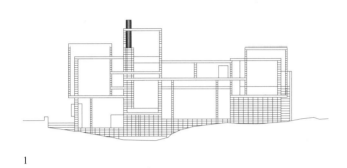

1

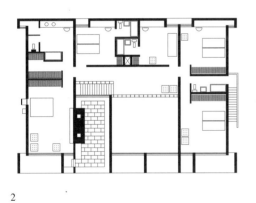

2

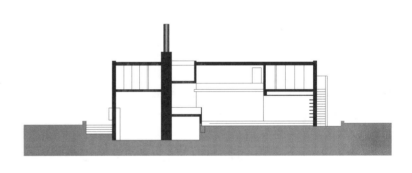

3

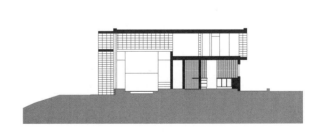

4

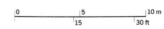

5

奎利尼·斯坦帕利基金会 Querini Stampalia Foundation

卡罗·斯卡帕（Carlo Scarpa，1906~1978）

意大利，威尼斯，1959~1963 Venice，Italy

改造老建筑，通常是枯燥乏味的同义词，斯卡帕却在赋予老建筑以新功能的同时，使之成为真正的艺术品。他的成长与事业，都和他的出生地威尼斯有密切联系。在他的职业生涯中，集展览设计、玻璃设计、室内与建筑设计于一身。在他的代表作中，有两个把贵族府邸改造成博物馆的项目：1964年完成的维罗纳"老城堡"博物馆和威尼斯的奎利尼·斯坦帕利基金会。奎利尼家族的府邸始建于1510年，此后历经加建或改造，似乎从未"完工"。1869年，奎利尼·斯坦帕利伯爵去世。依照他的遗嘱，这座建筑及家族的收藏品全都捐给威尼斯市用于"研究"，并且成立专门的基金会加以管理。1958年，马扎里奥（Giuseppe Mazzariol）荣任基金会主席。次年，斯卡帕受邀开始设计这座建筑的改造。

改造后的入口，利用了原有的一扇窗子。从这里新建一座桥，连接运河对岸圣玛利亚教堂前的广场。这座桥的结构形式，完美体现了斯卡帕的设计原则：主要和次要构件之间清晰的划分。桥的主要构件是两道平行的拱，由八块钢板焊接而成。细小的钢构件支撑着橡木的台阶和地板。桥的扶手也遵从类似的逻辑，椭圆形截面的柚木扶手，通过黄铜连接件，固定在钢管上。

过桥之后，是一道钢和玻璃制成的双开门，它在白天保持常开的状态，和原有窗子边缘齐平。再穿过一道无框的玻璃门进入门厅。改造后的门厅，地面采用威尼斯传统建筑常见的白色伊斯特拉石材。地板四周很高的混凝土镶边，是为了应对威尼斯运河定期的水位上涨。地面上有一条很窄的"护城河"。天花板的材质是威尼斯特有的一种闪光质感的抹灰。采用同样抹灰的墙面，被钢框分成大小不等的方格图案，颇似蒙德里安的抽象画。

河水从以前贡多拉小船驶入的水门流入室内。在水门的位置，斯卡帕设计了钢与黄铜细杆组成的栅栏，其图案类似伊斯兰传统的窗格。水中有一座伊斯特拉石饰面的混凝土"阶梯"，象征性地连接水面和改造后的室内地面。阶梯的另一侧，构图别致的石柱后面，是宽阔的主展厅。展厅外是精致的小花园。

主展厅和入口门厅一样，地面和相当于踢脚部分的墙面，都采用预制混凝土板。墙面较高的部分采用古罗马建筑常见的洞石。混凝土板之间是伊斯特拉石的分格条，洞石墙面则是黄铜的分格条。这种炫耀奢华的材料组合，令人想起威尼斯共和国强盛时贵族炫富的传统，当时的宅邸立面时常堆砌着产自异域的稀有石材。

图1 剖面（穿过入口与楼梯）　　图2 剖面（穿过主展厅）　　图3 首层平面

1）圣玛利亚教堂前的广场　　15）开关柜
2）入口桥　　16）走廊门
3）入口门厅　　17）洞石门
4）水门　　18）散热片"柱"
5）东北展室　　19）格栅水门
6）主展厅　　20）旱井
7）通向图书馆的楼梯　　21）水源
8）电梯　　22）水池
9）卫生间　　23）运河
10）西南展室　　24）阶梯
11）花园平台　　25）花园门
12）草坪　　26）旧入口
13）小庭院　　27）"护城河"
14）入口门

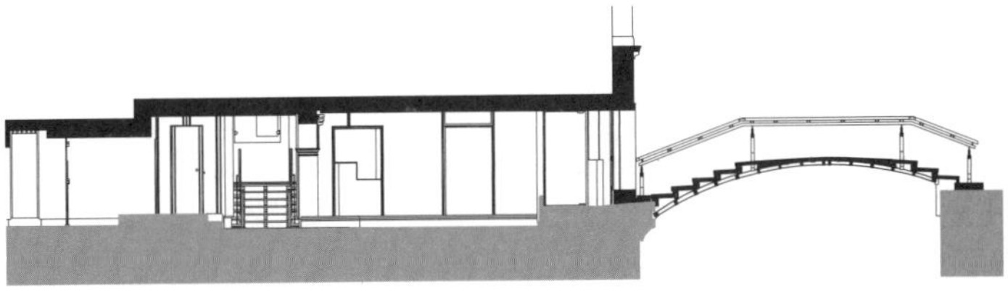

1

2

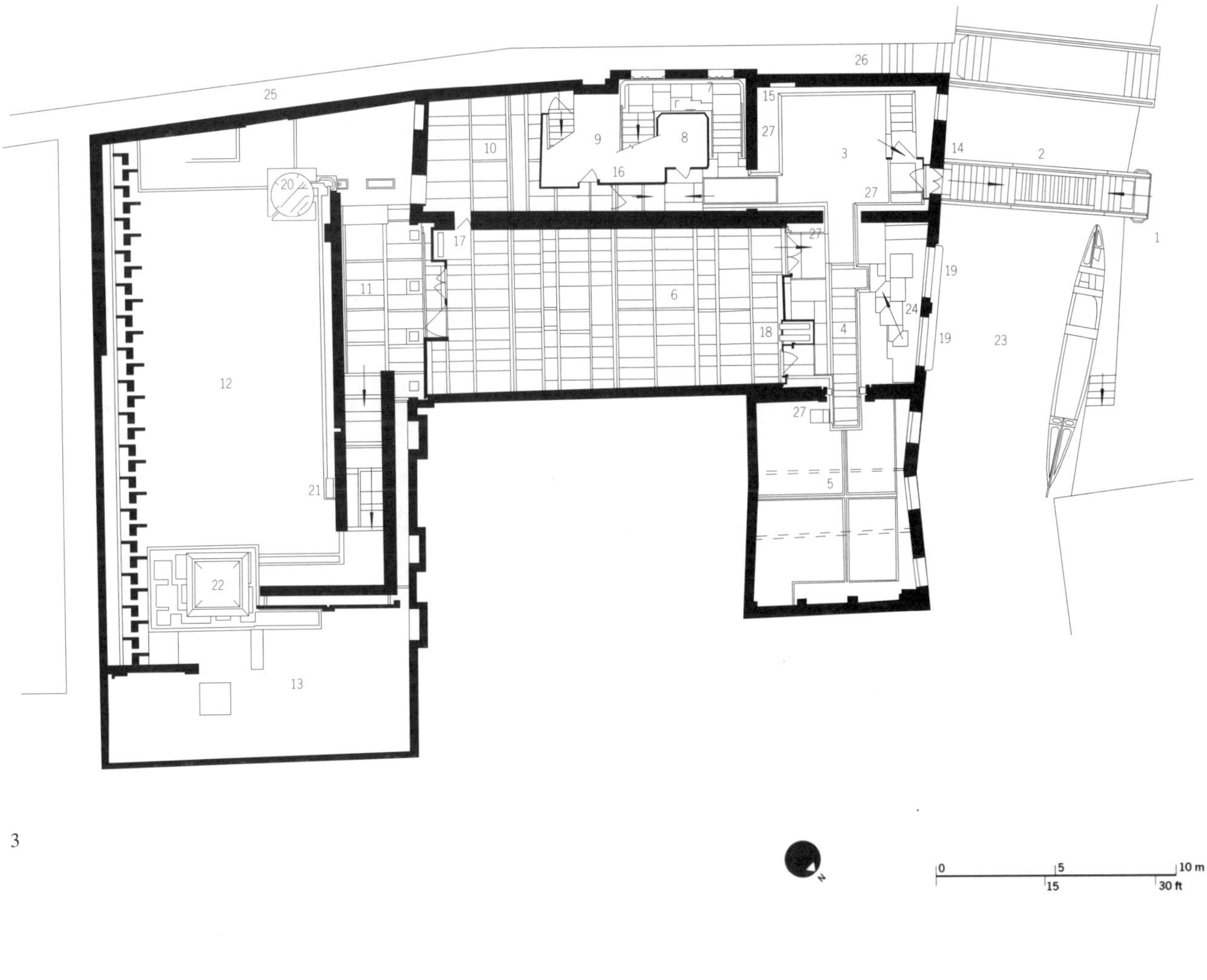

3　　　　图3 首层平面

索尔科生物研究所 Salk Institute

路易·康（Louis Kahn，1901~1974）

美国，加利福尼亚州，拉约拉，1959~1965 La Jolla，California，USA

乔纳斯·索尔科博士（Dr.Jonas Salk）是脊髓灰质炎疫苗的发现者，他一手创办了"索尔科生物研究所"，旨在推动尖端的生物科学研究。1959年，索尔科参观了路易·康在费城的事务所。他原本希望路易·康为他推荐设计研究所的建筑师。但在参观了"理查德医学研究中心"之后，他意识到路易·康正是这一项目建筑师的最佳人选。

拉约拉市政府捐出一大块毗邻海滩的用地，用于研究所建设。除了实验室，研究所的设施还包括访问学者的宿舍和一间很大的会议室（会议室没有实现）。在1960年的第一轮建筑方案中，实验室成对布置在围绕庭院的塔楼里。很显然，这种格局借鉴了索尔科博士钟爱的意大利古代建筑——古城阿西西的圣弗朗西斯修道院（Monestery of St Francis of Assisi）。后来，建筑方案改为水平的带状布局，体现一种没有层级的单元组合关系。

最终实施的方案，是严格的中轴对称格局：两座实验室楼当中，是一片完全由硬质铺地构成的庭院，庭院正中央只有一条细长的水渠。朝向庭院一侧，均匀排布着相互独立的研究室单元。这种布局被路易·康称作"研究室的门廊"，它既是呼应当地的气候，同时也象征着圣徒弗朗西斯制定的修道院制度。研究室平面凸出的45°斜角，在庭院两侧形成锯齿状边缘，把人的视线引向前方无垠的太平洋。

在"理查德医学研究中心"，建筑师划定的"服务空间"不足以满足使用中设备管道的需求。有鉴于此，索尔科生物研究所采用了一整层高的设备区。管道的承重结构，是后张法施工的混凝土柱支撑的混凝土桁架。起初，审查部门质疑这种结构是否可以抵御当地频发的地震。经过结构工程师科门丹特（August Kommendant）的出色设计，混凝土结构实现了两倍于钢结构的延伸性。

路易·康执著于严格的空间和结构秩序，因此每一处貌似寻常的入口或开窗，对他而言都是一次严峻挑战。在他看来，墙面上随意出现的洞口，破坏了墙面的整体感，使之不能称其为建筑。在索尔科生物研究所未实施的方案中，路易·康设计了一种遮阳挡板围绕着建筑四周，他称之为"废墟包裹着建筑"。

废墟的气质，弥漫在路易·康晚期的许多作品中。漫步在研究所庭院里，如同在探访古希腊的建筑遗址。空旷荒凉的庭院里，细长的水流一直伸向庭院尽端的一片狭小水池。水池位置很低，以至于站在庭院里感觉不到其存在，仿佛水流消失在它最初产生的地方——海洋。

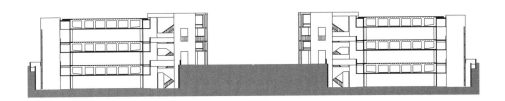

1

图1 剖面（穿过实验室与中心庭院）

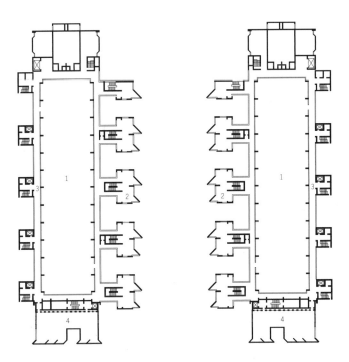

2

图2 二层平面

1）实验室
2）研究室门廊
3）楼梯及电梯
4）设备间

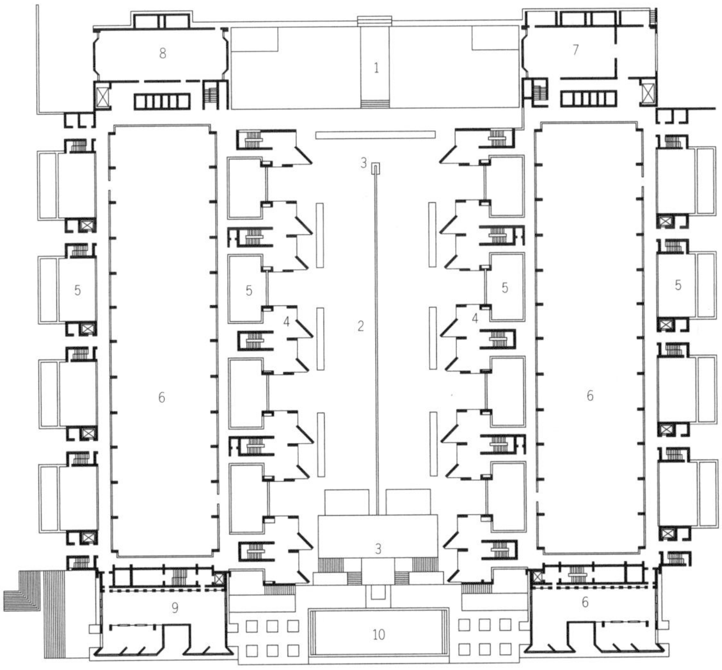

3

图3 首层平面

1）入口
2）中心庭院
3）喷泉
4）研究室门廊
5）采光井
6）实验室
7）设备间
8）摄影实验室
9）图书馆
10）露台

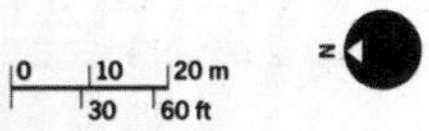

《经济学人》大楼 *Economist* Building

艾莉森·史密森（Alison Smithson，1928~1993）；彼得·史密森（Peter Smithson，1923~2002）

英格兰，伦敦，1962~1964 London，England

史密森夫妇于1949年结婚。同年，他们赢得了在诺福克郡（Norfolk）一所中学的设计竞赛。日后，它成为"新粗野主义"的早期经典之一。史密森夫妇的建成作品相对较少，但是他们凭借犀利的建筑评论，跻身于英国当时最具影响力的建筑理论家行列。二十世纪末，他们的某些理论重新吸引了建筑界的注意力。

著名杂志《经济学人》的总部大楼，与纽约"利华大厦"有诸多相似之处。"利华大厦"位于高楼林立、交通繁忙的公园大道旁，而《经济学人》大楼位于伦敦西区名流云集的圣詹姆斯街。圣詹姆斯街上原先有大量十八世纪的建筑，虽然大多已被新建筑所代替，但这一区域仍保持着某种气度，对于将要登场的《经济学人》大楼提出挑战。

史密森夫妇的方案，依照不同的功能内容把整个项目分成三栋建筑，由两层的地下室和一片广场联系在一起。三栋建筑中最低的银行部分位于圣詹姆斯街一侧，以便和其邻居，历史悠久的俱乐部"布多斯"（Boodles）的建筑体量协调。首层和二层空间分别是商店和银行，柱网的韵律呼应对面布鲁克斯俱乐部（Brooks）的新古典风格立面。

背街一侧的两栋塔楼中，体量较大者是16层的《经济学人》编辑部，体量较小者是11层的公寓。三栋建筑的结构形式相同，都采用现浇钢筋混凝土的核心筒，沿外立面布置预制混凝土柱。银行与编辑部楼的平面模数均为3.2米，公寓楼的模数减半为1.6米。外立面采用英国波特兰岛（Isle of Portand）出产的灰色石材，这也是伦敦许多知名历史建筑的外饰面材料。立面的细部之一，是窗子与混凝土柱之间专门设计的竖向滴水槽，它们使夹带着灰尘的雨水尽快汇集到广场上。这种并不显眼却能"呼应"当地气候的细部，也出现在史密森夫妇晚些的作品中，例如巴斯大学教学楼。

为了强化三栋建筑间的统一性，建筑平面的角部都做了切角。《经济学人》大楼证明了，彻头彻尾的现代建筑可以有机地嵌入传统深厚的城市环境中。它和"利华大厦"和"西格拉姆大厦"一样，示范了商业开发性质的建筑如何为城市贡献实用的公共空间。

图1 顶层平面
1）办公空间
2）起居室
3）卧室
4）厨房

图2 标准层平面
1）二层的银行大厅
2）《经济学人》办公室
3）"布多斯"俱乐部

图3 南立面

图4 广场标高平面
1）银行入口上空
2）第一商店上空
3）第二商店
4）售货亭
5）"布多斯"俱乐部牌艺室

图5 东西方向剖面

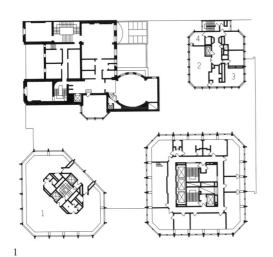

1

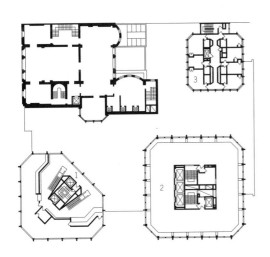

2

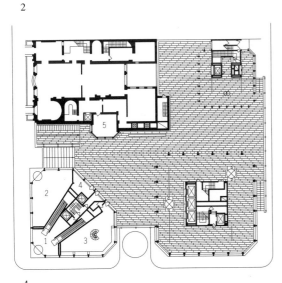

3

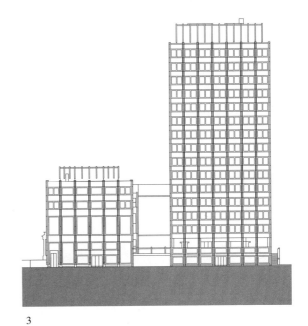

4

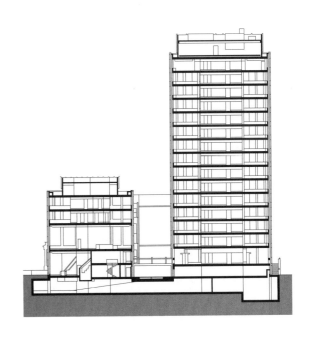

5

0   5   10 m
15   30 ft

母亲住宅 Vanna Venturi House

罗伯特·文丘里（Robert Venturi, 1925~ ）

美国，宾夕法尼亚州，费城，1962~1964 Philadephia, Pennsylvania, USA

1966年，也就是文丘里为自己母亲设计的小住宅建成两年后，他著名的理论著作《建筑的复杂性与矛盾性》面世。在书中，文丘里批判了"正统的现代建筑"。他把"少就是多"改变为"少就是乏味"。他认为，建筑应当具备复杂含混的内容，面对众多建筑手法可以"两者兼备"而不是"非此即彼"。他对于文艺复兴后期"样式主义"的推崇胜过文艺复兴高峰期。在英国巴洛克风格的建筑师当中，他更青睐霍克斯莫（Nicholas Hawksmoor）而不是雷恩（Christopher Wren）。尽管如此，柯布西耶和阿尔托仍是他崇拜的偶像。路易·康曾对他产生至关重要的影响——文丘里曾经在路易·康的事务所工作过。

对称的三角形山墙、一个醒目的烟囱、居中的入口和分居两侧的窗，这些元素叠加在一起的结果就像儿童画里的房子，它和现代主义崇尚的"居住机器"更是相差万里。它鲜明地体现了复杂性与矛盾性，山墙被一道裂缝从中央劈开，裂缝下方是一道符号化的"拱"。每一处窗子的形状尺寸都不相同。正立面上一侧是正方形的窗，而另一侧是柯布西耶式的水平带窗。文丘里认真地实践了"样式主义"，立面上那道著名的裂缝，或许是借鉴意大利建筑师莫雷蒂（Luigi Moretti）设计的一座位于罗马的公寓，它的图片出现在《建筑的复杂性与矛盾性》书中第29页。

后花园一侧的立面，同样保持着含混而不严格的对称。三个形状各异的窗子，直接呼应室内不同的"功能"空间，这是国际式建筑极少采用的手法。外立面的复杂性，反映出建筑平面的微妙变化。

与赖特的"罗比住宅"、鲁琴斯的"迪奈瑞花园别墅"相仿，母亲住宅同样围绕着壁炉组织各个空间。一间卧室和厨房关于立面的中轴对称，两者的形状却不完全相同；壁炉与楼梯似乎在争夺构图焦点的地位。楼梯的首层较宽，二层较窄，暗示空间性质从"公共"到"私密"的过渡。平面的四角当中，有三个角部利用阳台或凹窗显露外墙厚度。建筑的两个主要立面，都是非承重的幕墙，也就是"面层"而已。

划分为田字格的正方形窗、被现代主义视为"禁忌"的装饰、无结构作用的拱、含混的对称、带有隐喻意味的建筑构件及经过重新诠释的古典元素——在其后二十多年时间里，母亲住宅使用的这些手法成为后现代建筑语言的先导。这座小住宅被称作后现代主义最具影响力的里程碑之一。

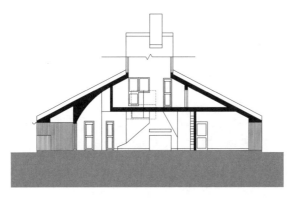

1

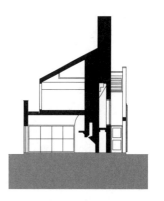

2

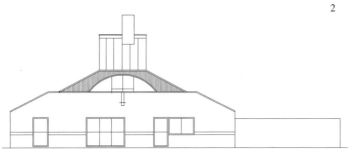

3

图1 纵剖面

图2 横剖面

图3 背立面

图4 正立面

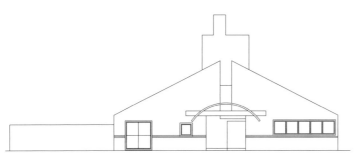

4

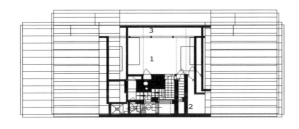

5

图5 二层平面

1）卧室
2）储藏室
3）露台

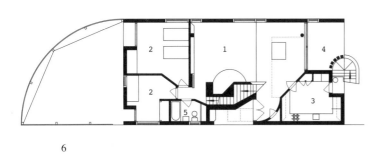

6

图6 二层平面

1）起居室
2）卧室
3）厨房
4）杂物院
5）卫生间

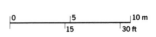

弗雷登斯堡庭院住宅 Fredensborg Courtyard Houses

约恩·伍重（Jørn Utzon，1918~2008）

丹麦，弗雷登斯堡，1962~1965 London，England

　　1944年，伍重逃离德国占领下的丹麦，在斯德哥尔摩暂避。他在那里听到了一次阿尔托的演讲。阿尔托把一组集合住宅比作一束樱花，每一朵花实质上是相同的，但是它们各自生长的过程、与其他花之间的相对位置、与太阳、风向的关系等因素，共同决定了任何两朵花都不会一模一样。阿尔托精妙的比喻，给伍重留下了深刻印象。1954年，瑞典南部的斯科讷省（Skåne）组织了一次低成本集合住宅的设计竞赛。伍重的参赛方案，是可以随家庭成员增多而相应变化的庭院住宅。

　　伍重的方案赢得了竞赛，但在实施过程中搁浅：用来围合庭院的砖墙是一笔不小的成本，银行不愿为此出资。三年后，伍重说服了丹麦赫尔辛格市（Helsingør）的市长，以类似方案建成了"金戈庭院住宅"（KingoHouses）。1962年，这个项目引起了一个名为"全球丹麦人"的组织的注意。该组织正在筹建一片集合住宅，作为在世界各地工作的丹麦人退休后落叶归根的居所。他们委托伍重担任设计，并且授权他寻找适宜的用地。伍重选中的用地位于小城弗雷登斯堡郊外，是一块临近农场和高尔夫球场的坡地。

　　49个单层的庭院住宅，串联成一条连绵弯曲的项链，又像是三根分开的手指。在一根"手指"的顶端是社区的公共设施，包括餐厅、休息室、娱乐室和一家小旅馆。东北侧另有30栋两层集合住宅。

　　无论是内向式的传统庭院，还是对材料和细部的选择，伊斯兰传统建筑一如既往地对伍重的设计产生了关键性影响。材料方面，伍重选择了一种浅黄色的砖和颜色相近的屋瓦。挺拔的烟囱是一个重要构图元素，它们不是简单地从屋顶穿出，而是成为砖墙向上延伸的一部分。数十个单元产生了惊人的统一感。奥地利建筑师雷纳（RolandRainer）形容那些由许多生土房屋组成的伊斯兰古城："仿佛一次性铸造而成"。这一描述完全适用于弗雷登斯堡庭院住宅。

　　作为退休后的养老住宅，这座建筑无需随家庭成员增长而相应变化。为了让大量基本相同的"花朵"塑造出微妙的多样性，伍重并没有预先设计所有庭院的围墙，而是在施工现场不断调整围墙的细节。施工过程中，伍重把事务所迁往悉尼配合悉尼歌剧院的设计。临行前他指定了一位助手，综合考虑阳光角度、风向和视线私密等因素，在现场确定每一个庭院围墙的具体位置和形状。这是一项在绘图板上无法完成的工作。最终实现的含蓄而又丰富的变化，使整个社区像是许多年自然生长方能形成的传统村落。

　　如何在紧凑的用地内为多户人家提供舒适的独立住宅，是二十世纪建筑界的核心难题之一。最理想的结果是，既不能潇洒随意地尝试建筑手法，也不能听凭唯利是图的开发商主宰。伍重对此给出的答案，显得如此理性而又优雅。

图1 单元立面　　　图2 单元剖面　　　图3 单元平面　　　图4 总平面　　　145

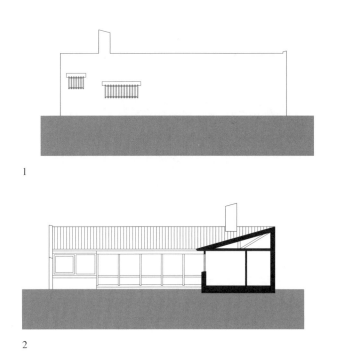

1

2

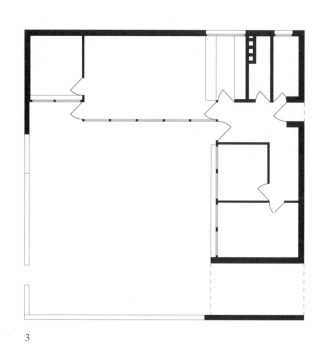

3

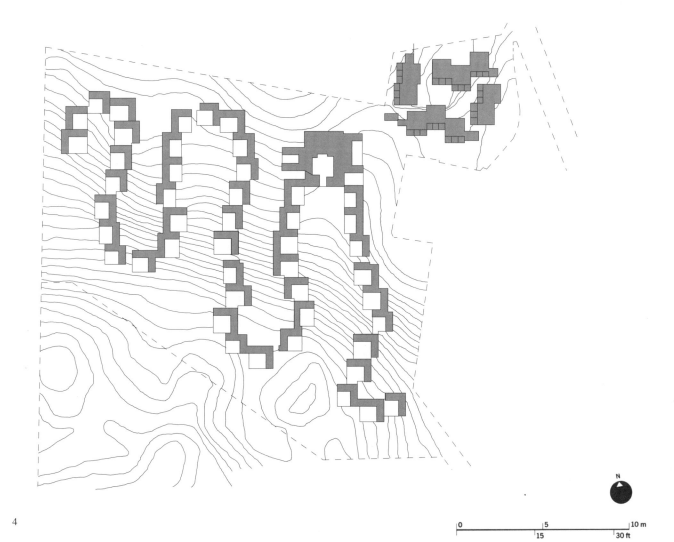

4

0　　　　　5　　　　　10 m

15　　　　30 ft

圣彼得教堂 St Peter's Church

齐格德·莱文伦茨（Sigurd Lewerentz，1885~1975）

瑞典，克利潘，1962~1966 Klippan，Sweden

1915年，莱文伦茨开始与阿斯普隆合作，设计位于斯德哥尔摩南郊的公共墓园（Woodland Cemetery），这一项目的设计将持续数年。莱文伦茨除了主持设计墓园的景观，还设计了其中的"复活小教堂"。这座小教堂建筑，属于具有现代特征的古典主义。此后，莱文伦茨还设计了瑞典南部城市马尔默（Malmö）的公共墓地。与阿斯普隆一样，他也经历了从古典主义向"功能主义"的转变。当两人很不愉快地分手后，心灰意冷的莱文伦茨把事业重心暂时偏离建筑设计，在接下来的数年时间里经营一家制造金属门窗的工厂。

第二次世界大战期间，莱文伦茨受邀设计了马尔默的两座小教堂。他此时的风格既不属于功能主义，也不是古典主义。莱文伦茨这种质朴而又独特的建筑语言。在此后的另两座教堂作品中达到了炉火纯青地步。斯德哥尔摩郊外的圣马可教堂，和位于南部小城克利潘的圣彼得教堂，在刚刚建成时默默无闻，如今都已成为现代建筑史上不容忽视的经典之作。

1938年，德国建筑师鲁道夫·施瓦茨（Rudolf Schwartz）发表了《如何建造一座教堂》，书中描述了他对基督教路德宗宗教仪式的空间理解，而这也正是莱文伦茨设计圣彼得教堂的出发点。教堂传统的巴西利卡式平面布局，圣坛通常设置于一条神圣通道的尽端，莱文伦茨摒弃了这种常规的平面布局，采用了一种"开放的圆圈"。

莱文伦茨利用拉丁文的"包围（circumstantes）"一词来描述圣彼得教堂的空间特征。牧师座位、讲坛、唱诗班席、管风琴和信众席，共同包围着教堂的圣坛。处理世俗事务的会议室和牧师生活用房，组成一个与教堂脱开的"L"形，与长方形的教堂之间，形成街道一样的庭院。

和他设计的圣马可教堂相仿，圣彼得教堂的屋顶也采用钢梁支撑的砖砌拱顶。为了减小屋顶跨度，大厅中央立有一根钢柱。钢柱和它上方的钢梁，含蓄地象征着耶稣受难的十字架，让一个似乎只是服务于结构稳定的普通构件，成为整个空间的核心，甚至是"存在的理由"。

整座建筑以及主要的附件，都是由质感粗糙的黏土砖砌成。莱文伦茨要求施工中不能使用非标准尺寸或形状的砖，也不允许砌砖，但砖缝的砂浆宽度却可以任意变化。最终，一块块砖好像悬浮在砂浆的背景里。在波斯等地区的古代建筑中有过类似先例，然而莱文伦茨实现的效果既古朴又极其现代。

无处不在的砖，产生了强烈感染力。从砖墙之间穿过，仰望波浪状的砖拱屋顶，踩在砖铺的略微倾斜的地面上。砖砌的洗礼台，仿佛是从裂开的地面上喷溅出的泉水。所有的门都没有门框。窗子也都没有窗框，只是一片玻璃直接嵌在墙上，使人联想起路易·康所说的"无框的废墟"。圣彼得教堂静谧幽暗的室内空间，与"拉图雷特修道院"一样以最简洁的形式表达着强烈质朴的力量。

图1 东立面

1

图2 剖面

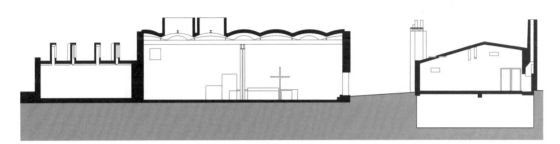

2

图3 首层平面

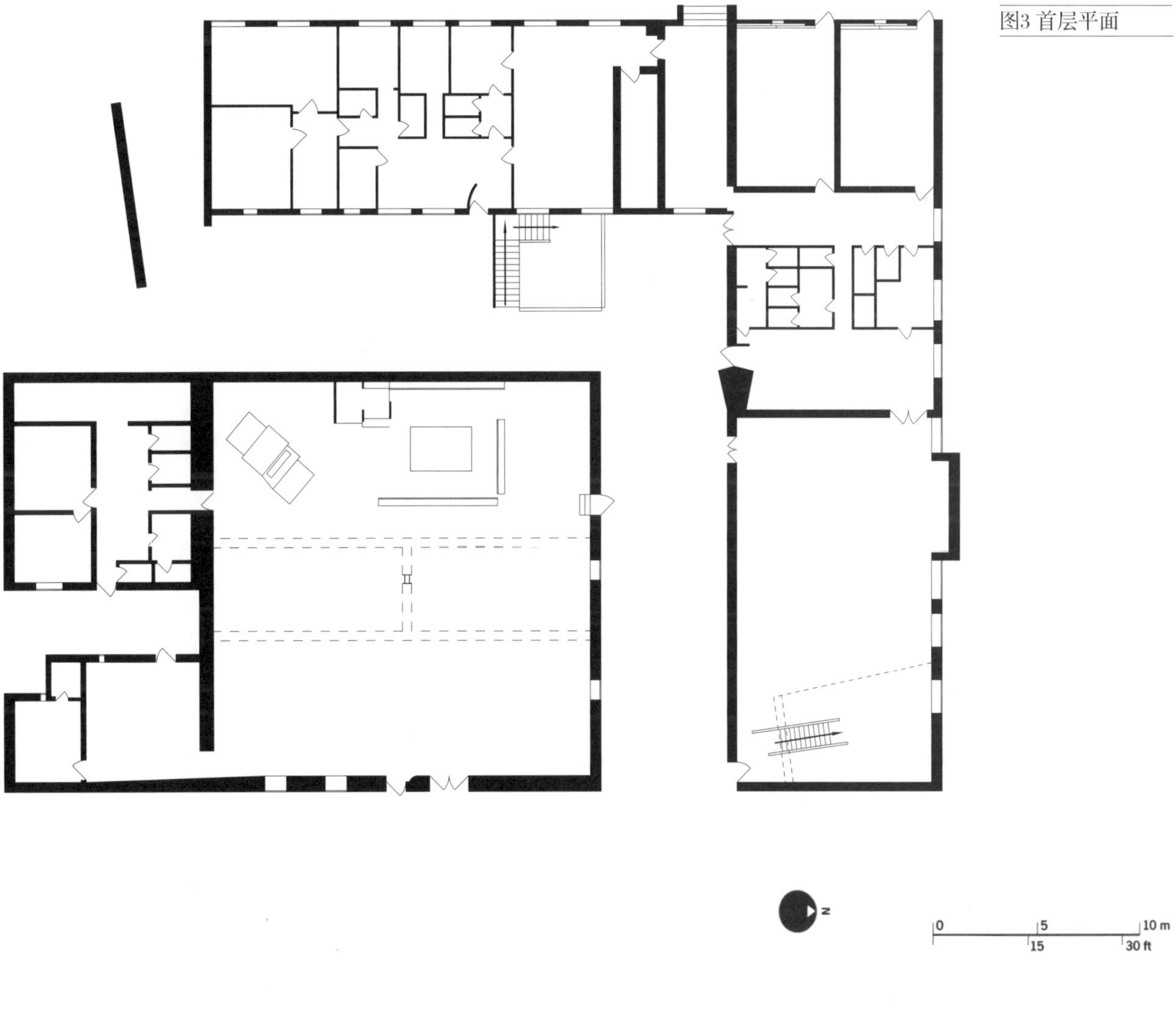

3

0   5   10 m
15   30 ft

塞伊奈约基图书馆 Seinäjoki Library

阿尔瓦·阿尔托（Alvar Aalto，1898~1976）

芬兰，塞伊奈约基，1963~1965 Seinäjoki，Finland

在"贝克楼"和"珊纳特塞罗镇公所"之后，阿尔托的材料语言从富有诗意的红砖回归白色的表面，空间形态方面开始突出自由流畅的巴洛克气质。这一阶段的代表作，包括1959年建成的伊马特拉教堂（Church in Imatra）和塞伊奈约基图书馆，后者是塞伊奈约基市文化中心的一部分。

图书馆的空间形态，由挺拔的直线与起伏的曲线并置而成。从剖面上可以看到，变化丰富的天花板与地面的水平线相映成趣。在平面上，扇形的开架阅览区与长条形的服务空间，形成鲜明对比。在磁条防盗技术出现之前，这种扇形平面布局，利于管理员方便地看到整个阅览区。天花板的剖面形状，使自然光或灯管经过柔和地反射，充满室内空间。平面和剖面上的曲线，都是出于"功能性"的考虑，同时也体现出贯穿阿尔托作品的线索：让建筑抽象地反映自然界的形态。

在"玛丽亚别墅"，经过细致处理的钢柱形成一片室内的"森林"。在塞伊奈约基图书馆，这种联系更加抽象含蓄，同时也更具整体感。自由曲线，或者说模拟生物形态的曲线，在阿尔托的作品中多次出现，同时也是现代艺术重要的表现手段之一。阿尔托的朋友，德国艺术家汉斯·阿尔普（Hans Arp）也钟爱类似的曲线。它象征着自然界和身体，正如直线与直角通常暗示理性与机器。

在阿尔托的作品中，第一次出现波浪状的曲线是1935年建成的维堡图书馆（Viipuri Library）。起伏的木质天花板，为图书馆的报告厅提供了出色的声学效果。其后的1937年，阿尔托为巴黎世界博览会芬兰馆设计了类似曲线形状的挑台，但没有实现。在1939年纽约世界博览会芬兰馆，他采用了波浪状的木格栅墙面，抽象地隐喻北极光等芬兰绮丽的自然景观。

在伍重设计的"巴格斯瓦尔德教堂"里，天花板抽象地模拟了起伏的云朵。值得注意的是，英语的"Ceiling"（天花板）一词，源于拉丁语"Coleus"和法语"Ciel"——天空。在阿尔托的这座图书馆里，类似的联系变得更加抽象。白色外墙上水平或者竖向的白色金属片，象征芬兰自然界随处可见的湖岸与树林。如果说，在意大利等南欧地区的建筑传统里，穹顶象征着晴朗的天空，那么在属于阿尔托的北欧地区，阿尔托用他的建筑语言描述着流云和斑驳闪烁的阳光。

图1 剖面　　　图2 首层平面

1）少儿图书区
2）卸货通道
3）借阅台
4）下沉式阅览区
5）主阅览区
6）研究室
7）管理
8）会议室

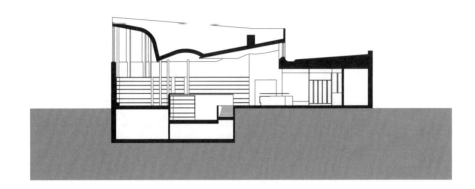

1

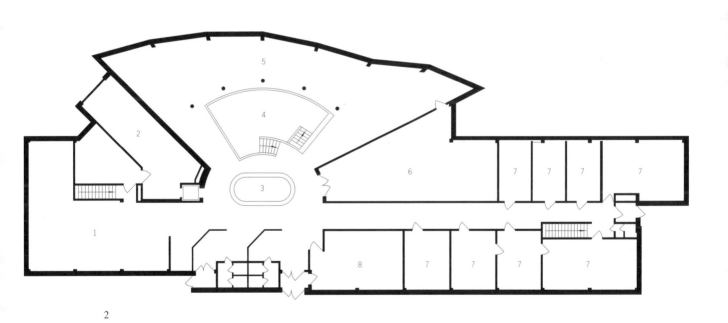

2

福特基金会大楼 Ford Foundation Building

凯文·罗奇（Kevin Roche，1922~ ）；约翰·丁克卢（John Dinkeloo，1918~1981 ）

美国，纽约州，纽约市，1963~1968 New York City，New York，USA

围绕一个中央庭院组织空间的建筑手法，可以追溯到建筑的萌芽期。进入十九世纪以后，玻璃与铸铁结构具备了成熟的工业化生产，比以往更容易实现既遮蔽风雨又能享受阳光的室内中庭。美国建筑师威曼（GeorgeWyman）的"布莱德伯里大楼"（Bradbury Building），和赖特的"拉金公司办公大楼"，是这方面的典范。尽管具有诸多优势，室内中庭在二十世纪上半叶现代建筑中的应用，仍寥寥无几。直到六十年代，室内中庭才重新引起建筑师们的关注。为中庭的复兴起到关键作用的两座建筑，是1967年建成的亚特兰大市"凯悦摄政酒店"（Hyatt Regency Hotel）和次年建成的福特基金会大楼。

罗奇和丁克卢都曾协助小沙里宁参与杜勒斯机场的设计。1961年，小沙里宁因病早逝之后，他们合伙建立了自己的事务所。与小沙里宁相仿，他们也致力于探索建筑的"纪念性"。尤其在丁克卢去世之后，罗奇更加关注对称和具有古典气质的建筑手法。

这座12层的办公楼，位于曼哈顿第二大道与第42街交汇的街角，毗邻一个小公园。它需要容纳福特基金会的350名员工。为了呼应周边的环境，高大的室内庭院没有设在建筑中央，而是偏于临街一侧，形成建筑和城市之间的过渡。办公空间呈两翼基本等长的"L"形布局。董事会办公室和供全体员工使用的餐厅，位于建筑顶部的两层，平面呈环绕中庭的"回"字形，并且在外立面上醒目地凸出。中庭的玻璃幕墙外侧，是三个花岗岩贴面的巨形柱子，其中的两个内部设有消防楼梯。

中庭的屋顶，满铺钢框的三角形天窗。所有的办公室，都有朝向中庭的推拉窗。视线交流与空间共享的氛围，在众多员工中产生了某种凝聚力。从技术的层面，高大的中庭充当了空调系统的回风井道。八十年代，在气候较为温和并且污染不甚严重的地区，大量办公建筑利用中庭作为室内环境的被动式调节装置。

由著名景观建筑师丹·凯利（Dan Kiley）设计的中庭景观，和它旁边的城市公园连通。水池、植物（包括一些假树）和徐缓的大台阶，共同塑造了一片生机盎然的绿洲。虽然在室外透过玻璃可以看到室内景观，但中庭仍保持足够的私密性。二十世纪后期，随着城市空间私有化的浪潮，类似的"伪公共空间"大行其道，却罕有后来者具备福特基金会大楼一样的精致与气度。

图1 顶层平面　　　图2 剖面　　　图3 首层平面

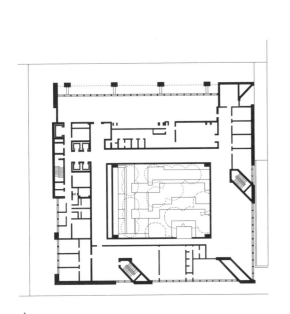

1

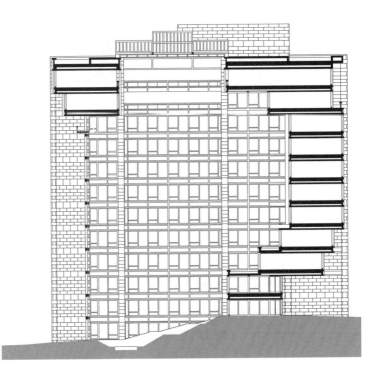

2

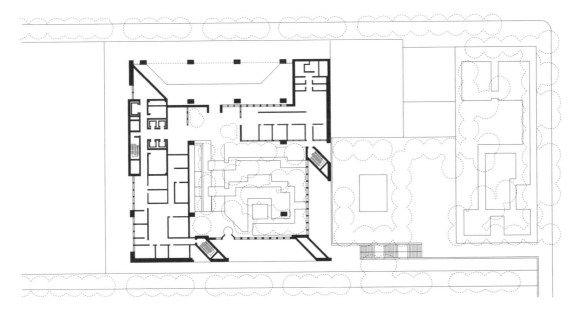

3

海牙天主教教堂 Roman Catholic Church

阿尔多·凡·艾克（Aldo van Eyck, 1918~1999）

荷兰，海牙， 1964~1969 Hague，The Netherlands

　　这座教堂位于海牙市郊一片毫无特色的狭小用地。走下几步宽大的台阶，并不醒目的主入口旁，一个半圆筒形突兀于墙面之外。主入口上方没有雨篷，因为凡·艾克把入口的仪式性体现在对门的微妙处理上。无论是独自还是几人结伴，进入教堂是通过一扇常规尺寸、向内开启的门；而随着人流离开教堂，却是通过旁边另一扇较宽的、向外开启的门。微弱的自然光，透过两扇门之间的玻璃砖射入昏暗的门厅。

　　进入教堂后，空间的序列才真正开始。入口附近的半圆筒原来是一个小礼拜室，教堂内另有几个相同的半圆筒形空间，作为其他小礼拜室、洗礼区或者忏悔室。穿过低矮的门厅，面朝另一个半圆筒形的小礼拜室，前方一团明亮的光似乎在迎接你。当你走近它时，身边的空间豁然开朗。屋顶的天光下，两级阔大的台阶开启了一片高敞的空间。地面分作连续向上的四级平台，尽端的墙上悬挂着一个硕大的十字架。

　　尽管有醒目的十字架，但这里并非传统教堂里的主厅或前厅，只是由两排片状混凝土柱限定的长条形空间。它构成了人流和宗教仪式和主轴，四个小礼拜室和附属的圣坛，都沿着这条轴线布置。轴线一侧是举行弥撒的布道大厅；另一侧是也可增设信众席的多功能大厅。

　　布道大厅的空间形态，和通常的预期截然不同。平面比例扁长，地坪变化的方向不是顺着信众与圣坛之间的连线，而是与之垂直。自然光来自头顶上方而非侧面。天窗的基座，是和小礼拜室直径相同的混凝土圆筒。它们刻意违反常规，不是布置在结构梁之间，而是横跨在梁上。混凝土梁把每一个圆形的天窗分成两半，经过反射的自然光更加变化丰富，平添了几分神秘色彩。

　　在天光照射下，混凝土梁本身也变得异常醒目。梁两侧的两个半圆，和梁上方完整的天窗圆筒，构成一个空间单元。如同法国画家塞尚的静物画，物体间的空间具有与物体相同的重要性。凡·艾克希望整个天花板成为"单一的整体"，具有现代建筑崇尚的均匀分散的构图，却像古典的穹顶那样统领整个建筑成为一体。

　　芬兰建筑师佩特拉（Reima Pietila）这样评论凡·艾克的教堂："来自天窗的自然光，使教堂中的人们保持和真实世界的联系。"1962年至1965年，在罗马召开了"梵蒂冈第二次大公会议"（Second Vatican Council）。会后宣布的决议，包括天主教仪式及教堂格局的重要改革，强调普通信众在宗教仪式中的地位，弱化了以往神父高高在上的地位。使用这座教堂的信众们，更容易在这一历史性的改革背景下理解它富于诗意的空间。

图1 南立面　　　　图2 二层平面　　　　图3 剖面　　　　图4 首层平面　　　　图5 西立面　　　　153

1）布道大厅
2）多功能大厅
3）圣坛
4）小礼拜室
5）洗礼台
6）忏悔室
7）厨房
8）圣器室
9）卫生间
10）会客室
11）办公室
12）自行车存放
13）供暖间

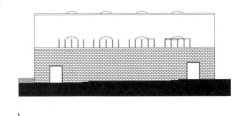

1

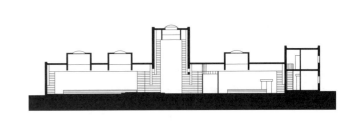

2

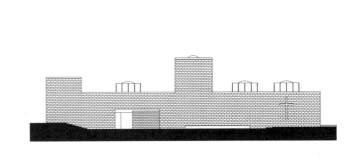

3

4

5

海滨牧场公寓 Condominium at Sea Ranch

MLTW事务所，1962~1970

美国，加利福尼亚州，索诺马县，1965—1966 Sonoma County，California，USA

作为生态建筑发展初期的典范，这片定位为第二居所的社区项目，地处旧金山市以北约100英里的太平洋海滨。整个海滨牧场项目用地达5000英亩，占据了10英里长的海岸线。现场唯一的人工痕迹，是一道道与海岸线垂直的杉树防风林。劳伦斯·哈普林（Lawrence Halprin），六十年代最杰出的景观建筑师之一，负责社区的整体规划，建筑师爱舍瑞克（Joseph Esherick）设计住宅。海滨牧场规划的公寓当中，由MLTW事务所设计这一批最先建成，并且日后成为"海滨牧场"的同义词。

由查尔斯·摩尔（Charles Moore）等四位建筑师合伙组成的MLTW事务所，早期以设计私人住宅著称。他们旗帜鲜明地挑战"范斯沃思别墅"为代表的居住形式，提倡以"具体的场所"取代"普适的空间"。在这一方面，他们与凡·艾克的观念颇为相似。他们认为，建筑的不同区域需要各自的主导形象，告诉人们身在何处。建筑不仅是在连续的空间中划分区域，它应当具备可识别的形象和特定的"内容"，或者是分为不同级别的"内容"。例如，住宅应当以景观中一个场所的角色作为基点，随着层次递进，以壁炉或卧室作为空间的高潮。

与雄奇的自然景观为伴，建筑师往往面临两种极端化的选择：让建筑鲜明地凸显自身，或者谦逊地融入环境。十套公寓单元，具备足够的体量与旁边峭壁的尺度相匹配。它们围绕两片共享的室外庭院，绝大多数单元采用向海面倾斜的单坡屋顶。局部灵巧地悬挑或者凸窗，为建筑的体形增添了趣味。坡顶没有挑出墙面，以免屋檐被强劲的海风破坏。窗子数量很少但每一扇面积较大，既满足日照，同时确保窗子之间有足够的墙面形成围合感。

每一套公寓的朝向和位置关系各异，但外观都貌似朴实的谷仓，墙面采用粗糙的木板。绝大多数公寓内部，有两块被查尔斯·摩尔称作"小房子"的空间。它们由涂成鲜艳色彩的木板搭建而成，像是玩具房子或放大的家具。其中之一是壁炉旁四根柱子围合的小空间，四根柱子之间是下沉式的"交谈区"，柱子顶部支撑着开放式的卧室；另一处空间更复杂的"小房子"分作两层，厨房在下，卫生间和衣帽间在上。

MLTW设计的海滨牧场公寓和爱舍瑞克设计的住宅，获得了广泛的社会认可，一时成为许多建筑师效仿的对象。然而，后续的过度开发和仓促设计，使海滨牧场项目总体上的发展不如人意。新增的建筑形式琐碎，景观被无序扩展的草坪霸占。形态张扬的建筑，侵占了哈普林的规划中强调要保持自然原貌的区域。海滨牧场公寓不失为一次勇敢的尝试，希望抗拒建筑的同质化潮流，然而"市场的力量"最终获胜。

图1 平面

1）入口
2）停车
3）公寓
4）洗衣房
5）电气设备间
6）室外平台

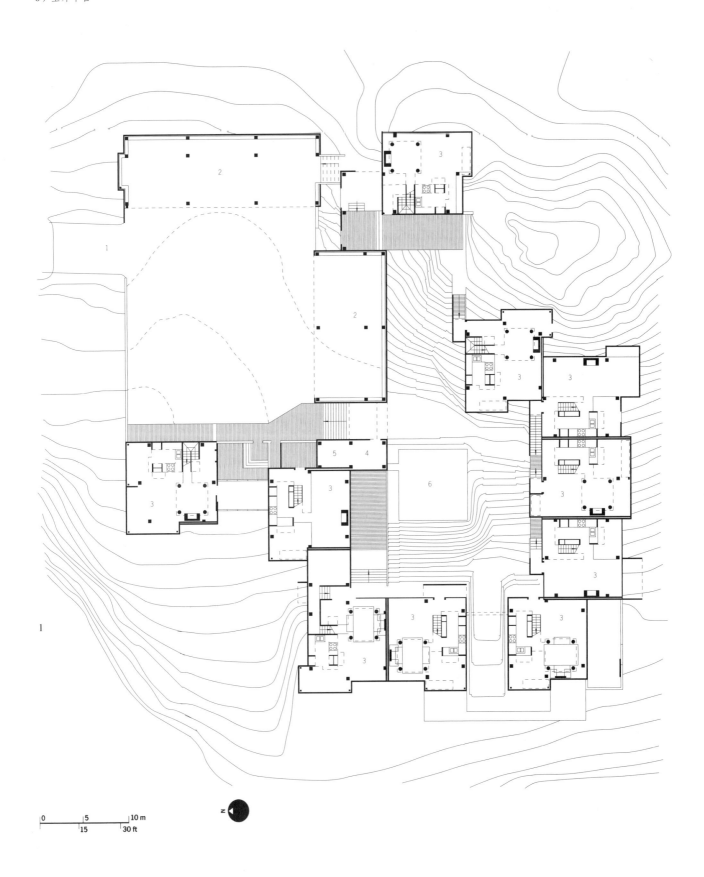

0 5 10 m
15 30 ft

N

金贝尔博物馆 Kimbell Art Museum

路易·康（Louis Kahn，1901~1974）

美国，德克萨斯州，沃思堡，1966~1972 Fort Worth，Texas，USA

让最基本的建筑材料和建造方式，与光影的游戏结合在一起，是路易·康建筑哲学的核心。他理想中的建筑，直接产生于建造过程的"天性"。他宣称："结构是光的制造者。"使展品获得适宜的自然光照度，同时避免被有害的紫外线照射，是所有博物馆建筑需要应对的问题。面对德克萨斯当地炽烈的阳光，许多设计师首先想到的对策是北向的天窗。然而，路易·康希望室内的光环境呼应天气阴晴或阳光的变化。从设计之初，他就开始尝试拱形的屋顶，让自然光从屋顶垂直射入，经过反射后再照射到展品。

最终确定的拱顶剖面，采用旋轮线（即"摆线"，圆沿直线运动时圆边界上一点的轨迹）。拱顶中央是一条细带状的天窗，自然光由此射入。虽然形式上如同"拱顶"，但从结构受力的角度分析，屋顶单元其实是跨度相当于长向柱距的梁。每个屋顶单元长30.5米，宽6.7米。在拱顶两端各有一道弧形边梁。在外立面上，边梁与它下方弧形的非承重墙之间是一条纤细的光带，旋轮线形状的屋顶仿佛悬在墙体上方。

博物馆位于威尔·罗杰斯纪念公园一角。工作人员办公和研究等服务性的空间，布置在一片完整的混凝土基座中，托举着上面的艺术"殿堂"。驾车的参观者，停车后从下面一层进入博物馆；对于从公园步行到达的参观者，位于首层的拱形门廊，好像建筑延伸出的一块"废墟"。穿过门廊进入博物馆，中轴的两侧都设有展馆。顺着拱顶单元的纵向看去，是一长串贯通的开敞空间；从横向看去，弧形的屋顶有节奏地起伏变化。

"混凝土闪烁着银色的光泽"，从设计之初，路易·康就希望室内空间达到这样的材料质感。天窗反光板的设计，对展厅的效果至关重要。经过照明设计师理查·德凯利（Richard Kelly）的多次修改，最终采用"人"字形穿孔铝板。一天当中室外光线条件变化，室内光环境也随之微妙地变化。非承重墙采用浅色洞石，扶手等不锈钢构件都经过核桃壳的打磨，使它们既保持"银色的光泽"又不会有刺眼的亮斑。博物馆建成两年后，路易·康就去世了。时至今日，它被许多评论家誉为路易·康最重要的杰作，同时也是整个二十世纪建筑的瑰宝之一。

图1 西立面　　　图2 剖面　　　图3 首层平面　　　　　　　　　　　　　　　　　157

1）入口门厅　　　　8）咖啡厅
2）书店　　　　　　9）展厅
3）图书馆　　　　　10）开敞门廊
4）幻灯片室　　　　11）采光庭院
5）图书管理员　　　12）工作人员庭院上空
6）工房　　　　　　13）工作人员研究室上空
7）报告厅　　　　　14）采光井上空

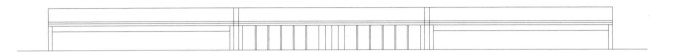

1

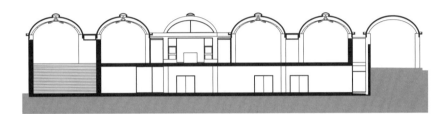

2

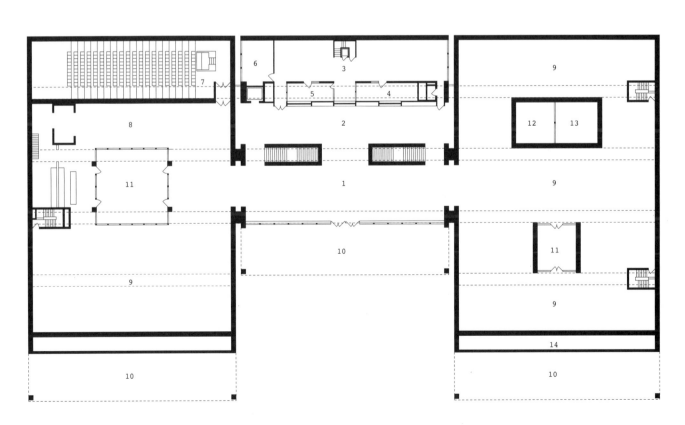

3

巴格斯瓦尔德教堂 Bagsværd Church

约恩·伍重（Jørn Utzon, 1918~2008）

丹麦，哥本哈根附近，巴格斯瓦尔德，1967~1976 Bagsværd, near Copenhagen, Danmark

　　这座教堂的外观，流露着显而易见的"丹麦式"的简朴与谦逊，令人联想到当地传统的乡村建筑。然而，它最具表现力的建筑语言，却源自万里之外的夏威夷。与当地政府的矛盾，迫使伍重放弃了正在施工中的悉尼歌剧院，离开澳大利亚来到夏威夷大学任教。某一日，伍重躺在阳光下的沙滩上，一串圆柱体形状的白云从他头顶飘过。他意识到，以此为基础可以塑造一种完美的天花板造型——灵感总是垂青有准备的头脑。数年前，他为伊朗首都德黑兰设计的一家银行，采用过折板式的屋顶。他为悉尼歌剧院设计的波浪状天花板，已经无望实现。在他将要设计的这座教堂里，这些浪漫的云形将化为现实。

　　至于教堂的平面，伍重的灵感源泉并非传统的基督教建筑遗产，而是中国的佛教寺庙。由于这座教堂用地的长边两侧，分别是一个停车场和一条繁忙的道路。为了实现安静超脱的氛围，内向性的多个庭院组合，很自然地成为理想的布局。建筑体形是玩具积木一样简单的方块组合，与曲线婀娜的天花板形成强烈对比。小巧的坡顶天窗，覆盖着两侧细长的走廊。

　　在某些人眼中，这座建筑酷似谷仓，或者说工业化气息太重。然而对伍重而言，这种特征恰恰符合中世纪教堂建筑的精神——它应当是最新结构技术的集中体现。现代教堂不应当出于思古情怀而追求传统手工，而应当遵循那种精神。墙面采用的预制混凝土板，掺杂了大理石碎渣的骨料，在室内呈现出闪亮的白色。大厅里云形的天花板轮廓，在外立面上简化成台阶状的折线。折线以上的外墙面采用类似悉尼歌剧院屋顶的釉面瓷砖，在阳光下熠熠闪光。

　　穿过玻璃门斗进入室内，走廊里唯一的光源是头顶的天窗。墙面没有任何窗子。教堂谦逊朴实的外观，令人完全想象不到从走廊到大厅之间戏剧化的转变。大厅里，在木质家具衬托下，白色墙面和天花板之间有无穷丰富的光影变幻。云形的天花板不仅仅是一件富于形式感的艺术品，并且作为结构的一部分支撑着轻质屋面板。正如伍重自己总结的那样："你会感觉到，头顶上美丽的曲面不只是纸面上的设计，并且是坚实的结构。"

　　如果伍重只是一位室内设计师，他很可能采用金属网上喷石膏浆，再用隐藏在背后的钢骨架悬吊来实现类似效果的天花板。那么它将止步于室内设计，一种视觉效果，而不是建筑——建造出的空间。这些姿态轻盈的天花板，其实是跨度与大厅等宽的混凝土薄壳。它们就像哥特式大教堂的飞扶壁，以最浪漫的形式帮助建筑摆脱重力的束缚。

图1 南立面　　　图2 北立面　　　图3 东西方向剖面　　　图4 首层平面

1）入口　　　　　　　　7）教区活动
2）教堂　　　　　　　　8）会议室
3）圣器室　　　　　　　9）厨房
4）等候室　　　　　　　10）中庭花园
5）办公室　　　　　　　11）小礼拜堂
6）候选牧师办公室

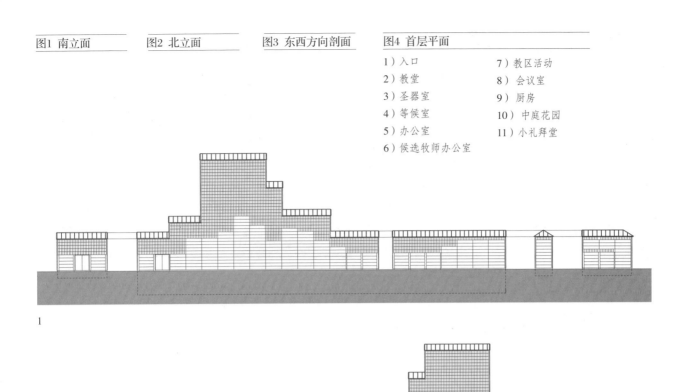

1

2

3

4

哈马主教博物馆 Archbishopric Museum of Hamar

斯维勒·费恩（Sverre Fehn，1924~2009）

挪威，哈马，1967~1979 Hamar，Norway

费恩早年师从著名的挪威建筑师考斯莫（Arne Korsmo），并且受其影响加入了"国际现代建筑协会"（CIAM）的挪威分会。这个组织的成员还包括格隆（Geir Grung）和诺伯格-舒尔茨（Norberg-Schulz）。日后，诺伯格-舒尔茨成为同时代最具影响力的建筑史学家和理论家。与伍重和凡艾克等五十年代崭露头角的建筑师一样，费恩也曾在摩洛哥旅行。他在那里逗留了一年，悉心研究北非的乡土建筑。

1962年威尼斯双年展的北欧地区国家馆，为费恩赢得了国际知名度。费恩利用密密排布的混凝土梁，在南欧的阳光下营造出一座荫凉中的的北欧"岛屿"。场地原有的三棵大树不仅保留下来，还和展馆的结构巧妙地融为一体。众所周知，建筑与自然界保持相互尊重的亲密关系，是北欧建筑美学的核心之一。哈马主教博物馆，也遵循类似的原则处理历史遗迹与新建筑间的关系。

这座博物馆，是在一栋十九世纪农舍残留的基础上改造和加建而成。平面呈"U"形的农舍，本身建在一座毁于十六世纪的中世纪城堡遗址上。用地周边有大量考古遗迹。1302年，哈马地区的主教前往罗马，就是从这里经过。

建造博物馆的主要目的，是有效保护发掘出的遗迹，同时满足公众参观的需求。费恩的设计原则，是尽可能少地扰动地面上的遗址。木柱和木屋架支撑的新建的屋顶，罩在农舍原有石墙的上方，屋顶和石墙间留有缝隙。在某些位置，自然光透过嵌在缝隙里的玻璃照进室内。另一些位置的缝隙，以红色的木板封堵。室内架空的混凝土桥，供参观者俯瞰地面上的遗址，桥两边的混凝土栏板充当了起结构作用的反梁。

在"U"形较长的一翼，局部采用混凝土地板；在较短的一翼，新建了混凝土结构的报告厅。从这一翼的门厅，伸出一道飞去来器形状的坡道划过室外庭院。和室内的桥一样，坡道和它的栏板也是采用非常简洁的混凝土板。

费恩为博物馆设计的文物展示，借鉴了斯卡帕在维罗纳的"老城堡"改建。许多展品仅用质朴的钢支架陈列。这种布展方式和室内的空间氛围相得益彰。和斯卡帕一样，费恩把鲜明的现代建筑语言和历史背景巧妙地并置，成功地实现了新与旧之间的对话。

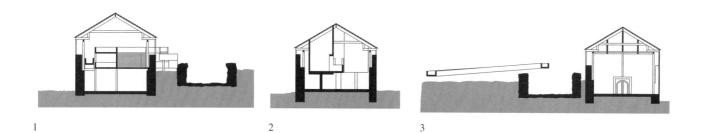

1   2   3

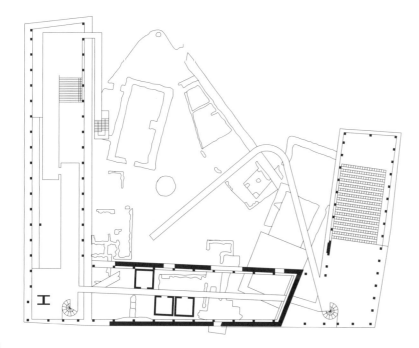

4

图1 展厅剖面

图2 遗址剖面

图3 报告厅剖面

图4 二层平面

图5 首层平面

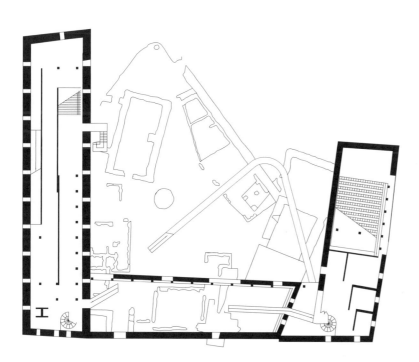

5

加拉拉泰公寓 Gallaratese Housing Block

阿尔多·罗西（Aldo Rossi，1931~1997）

意大利，米兰，1969~1976 Milan，Italy

　　阿尔多·罗西是名为"趋势"（Tendenza）的意大利建筑师组织的主要成员。这些建筑师的作品特征，是把建筑简化为基本的几何体，从而回归古典建筑的精神。他们典型的构图手法之一，是借鉴三十年代以特拉尼为代表的意大利"理性主义"，立面采用大量重复的正方形窗。这也是他们被称作"新理性主义"的部分原因。罗西尤其关注古典建筑的精神本质，以及它在现代建筑中的延续。卢斯与法国建筑师布雷（Étienne-Louis Boullée）的作品，都对罗西产生过深刻影响。

　　罗西建筑哲学的出发点，是他于1966年出版的理论著作《城市的建筑》。他抨击了工业化初期和"功能主义"设计造成的破坏力。他认为，建筑师应当回归包含历史积淀的城市肌理和建筑类型，建筑应当简化为最基本的几何体。功能主义者强调特定的使用需求导致特定的建筑形式，作为理性主义者的罗西倡导具有普遍意义的"类型"。他认为，最简单的形体可以最灵活地适用于多种功能需求。

　　罗西痴迷于完整的形式，试图以最简单的建筑形式来表现独特的诗意。罗西留下的大量草图中，记录了海滩小屋（三角形屋顶）、谷仓、灯塔和其他乡土建筑。古代与当代文化的片段组合，使他的作品往往带有意大利画家基里科（Giorgio de Chirico）的名作《广场》的超现实主义氛围。

　　加拉拉泰公寓，地处米兰市郊的一片居住区内。它表面上是一个连续的体块，其实是由一条窄缝分成的两个部分。建筑首层全部架空，东南方向一侧是密密的柱廊。西北方向即入口一侧，是同样密密排列的混凝土墙，每隔一定间距由楼梯和电梯组成的交通核取代一部分混凝土墙。两个体块的交界处，有四根直径1.8米的圆柱。

　　公寓单元本身的设计非常传统，沿着开敞的单面走廊一字排列，类似伦巴第地区常见的住宅形式。罗西利用大量重复的柱廊和方窗，创造了一个容纳日常生活的框架。看到使用者陆续入住，罗西满怀深情地这样描述自己的感受："第一批打开的窗子和晾出的衣服，正是小心翼翼展示的生活印记。我相信，这些承载着日常生活的巨大柱廊和长长的走廊，会吸引人们关注这座庞大的建筑如何产生——在米兰的河道或者伦巴第地区的任何一条运河沿岸，都可以找到它的历史根源。"

图1 东南立面　　　图2 西北立面　　　图3 三层平面　　　图4 二层平面　　　图5 首层平面　　　　　　　　　163

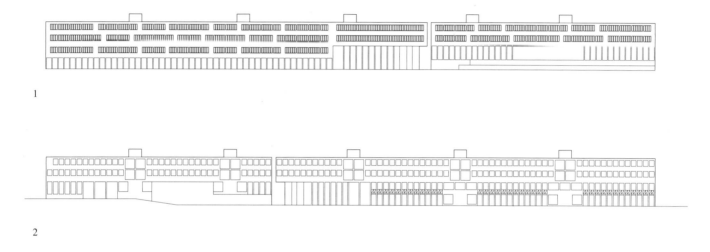

1

2

3

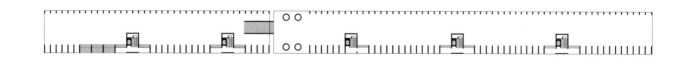

4

5

比希尔保险公司办公楼 Centraal Beheer Insurance Building

赫尔曼·赫茨伯格（Herman Hertzberger，1932~）

荷兰，阿帕多恩，1967,1970~1972 Apeldoorn，The Netherlands

在代尔夫特理工大学，赫尔曼·赫茨伯格深受他的老师凡·艾克的影响。赫茨伯格提出了一种"多价形式"（Polyvalent）的理论，强调使用者在一座建筑"完成"过程中的重要角色。在六十年代的荷兰，使用者参与是建筑界的核心问题。1961年出版的《支撑体：集合住宅的替代物》一书中，建筑师哈布瑞肯（John Habraken）提出了非常激进的观点——建筑只需主体框架，其余部分都由使用者按照自己的意愿完成。

赫茨伯格并不赞同把建筑师的职能降低到这种程度，但他和哈布瑞肯在某些方面意见相同。他认为，建筑师不应当事无巨细地依照任务书塑造周密限定的空间，而应当提供一个相对中性的空间，由使用者来演绎和完善。如他所言："问题的核心，是空间与使用者之间的互动。两者应当相互激发，相互促进。"

比希尔保险公司办公楼，是赫茨伯格第一次把他的构想大尺度地付诸实践。这是一座需要容纳1000名员工的办公楼。和凡·艾克设计的"阿姆斯特丹市立孤儿院"相仿，它的平面布局也借鉴了古代中东地区的城堡，采用大量重复的正方形单元的组合。类似路易·康的"理查德医学研究中心"，柱子不在正方形的角部，而是在各边中心附近的位置。除了停车库之外的四层办公空间，像是一个复杂的迷宫。每层的共享空间，把建筑有效划分为四个区域，让室内空间变得清晰实用。职员们布置的盆栽植物、海报或其他个人物品，给各自的工作区带来丰富的趣味。

与通常的公司总部大楼不同，这座建筑没有醒目的入口，内部空间也没有鲜明的层级划分。在许多评论家眼中，空间缺乏必要的标识性是严重的功能缺陷。然而赫茨伯格认为，这恰恰是对抗企业威权的手段。员工们可以轻松自由地进出建筑，免受"环形监狱"一样的严密监控。出于同样的理由，赫茨伯格采用了最受人轻视的现代材料——混凝土砌块。材料自身的朴实，鼓励使用者们放手去装饰各自身边的空间。它不会像某些高贵的材料，让人不敢贸然触摸。

在二十一世纪初重新评价这座建筑，可以感受到它鲜明的"荷兰"特征以及上世纪六十年代的时代印记。它和赖特的"拉金公司办公大楼"、福斯特的"威利斯、费伯与仲马总部大楼"一样，大胆突破了当时的成规定式，从新的角度思考办公建筑的可能性。在二十世纪末，西方世界里大企业的力量不断增长，与此同时个人化的形式受到压制。这件作品所代表的办公模式和建筑形式，变得难以推广。

图1 剖面　　　图2 首层平面　　　　　　　　　　　　　　　　　　　　　165

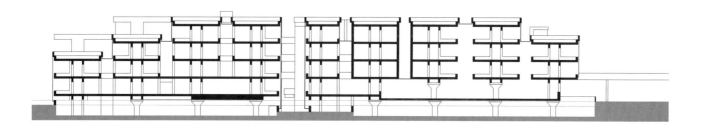

1

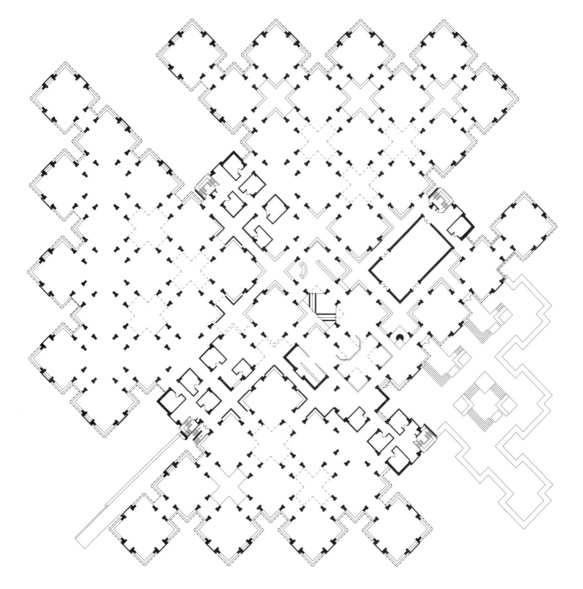

2

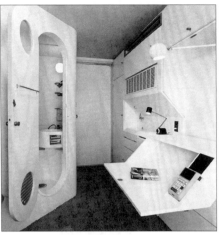

中银胶囊大厦 Nagakin Capsule Tower

黑川纪章（Kisho Kurokawa，1934~2007）

日本，东京，1970~1972 Tokyo，Japan

黑川纪章是日本新锐建筑师组织"新陈代谢派"的创立者之一。"新陈代谢派"认为，新的建筑与城市应当充分利用新的结构和通讯技术，成为有机体一样的开放式系统，而不再是传统的结构。六十年代与七十年代初期，类似的思想同样席卷欧洲建筑界。英国的"建筑电讯派"（Archigram）和法国的弗里德曼（Yona Friedman），提出了前卫的未来城市构想。荷兰的"结构主义"派的哈布瑞肯与赫茨伯格，进行了相对温和的实践。对于"新陈代谢派"而言，它尤其适合日本的国情。城市中的旧建筑大多为木结构，频繁地被地震和火灾等自然灾害损毁。正如黑川纪章所言："对于可见现实的怀疑、对于永恒的质疑"，是日本传统文化的重要内涵之一。

日本的许多地区四季分明，造就了日本人对自然界丰富变化的独特观念。"新陈代谢派"强调建筑、城市与自然环境的亲缘关系，提出在城市中建造灵活的"临时性"建筑，以匹配自然界周而复始的变化。黑川纪章的早期作品，包括1961年类似DNA结构的"螺旋城市"方案和1962年的"悬浮城市"方案。

"新陈代谢派"的宏伟蓝图始终停留在纸面上，但六十年代末黑川纪章获得一些机会在较小的尺度把他的构想付诸实施。1970年大阪世界博览会上的实验性展馆，钢管组成树枝一样可延展的结构。其后的东京中银胶囊大厦，是世界上第一座投入实际使用的"预制-装配"式建筑。类似的装配式建筑构想，早在四十年代就已出现，例如美国设计师富勒（Buckminster Fuller）设计的装配式卫生间。

中银胶囊大厦，由两座分别为9层和13层的高塔组成，共计140个预制模块（"胶囊"）。每个模块尺寸为长3.8米、宽2.1米、高2.3米，作为居住或办公空间。理论上，多个相邻模块可以组合供人数较多的家庭使用。但实际使用中，主要供单身人士独居。预期会具有高度"灵活性"的建筑，往往在多年使用过程中，格局毫无变化，这样的例子屡见不鲜。

两座塔楼的核心筒（包含楼梯、电梯与设备间），由钢框架、预制混凝土板和现浇混凝土结合的现场施工。"胶囊"单元由轻钢骨架结合抛光钢板饰面构成，它的结构、内饰与设备全部在工厂安装完成，然后运到工地现场。每个胶囊以四个高强度螺栓，悬挑固定在混凝土的主干上。未来如果摘除某个胶囊，并不会影响其他单元。

图1 标准层平面局部　图2 七层平面　　图3 首层平面　　图4 立面　　　　　　　　　　　167

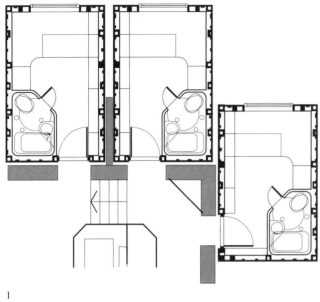

1

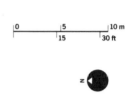

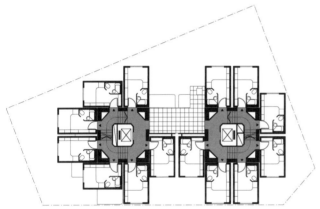

2

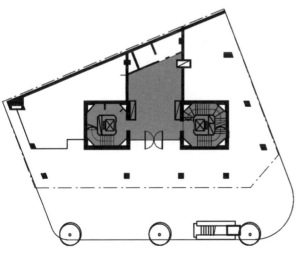

3

4

威利斯、费伯与仲马总部大楼 Willis, Faber & Dumas Headquarters

诺曼·福斯特（Norman Foster，1935~）

英格兰，伊普斯威奇，1971~1975 Ipswich，England

铸铁框架与玻璃幕墙技术的成熟，是现代建筑史上至关重要的技术环节。玻璃有时透明得空无一物，有时像镜子一般反射周围环境。从布鲁诺·陶特到密斯，许许多多建筑师被玻璃的这些浪漫多变的"天性"所吸引，不懈地探索玻璃建筑的各种形式。

1849年，在巴黎发表的一篇文章中，预言了玻璃建筑的神奇效果："白天光线照进去，夜晚光线照出来。"大约七十年后的1922年，密斯发表了著名的"玻璃摩天楼"方案。建筑的平面轮廓是像变形虫一样的自由曲线，因此玻璃幕墙的反射效果会变得更加丰富迷幻。1975年，这些构想在福斯特为一家保险代理商设计的总部大楼化为现实。

建筑用地位于一片历史保护区，周边是中世纪留下的街区肌理，并且毗邻一座两百多年历史的教堂。建筑的平面轮廓像平底锅里的一片煎饼，就是把不规则的用地轮廓向内略微缩小而已。只有三层高的新建筑，与周边古建筑的尺度相协调。平面布局和赖特的"拉金公司办公大楼"类似，进深极大，内部有宽敞的中庭。建筑各层之间都有自动扶梯联系，空间格局酷似大型商场。设在首层的游泳池和屋顶的花园和餐厅，让整座建筑如同一个富有凝聚力的"社区"。

结构采用14米见方的柱网，平面边缘的楼板略微出挑，使玻璃幕墙保持完全的连续圆滑。平尔金顿公司（Pilkington）研制的玻璃幕墙，是这项技术当时的最高水平。没有边框的玻璃，不是像许多建筑那样由下方的楼板支撑，而是吊挂在上方的边梁上。从这种角度看，它是像窗帘一样不折不扣的"幕墙"。白天，建筑的外立面正如密斯所畅想的那样，万花筒一般反射着周边的环境。夜间，玻璃被室内金色的灯光照亮，向外界发射出"神奇的光辉"。

随着七十年代的石油危机，能耗成为建筑设计的一个关键因素。这座办公楼超大的进深、有效的屋顶保温措施，都具有一定的前瞻性。它的架空地板，预见到了数年后建筑需要容纳爆发性增长的电子设备。凭借多方面的创新，这座福斯特早期的代表作之一，成为办公建筑发展上里程碑式的杰作。

图1 二层平面	图2 屋顶平面	图3 首层平面		图4 剖面	图5 总平面
1) 自动扶梯	1) 屋顶花园	1) 入口	12) 商店		
2) 货梯	2) 冷却塔	2) 接待	13) 计算机		
3) 电梯	3) 环状步道	3) 自动扶梯	14) 电传室		
4) 设备机房	4) 冷库	4) 咖啡厅	15) 复印室		
5) 储藏室	5) 卫生间	5) 游泳池	16) 空调机房		
6) 卫生间	6) 设备机房	6) 更衣间	17) 发电机房		
	7) 厨房	7) 健身房	18) 卸货区		
	8) 服务	8) 托儿所	19) 设备机房		
	9) 咖啡厅	9) 卫生间	20) 通讯机房		
	10) 餐厅	10) 数据处理			
	11) 洗碗间	11) 工程师办公室			

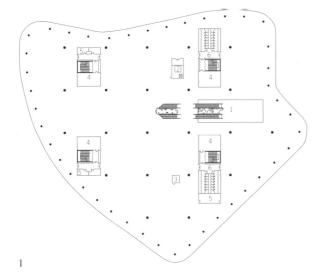

1

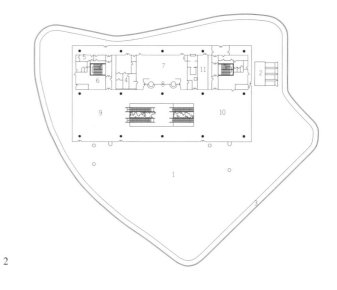

2

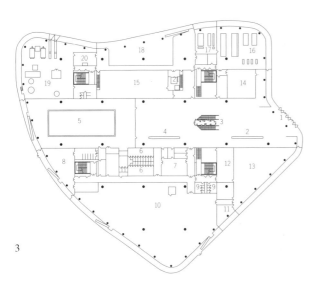

3

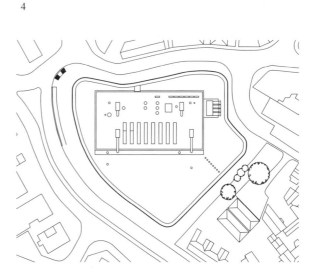

4

0　10　20 m
30　60 ft

5

蓬皮杜中心 Pompidou Centre

理查德·罗杰斯（Richard Rogers，1933~ ）；伦佐·皮亚诺（Renzo Piano， 1937~ ）

法国，巴黎，1971~1977 Paris，France

　　二十世纪六十年代中期，法国政府酝酿在巴黎市中心建造一座国家级的文化建筑。它最初的功能定位是公共图书馆。随着1968年学潮骚乱的平息和乔治·蓬皮杜（Georges Pompidou）当选法国总统，这一项目扩充为现代艺术的综合体，包括图书馆、博物馆、工业设计中心，以及为前卫作曲家兼指挥家布列兹（Pierre Boulez）量身定做的音乐、声学研究中心。在1970年举行的国际设计竞赛中，英国建筑师理查德·罗杰斯和意大利建筑师伦佐·皮亚诺合作的方案赢得头奖。

　　为蓬皮杜中心选定的地段，从三十年代起就已清理成空地，后来一直被巨大的食品市场占据。中标方案的首要特征，是建筑只占用了地块的将近一半，另一半用作公众活动的广场。考虑到其首层架空，相当于整个用地都变成了公共活动空间。建筑本身是一个自由灵活、方便各种功能使用的外壳。朝向街道和新广场的两个纵向外立面，将设置巨大的信息屏幕。

　　类似的建筑构想在欧洲建筑界渊源久远。最直接影响蓬皮杜中心的，是英国的"建筑电讯"（Archigram）和普莱斯（Cedric Price）提出的许多探索性方案。继续追溯到1932年，在德国建筑师尼茨克（Oscar Nitschke）未建成的住宅方案中，钢构架的立面上布满了广告板。更早的根源，则是二十年代俄国的前卫建筑畅想。

　　可想而知，如此大胆的设计方案在实施过程中不免做出妥协。例如，可上下移动的楼板被首先剔除，交互式信息屏的立面也无法实现。取而代之的，是临街道一侧树立着色彩艳丽的设备管道；临广场一侧，是巨大的玻璃圆筒自动扶梯。由于建筑总高度需要降低，首层架空的构想也同样被取消。

　　在最终的实施方案中，建筑的地上共六层，每一层内部都是跨度48米的大空间，由巨大的钢管桁架梁支撑楼板。它的尺度更像是工程设施而非建筑。结构设计的特征之一，是铸铁的"格贝尔柱头"。这种梭子状的构件套在圆柱上，向室内和室外一侧分别伸出悬臂梁。这种结构体系得名于十九世纪的德国工程师格贝尔（Heinrich Gerber），是他专为建造桥梁所设计的。

　　落成之日，蓬皮杜中心造成了轰动效应。四十年来，它吸引了来自世界各地的游客，参观者数量超过巴黎的许多名胜古迹。然而，在使用过程中也暴露出显著的问题。巨大的开敞空间，令许多艺术展览难以应对。最终，意大利女建筑师盖·奥伦蒂（Gae Aulenti）受邀重新进行室内设计，把一览无余的大空间划分成较传统的布局。此外，极度夸张的暴露结构和设备管道，是否与它文化中心的角色匹配，有关的争议始终没有平息。

图1 横剖面　　　图2 三层平面　　　图3 六层平面　　　图4 屋顶平面　　　　　　　　171

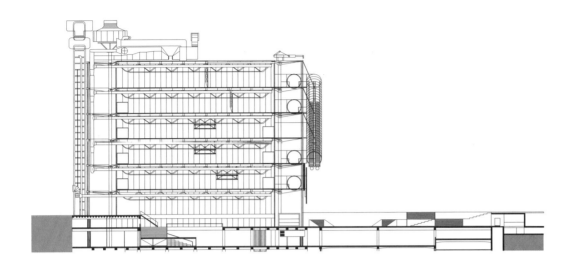

1

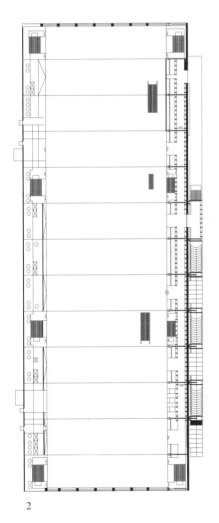

2

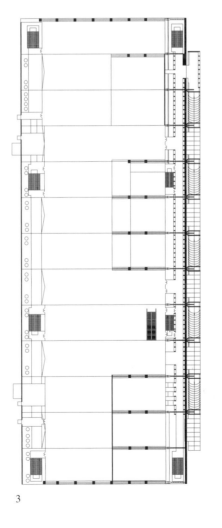

3

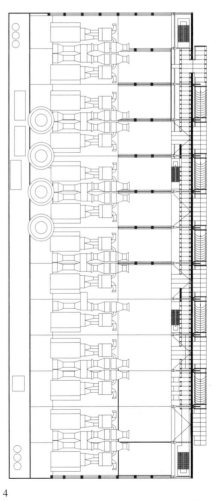

4

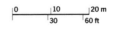

圣维塔莱河住宅 House at Riva San Vitale

马里奥·博塔（Mario Botta，1943~ ）

瑞士，提契诺，1972—1973 Ticino，Switzerland

博塔从少年时代就十分喜爱建筑。在他21岁进入威尼斯建筑学院之前，已经有独立完成的作品建成。大学期间，他深受斯卡帕的影响。毕业后，曾先后在柯布西耶和路易·康的事务所工作。这座位于卢加诺湖畔的住宅，显示出博塔已经把来自各方的影响融会贯通，形成了自己独特的建筑语言。

1971年建于卡德纳佐（Cadenazzo）的另一座坡地住宅，博塔采用了长条形的体量，主要材料为混凝土砌块。外立面上巨大的空洞或窗子，成为室内外环境交融的界面。独特的圆形窗子，很可能脱胎于路易·康的"废墟包裹着建筑"的概念。这种醒目的圆窗，成为博塔日后许多作品中常见的母题。

圣维塔莱河住宅，坐落在俯瞰卢加诺湖的一面陡坡下方。通过一座新建的桥从最顶层进入住宅，似乎带有一点军事防御的气息。博塔在作为建筑外轮廓的长方体中充分施以"减法"，建筑的各面经过挖空处理后，只余下大约一半体积是室内空间。透过玻璃窗和外墙上极具构图感的空洞，从建筑四边的方向，都可以饱览周边的湖光山色。

在轮廓为正方形的平面里，博塔以极其简洁的几何形式塑造出变化丰富的空间。平面中央是一个正方形的楼梯间，但它并不在平面严格的几何中心，而是沿着对角线略微偏向西北角，以此巧妙地划分出西北角面积较小的辅

助空间和东南角宽敞的起居室以及室外露台。博塔的构图技巧，主要体现在三维的空间变化，而不是像现代主义常用的平面内构图。他所追求的，是对完整的实体做切削或挖空处理，其效果接近原始的居住形式——洞穴。

材料和色彩的选择，非常简洁朴实。墙体采用浅灰色的混凝土砌块，朝向室外一侧保持其自然本色，墙体的室内一侧刷白色涂料。窗框是朴素的黑色钢框。入口的桥由红色钢管构成。室内的钢质楼梯和桥一样，当有人走过时会轻微颤动。钢质的桥与楼梯一道，和墙身的砌体结构形成强烈视觉对比，一方是轻盈与颤动，另一方是厚重与稳固。博塔处理材料和质感的处理手法，和意大利六七十年代兴起的艺术流派——"贫穷的艺术"（Arte Povera）有诸多共通之处。利用精准的设计与施工，可以使"卑微"的材料焕发神奇。

图1 入口层平面　　　图2 东南立面　　　图3 三层平面　　　图4 二层平面　　　图5 剖面　　　图6 首层平面　　173

1

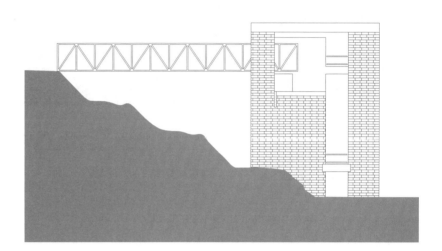

2

3

4

5

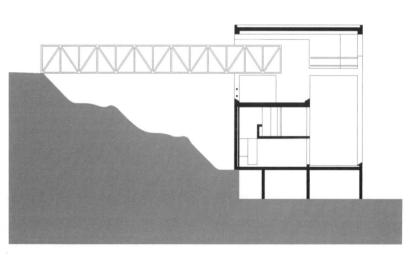

6

门兴格拉德巴赫博物馆 Mönchengladbach Museum

汉斯·霍莱因（Hans Hollein，1934~）

德国，门兴格拉德巴赫，1972~1982 Mönchengladbach，Germany

奥地利建筑师汉斯·霍莱因，年轻时以前卫大胆的构想在设计界崭露头角。例如，他曾于六十年代创作了一系列拼贴照片，描绘一艘航空母舰像巨型建筑那样搁浅在原野上，此外，他还设计了维也纳几座新颖的商店立面和室内。他最早的成名作，是1964年建成的一间狭小的蜡烛店。铝板的外立面上，钥匙孔一样精巧的入口两侧，橱窗像鱼罐头揭开部分铁皮盖之后露出的孔洞。

即便是这座博物馆建成后，仍有评论界的声音质疑霍莱因的设计哲学何在。前卫的思想姿态和对波普艺术的热爱，使他拒绝传统意识中建筑应有的纪念性气质。他试图挑战公共建筑长久以来的固定形象。他认为，一座博物馆不必具有统一的总体秩序，它可以是一些独立的建筑的集合，模仿微缩版的城市、大地景观或废墟。

博物馆展厅的室内，基本保持着一致性。统一的白色内饰，适应当时现代艺术布展的需求。然而其他区域的空间变化依旧丰富。霍莱因从不放过任何一个机会，制造空间的惊喜。例如，从向外突出的咖啡厅和以红色、蓝色为基调的圆筒形小报告厅。

主要展厅的平面都是正方形，相邻的四个展厅组合成"田"字形，便于工作人员在展厅交汇处查看。霍莱因对室内空间采用了类似室外景观的松散布局。容纳管理办公空间的塔楼高高耸起，充当微缩城市里的地标，主入口是一个长方体玻璃盒子，如同雅典卫城山门旁的无翼胜利女神神庙，俯瞰着下面的景观。主入口的平台衔接旁边的一条道路，再通过一条步行商业街和城市相连。

光环境和空间形态一样极具多样性。主要展厅采用锯齿状的北向天窗，天窗方向与建筑轴网成45°夹角。正方形的临时展厅里，霓虹灯管在天花板上呈方格网布置。在其他空间里，霍莱因以各种新颖手法布置荧光灯管和射灯。最终的效果，不仅为展品提供了适宜的照明，并且强化了室内空间的特定氛围，塑造出凡·艾克所描述的"一群场所"。

霍莱因刻意回避建筑界成熟的形式和当时流行的手法，也不愿让博物馆成为城市中富有纪念性的公共形象。对于许多人而言，他的建筑语言中过于鲜明的文学和视觉隐喻，带有后现代建筑的色彩。在二十一世纪初，当"建筑氛围"成为热烈探讨的话题时，有必要重新评价霍莱因建筑作品的深刻内涵。

图1 南立面   图2 南北方向剖面   图3 街道标高层平面   图4 平台标高层平面   175

1

2

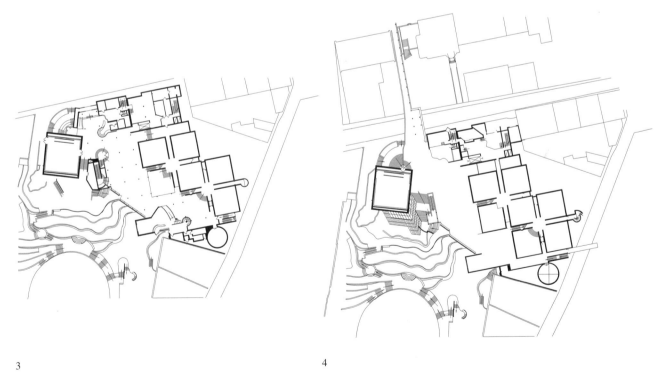

3   4

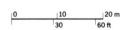

丽丝住宅 Can Lis

约恩·伍重（Jørn Utzon，1918~2008）

西班牙，巴利阿里群岛，马略卡岛，1973 Majorca，Spain

这座以伍重妻子的名字来命名的住宅，位于一条狭窄的道路和一面20多米高的悬崖之间，悬崖下就是碧蓝的地中海。这一组围合庭院式的小建筑，形式带有明显的古典气息，正如伍重自己描述的那样："异常清晰的形式，根据周边环境加以调整。"

伍重意识到，他要在此实现幽深而具有庇护感的空间。古希腊建筑中名为"墨伽翁"（Megaron）的长条形大殿，曾是柯布西耶借鉴的对象。丽丝住宅的房间，除了位于柱子后面的厨房与餐厅，都采用类似"墨伽翁"的口袋形平面布局，只在临海的短边墙上有窗。石墙围成的窗洞如此之深，以至于形成了一个个很小的房间。

深邃的窗洞庄重安详地望向大海，与之形成鲜明对比的是临道路一侧的立面。它是一长条凹凸曲折的实墙，看上去和马略卡岛上已有的民居没有什么区别。屋顶覆盖的门廊下，一条瓷砖砌成的长椅，既具实际功能也是象征性的欢迎姿态。穿过质朴的木门，面前的石墙上是一个新月形洞口，呼应旁边道路的名字："新月"，透过它，在进入住宅后第一次看到海面。右边是一片带柱廊的长方形庭院。走进露天庭院，再走下两步台阶，前方就是一望无际的地中海。从门廊左转，进入另一个与起居室连通的小庭院，几扇木门遮挡着起居室里你预想不到的惊奇。

起居室的进深和高度相仿，室内一根孤立的柱子，把空间划分成方形的活动空间和"L"形的走廊。在方形空间的中心位置，是三个大小不一的扇形桌子。它们和半圆环状的沙发，都是与地面相同的砂岩砌成，采用白色与蓝色相间的瓷砖贴面。沙发上有雪白的靠垫，全家人可围坐在一起，欣赏壮美的海景。前方石墙围成的落地窗洞口，平面和剖面都是内宽外窄的梯形，构成几个典雅的景框，把人的视线引向海天相会的远方。

坐在起居室里，一种置身于洞穴中的感觉油然而生。下午的阳光，透过西面墙上一扇简朴的高窗射到地面上，开始了一天当中最精彩的光影戏剧。几分钟后，一条斜的光带出现在质感沧桑的石墙上，并且缓慢地移动着。大约半小时后，光带消失了。高大的起居室里，只留下一团橙红色的光晕，静静地等待傍晚来临。

伍重把他在马略卡岛建造的第二座住宅"费里兹"（Can Feliz）称为自然奇景中的"家居的圣坛"。这种描述同样适用于丽丝住宅。伍重对壮丽的自然界和古代文明的建筑原型，都怀有宗教虔诚般的热爱。这两股灵感的源泉汇聚于一处，催生了二十世纪最具地中海气息的现代住宅。

图1 南立面

1

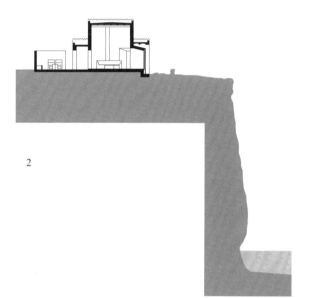

2

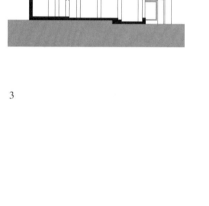

3

图2 剖面（穿过起居室）

图3 剖面（穿过庭院）

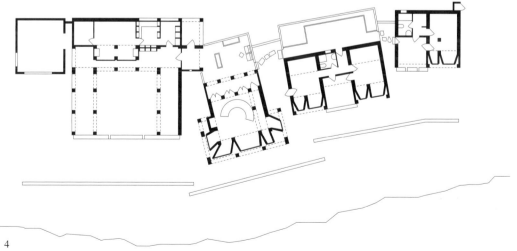

4

图4 平面

群马县现代艺术博物馆 Gunma Museum of Modern Art

矶崎新（Arata isozaki，1931~）

日本，群马县，1971~1974 Gunma Prefecture，Japan

距离东京不远的群马县，被视为日本东部文化的发祥地，那里有著名的埴轮陶器遗址和大约8000座古代坟墓。现代艺术博物馆，位于高崎市郊的一座公园内。公园用地原先是一片军火库。1968年，为纪念明治天皇登基一百周年而改造为公园。

博物馆的设计过程，就像矶崎新的职业生涯一样，分成几个起伏跌宕的阶段。他最初的方案，是一组土丘状的景观围绕着半下沉式的建筑，显然是隐喻当地的古代聚落。后来的方案改为一组平面如阶梯状的立方体组合，颇似丹麦的"路易斯安娜博物馆"。事实上，"路易斯安娜博物馆"恰恰借鉴了日本传统建筑的平面布局。

由于政府对整个公园规划的调整，博物馆原先的用地大为缩减，因此矶崎新提出了更紧凑的方案。他自己更早些的作品，如1970年大阪世界博览会"节日广场"和1971年建成的福冈银行，更多地体现抽象的现代主义而不是环境特征。博物馆的最终方案又回归了这一思路。矶崎新非常欣赏意大利前卫建筑事务所"超级工作室"（Superstudio）常用的网格化表面，以及最简主义艺术家勒维特（Sol LeWitt）的模块化雕塑。矶崎新认为，他可以借鉴这些极度抽象的艺术形式，把自己以前作品中的现代主义向前推进一步。他的新作品将体现纯粹的理性思维，削弱建筑的实物感和重量感。

现代艺术博物馆采用大量重复的立方体模数单元，以消除水平和竖直方向的差异。混凝土的柱与梁，都是正方形截面——尽管在结构方面很不合理。透明或者反光的材质，将加强体形的抽象感，尽可能消除重量感。由于大面积玻璃不适合艺术品展览，因此矶崎新采用抛光铝板。在室外水池上方，一个完全由铝板包裹的架空体块，产生了类似"漂浮"的效果。

在矶崎新看来，铝板材质的立方体模块，可以构成艺术品的"镜框"，使博物馆自身及其展品都脱离周围的环境。矶崎新努力实现一种形式与材质都呈"中性"的建筑，以此表达二十世纪博物馆建筑的新概念。越来越多的艺术品变成一种可随意运输与购买的商品，脱离具体的环境，在位于任何地方的"白盒子"里安家落户，这正是"中性"的博物馆建筑的深层文化背景。

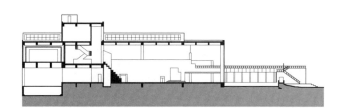

图1 剖面（穿过入口）

1

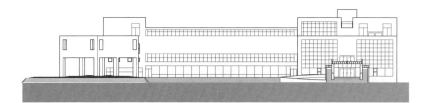

图2 南立面

2

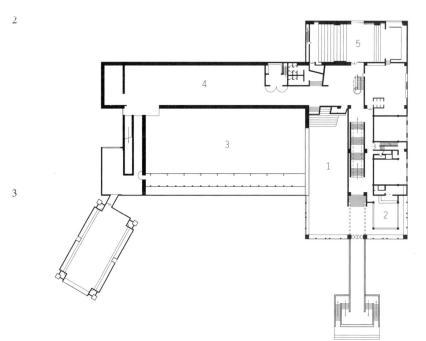

图3 二层平面

1）入口门厅上空
2）咖啡厅
3）展厅上空
4）展厅
5）报告厅

3

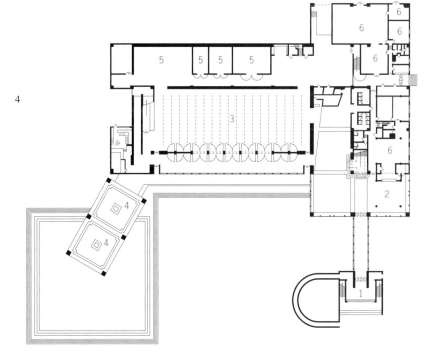

图4 首层平面

1）入口
2）接待
3）临时储存区
4）架空
5）储藏
6）会议室及办公室

4

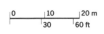

住宅六号 House VI

彼得·艾森曼（Peter Eisenman，1932~）

美国，康涅狄格州，康沃尔，1975 Cornwall，Connecticut，USA

艾森曼被誉为"纽约五人"（New York Five）中最具原创性的一位。他执着于从现代主义早期的抽象语言中，升华出激进的新建筑形式。住宅六号，就像它简洁的名字所暗示的那样，是探索空间关系的住宅系列当中的一个。艾森曼尤其崇拜荷兰风格派的"水平指向空间"，以及柯布西耶的早期住宅（如"加尔舍住宅"、"萨伏伊别墅"等）和特拉尼的"法西斯党总部大楼"中采用的板片形式。

住宅系列中的一至四号，都是白色方盒子的变形，通过对板片和柱网这些所谓的"形式的条件"加以错动或旋转，产生复杂的结构，从中发现可居住的空间。他解释道："具备这种逻辑的空间结构，其目的不是成为乡间住宅的文化象征，而是在它的社会环境里保持中性。"和同时期的最简主义艺术家勒维特（Sol LeWitt）和贾德（Donald Judd）的雕塑一样，艾森曼的住宅表现出内聚和封闭，它们的形式和所处环境没有关系。

然而艾森曼认为自己的这些早期住宅，仍过多地受常见住宅文化背景的限制。当摄影家迪克·弗兰克和妻子苏珊·弗兰克（建筑史学家）委托他设计一座度假别墅时，他希望以住宅六号颠覆建筑的某些常规前提。艾森曼再次使用"图示的变形"，但这座住宅不再只是变形的产物，而是生动记录了变形的过程。实体、空洞、柱子和楼板，不再是静态的构图，而是促使人在头脑中对其"重构"，质疑这些构件的常规"含义"。室内充满了水平或竖向的裂缝，某些裂缝填以玻璃，某些索性敞开。它们暗示着真实的住宅中还存在一栋"虚拟"的、没有柱子和梁的住宅。一个绿色的"真实"楼梯，供日常使用，而一个根本无法触及的红色楼梯悬在天花板上，它显然属于那个"虚拟"的住宅。

苏珊·弗兰克形容"卧室里看到的裂缝、柱子和梁，就像万花筒里摇晃着的玻璃片"。即便只是作为度假别墅，它仍显示出诸多使用不便。例如，餐厅中央一根孤立的柱子，让人们交谈很不方便。厨房操作台异常高，厨艺精湛的男主人对此颇有微词。客人必须穿过主卧室才能到达卫生间，而主卧室地板中央的一道裂缝，使主人夫妇必须分床而眠——这也是"住宅六号"最著名的特征。1988年，弗兰克夫妇对已经漏雨的住宅进行了改造，显然他们也不愿继续在卧室里分床而眠。艾森曼宣称，这座住宅的前卫特征将就此消失，然而他最终也不得不接受自己作品的新命运。

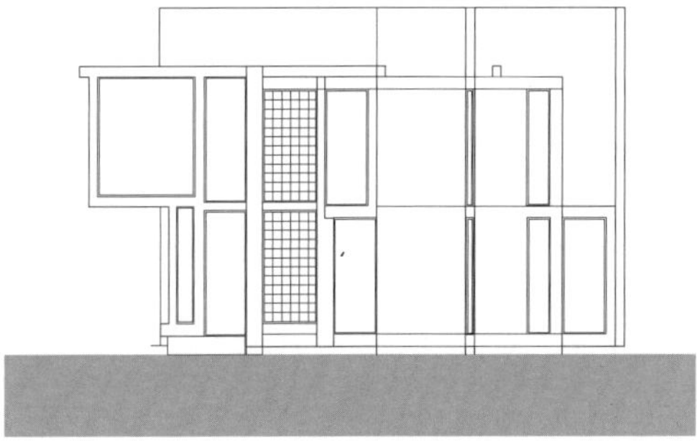

图1 南立面

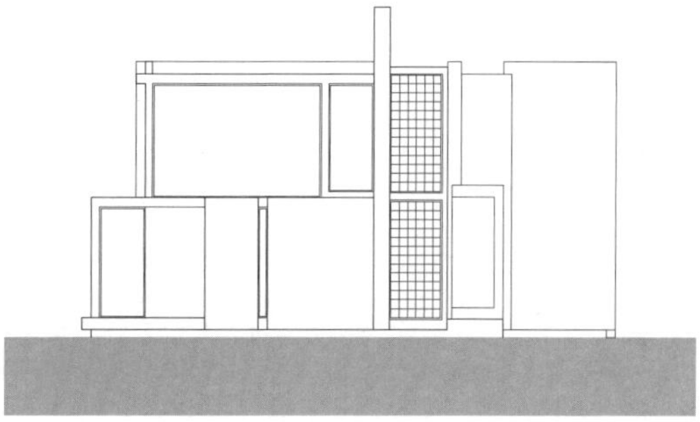

图2 西立面

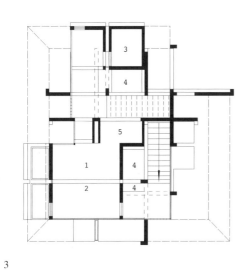

1

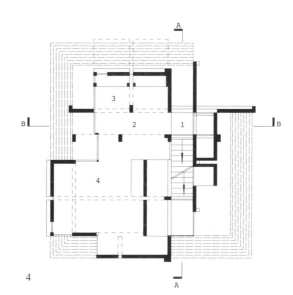

3

图3 二层平面

1）卧室

2）地板裂缝

3）卫生间

4）上空

5）橱柜

图4 首层平面

1）入口

2）餐厅

3）厨房

4）起居室

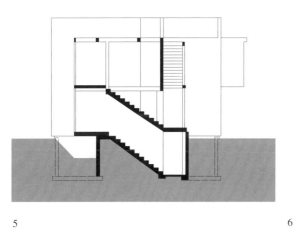

3

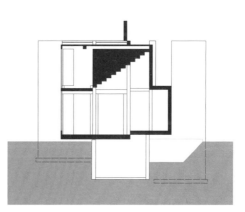

4

图5 A–A剖面

图6 B–B剖面

5

6

新和谐镇游客中心 Atheneum

理查德·迈耶（Richard Meier，1934~）

美国，印第安纳州，新和谐镇，1975~1979 New Harmony，Indiana，USA

在"纽约五人"当中，迈耶选择了最稳健同时在商业角度最成功的道路。他从自己所钟爱的柯布西耶的作品出发，建立起一套独特的形式语言。在新和谐镇的游客中心，迈耶把自己标志性的"白派建筑"发挥得淋漓尽致。

1825年，来自威尔士的实业家罗伯特·欧文（Robert Owen）在印第安纳州南部的新和谐镇购买了30000英亩土地。面对工业化产生的日益严重的社会矛盾，他希望在这里实践自己的社会主义乌托邦蓝图。欧文参照了法国思想家傅里叶（Charles Fourier）的构想，计划建造一片庞大的社区建筑，最终它只是局部建成。欧文还延请教师、知识分子加入他的理想社区，对当地的文化生活产生了重大影响。自二十世纪六十年代起，新和谐镇重新吸引了社会关注。尤其是这座游客中心建成后，每年都有大批参观者到访。

这座建筑位于小镇边缘的一片缓坡上。对建筑的朝向与结构轴网，首要的影响是小镇街道的方格网，建筑的结构轴网与之平行。此外的影响因素是一条与街道网格成5°夹角的道路。游客乘船到达后，从河岸边沿着这条道路，先进入游客中心参观，然后继续沿路前往新和谐镇。

从河边远望，首先吸引你的是建筑入口上方一片巨大的白色墙面。在平面上，它与那条道路成45°。和"萨伏伊别墅"类似，平面的交通核心是一条坡道。主要功能空间——培训、展览、休息厅和电影放映厅等，围绕顶部有天窗的坡道展开。坡道在二层的一段旋转5°，垂直于那条道路的轴线。

从位于三层的展厅，可以透过室内的洞口回望刚才经过的空间。站在屋顶平台上，四周的景色尽览无余。位置最高的一片三角形平台，像尖尖的船头，指向新和谐镇的主要建筑，包括修复的木屋、制陶工房、菲利普·约翰逊（Philp Johnson）设计的没有屋顶的教堂、纪念神学家蒂利希（Paul Tillich）的花园。从三角形平台，通过楼梯和一条笔直的室外坡道向下，经过旁边的餐厅和室外剧场，就可以到达参观的最终目的地——新和谐镇。

这座规模不大的游客中心，或许是迈耶作品中最复杂的一个。这里不乏如画的巧妙构图，但缺乏柯布西耶作品中的空间力量感。在此迈耶展示了他精湛的三维构图手法，同时也遭到某些评论家的抨击，认为它本质上是形式主义的游戏，过多的"建筑"手法与其功能和环境并不匹配。在日后承接的规模更大的建筑项目中，迈耶擅长的轴网错动和白色板片也时常显得做作和夸张。

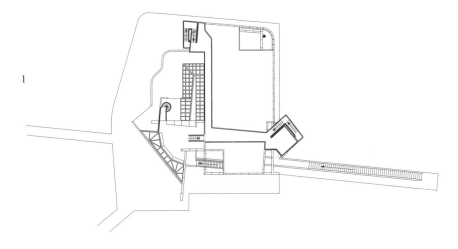

1

2

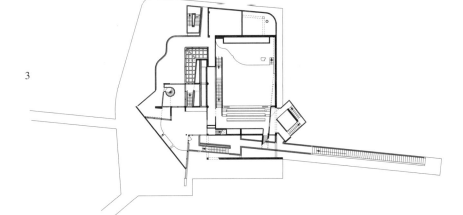

3

4

图1 屋顶平面

图2 横剖面

5

图3 三层平面

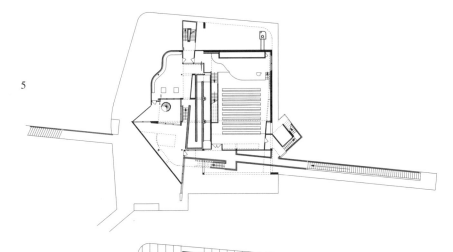

图4 纵剖面

图5 二层平面

图6 首层平面

6

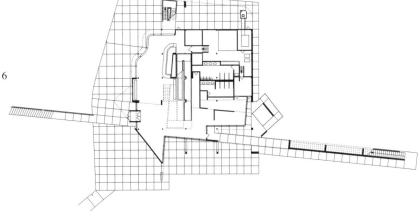

0 5 10 m
15 30 ft

斯图加特美术馆新馆 Staatsgalerie

詹姆斯·斯特林（James Stirling，1926~1992）；迈克尔·威尔福德（Michael Wilford，1938~）

德国，斯图加特，1977~1983 Stuttgart，Germany

　　继"莱斯特大学工程系系馆"之后，斯特林越来越关注对于传统城市的解构。1970年，在未建成的"德比市民中心"项目中，他设计了半圆形的拱廊和类似立体主义拼贴手法的立面。七年之后，在罗马城市改造的畅想性提案中，斯特林在这座"永恒之城"里放置了多个自己的未建成方案。尽管略带戏谑的意味，但斯特林借此严肃地提出了自己的观点：城市并不需要面貌一致的"综合开发"，城市建筑应当具有多样性的片段，适应各自的文脉环境。1978年，他的老师科林·罗尔（Colin Rowe）与寇特尔（Fred Koetter）合著的《拼贴城市》（Collage City）一书出版，书中的理论强有力地支持了斯特林的观点。1977年，斯特林赢得斯图加特美术馆扩建的竞赛，是一个绝好的机会让他把自己的理论付诸实施。

　　美术馆新馆的用地，位于两条道路间的一面陡坡，其中地势较低的道路是多车道的高速公路。任务书要求保留一条穿过地段的步行道，这个貌似棘手的限制条件，却成为斯特林设计的亮点之一。新建的展厅总体布局呈"U"形，呼应老馆原有的新古典风格的展厅。剧场位于东侧，图书馆和办公室位于北侧，与周边建筑的尺度匹配。

　　整个建筑的平面构图中心，是一个圆形露天庭院，最初的设计中有攀援植物逐渐覆盖它周围的石墙。这里似乎是一片曾被穹顶覆盖的"废墟"遗迹，其主要功能是展厅之间的室外休息空间，同时也构成整个参观流线中重要的一环。一条坡道沿着圆周的一半盘旋而下，从圆弧坡道尽端顺一段直线坡道向前，来到车库上方的平台，然后通过另一条直线坡道到达下面的平台。斯特林大胆地延续了他"拼贴罗马"的构想，不同的构图元素基于各自的文脉、使用功能或暧昧的目标并置在一起。例如，办公区令人联想到柯布西耶早期的两座魏森霍夫（Weissenhof）住宅。狭小的音乐学校，因一条钢琴曲线形的玻璃幕墙而引人注目。剧场对称的山墙，流露出德国古典主义建筑风格——由于被希特勒所青睐，这一风格在二战后的德国几乎成为禁忌。这些各自独立的部分，被一系列色彩艳丽、富有高科技意味的构件，例如雨棚和截面尺寸夸张的坡道扶手等联系在一起。

　　斯图加特美术馆新馆的体量组合，充分展示了斯特林出色的构图天赋。建成二十年后的今天，拼贴化的建筑手法越来越缺乏说服力。尽管它具有丰富的内容，但这种手法就像文艺复兴末期的"样式主义"那样，标志着一个结束而不是新的开端。

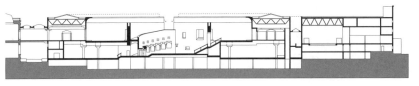

图1 剖面

1

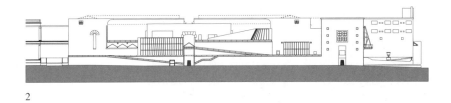

图2 西北立面

2

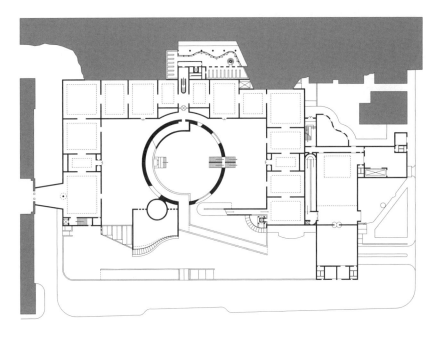

图3 二层平面

3

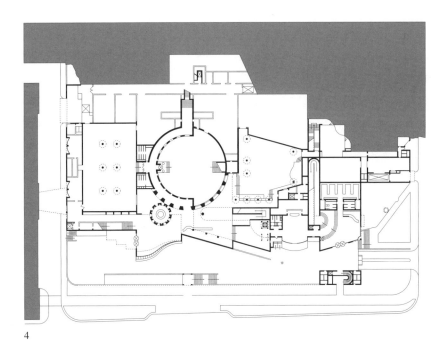

图4 首层平面

4

盖里住宅 Gehry House

弗兰克·盖里（Frank Gehry，1929~）

美国，加利福尼亚州，圣莫妮卡，1977—1978 Santa Monica, California, USA

在美国经常可以看到半成品式的住宅待售。它们不像彻底装修完工的住宅那样殷勤地迎接买主，而是粗放地裸露着木构架和临时支撑。欣赏这种质朴的美感，自然不是盖里的首创。但是，盖里无疑是独具慧眼的第一人，把尚未完工的状态当作严肃的建筑语言。1977年，他和妻子买下圣莫妮卡大道边上一栋两层的坡顶住宅，准备加以改造。

虽然已经从事建筑设计二十余年，当时的盖里仍只是一位富有创意但鲜有建成作品的设计师。他喜爱那些难登大雅之堂的材料，例如波纹金属板、层压木、铁丝网和沥青等，当然还有裸露的木构架。这座老房子被一种崭新的表皮所包裹，某些原有的外墙变成了内墙，剥掉局部的外饰面露出墙板的基层，作为构图的一部分。在另一些位置原有的木板饰面换成了玻璃，露出保温层和木龙骨。

至于旧结构上增加的一些奇特元素，盖里解释说，它们就像几个铁丝网编织的或者带木构架的玻璃盒子从天而降，砸中老房子并且卡在其中。建筑的外墙向后院一侧延伸，孤立的墙体末端由两根充满"动感"的斜撑来固定。外墙上梯形的洞口正对着一株仙人掌。

这些不同材料构成的"歪斜的盒子"，形成了散漫无序的构图。它们近乎于废弃物的施工品质，深藏着丰富的构思和用意。盖里的灵感，部分来自建筑以外的其他艺术形式。一条条裂缝让人想到艺术家玛塔-克拉克（Gordon Matta-Clark）的作品，他以用锯子切割房子而著称。盖里自称，他想要的那种未完工的状态，正是抽象画家波洛克（Jackson Pollock）和德·库宁（Willem de Kooning）的作品具有的气质。盖里的朋友当中，不乏加利福尼亚州活跃的艺术家，他们擅长利用扭曲和自相矛盾的视角，迫使欣赏者把艺术品理解为纯粹的感知现象。

盖里手中扭曲的盒子，灵感部分来源于俄国画家马列维奇（Kazimir Malevich）的抽象画。马列维奇的画上略微变形的长方形，暗示着不受重力束缚的自由空间。盖里住宅厨房上空的玻璃盒子，也产生了类似暧昧不定的效果。厨房外墙上的玻璃窗是倾斜的长方形，两侧的玻璃屋顶却是不规则的四边形，它们之间的夹角也不是直角。盖里刻意地偏离常规的几何形式、材料和透视构图，使观察者的注意力聚焦于建筑的空间和表面，从更纯粹的角度欣赏这座住宅别具特色的视觉形象。

图1 北立面　　　图2 东立面　　　图3 南立面　　　图4 西立面　　　图5 二层平面　　　图6 层平面

1) 卧室　　　　　1) 卧室
2) 储藏室　　　　2) 起居室
3) 主卧室　　　　3) 餐厅
4) 露台　　　　　4) 厨房
　　　　　　　　　5) 车库

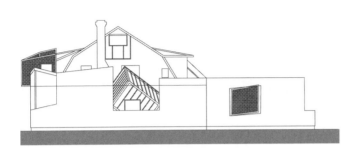

1

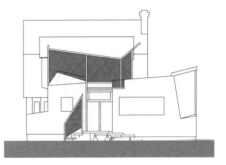

2

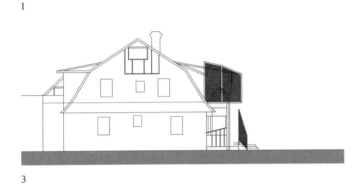

3

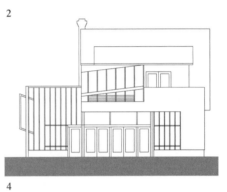

4

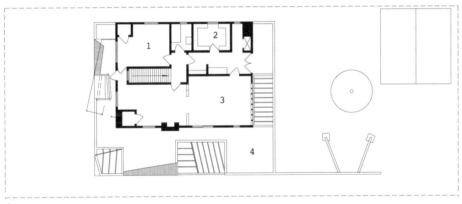

5

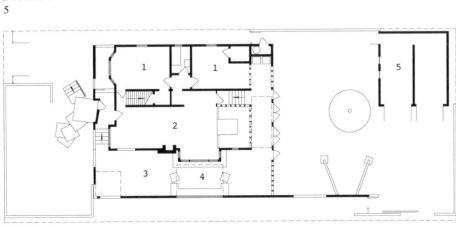

6

二层平面

0　　　5　　　10 m
15　　　30 ft

小筱邸 Koshino House

安藤忠雄（Tadao Ando，1941~ ）

日本，兵库县，1979~1981，1983—1984 Hyogo Prefecture，Japan

1976年，安藤忠雄凭借位于大阪的住宅作品"住吉长屋"，在日本国内一鸣惊人。以极其简洁冷峻的形式重新诠释日本传统建筑的精神，成为贯穿日后他所有作品的线索。安藤忠雄把自己设计的住宅称作"堡垒"，用以抵抗西方消费主义对日本传统文化的打击。他希望，自己的作品可以帮助使用者重新发现文化传统，审视人与自然界的关系。"住吉长屋"的沿街立面，是一面完整的混凝土墙上一个居中的洞口。住宅分为两部分，分列于一个露天庭院的两端，在二层由一道没有顶盖的窄桥联系。无论刮风下雨，主人都必须穿过露天庭院，才能到达对面的房间。

小筱邸是为时装设计师小筱弘子设计的周末别墅。从二层的平台进入建筑，随即沿着楼梯向下来到两层通高的起居室，厨房和餐厅位于主卧室下方。六间儿童卧室和两间日本传统风格的客人卧室，沿着单面走廊一字排开。与传统建筑如桂离宫那样曲折分散的格局不同，安藤忠雄的平面极其紧凑。但有一点和日本传统园林相仿：建筑中设定了一系列"景点"，使人与自然界保持密切联系。例如，混凝土露台和台阶，象征传统的"枯山水"。通过起居室里两面宽大的窗子，可以欣赏绿草成荫的坡地、树木和远山。

虽然安藤忠雄对西方的消费主义持批判态度，致力于复兴日本传统的价值观，但他仍深受西方现代主义建筑影响。他的所有作品，都试图在现代与传统间达成平衡。例如，小筱邸的地毯色泽接近传统的草编榻榻米。在传统建筑中，榻榻米既是地板饰面，同时也是确定房间尺寸的模块。榻榻米常用的模数是长1.8米、宽0.9米，与小筱邸施工时模板在混凝土表面留下的网格尺寸接近。采用冷灰色沙子的混凝土，施工无比精湛。一缕阳光通过屋顶和墙面之间长条形的天窗，在起居室的混凝土墙上缓缓移动。冷峻的混凝土墙仿佛被阳光熔化，变成了轻薄之极的纸质隔断。

1983年，安藤忠雄又为小筱邸加建了一间工作室。它位于起居室北侧的地下，通过一条细长的天窗采光。四分之一圆形的混凝土挡土墙上，投下弧线形的光影，和原有住宅的长方体盒子形成强烈对比，同时也让两者结合为一个和谐整体。小筱邸在国际建筑界产生了广泛影响。许多评论家将它和最简主义艺术的兴起联系在一起，其实它更恰当的文化背景，是神道教的神社建筑和崇尚简朴的禅宗美学。

图1 二层平面　　　图2 剖面　　　图3 首层平面　　　图4 立面

1）书房
2）卧室
3）露台

1）工作室
2）起居室
3）卧室

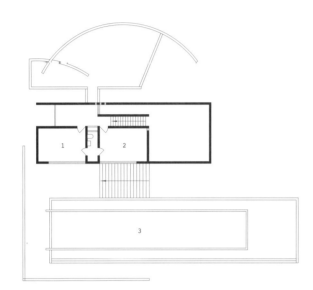

1

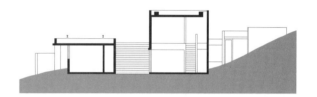

2

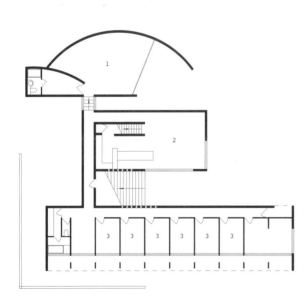

3

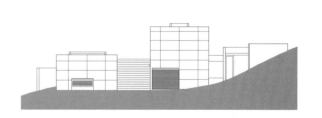

4

香港汇丰银行大楼 Hong Kong and Shanghai Bank

诺曼·福斯特（Norman Foster，1935~）

中国，香港，1979~1986 Hong Kong，China

　　在中国政府将要收回香港的主权之际，汇丰银行建成了投资巨大的新办公大楼，显示它对未来在香港的发展充满信心。业主在任务书中提出，希望建造"全球最好的银行大楼"。在相对紧迫的日程里，建成总面积十万多平方米的大楼，势必需要预制化程度很高的建造方式。

　　基于这些要求，福斯特提出了全新的办公建筑格局。当时，以"利华大厦"和"西格拉姆大厦"为典范的固定模式，是办公空间围绕着提供交通与服务的核心筒。异常紧迫的工期，要求同时向上和向下施工，因此采用吊挂式的结构体系。相邻几层的楼板，成组地悬吊于上方的结构层。每一个悬吊结构层，形成两层高的"空中大厅"，把塔楼竖向划分成一个个组团。多部高速电梯和自动扶梯，确保通畅的竖向交通。主要的承重构件布置在角部，以便更好地抵抗台风。平面布局的另一重要特征，是交通和服务性单元都布置在周边而不是核心，赋予办公空间更大的灵活性，适应日后频繁地重新划分工位。

　　从剖面上看，整个建筑分为三栋相互独立的"塔楼"，分别是29层、36层和44层，形成阶梯状的东立面和西立面。三个部分有各自的屋顶花园。最低同时也是进深最大的部分，空间核心是10层高的室内中庭，中庭的天花板，不是通常的玻璃天窗，而是一面巨大的反光镜，可以使经过反射的阳光照进中庭。

　　依据风水师的建议，人行通道应当穿过这座建筑的用地，直达水边。大楼的首层，设计成完全开敞的城市公共空间，这在当时的香港仍属罕见。这一措施并未影响建筑容积率从通常的14提升到18。广场顶上的玻璃天花板，使广场获得了充足的自然光和反射的阳光。从大楼下走过，是一种惬意的体验。每逢周末，大楼首层的广场成为许多人野餐的热闹场所。公众可以从广场搭乘自动扶梯，穿过弧形的玻璃天花板进入银行大厅。在福斯特原先的设计中，自动扶梯平行于建筑的主轴线，后来采用风水师的建议改为斜向。

　　尽管福斯特的作品以理性而著称，但在香港汇丰银行大楼，可以感受到来自未来主义、结构主义甚至火箭发射平台等工业巨构等多方面的影响。这座建筑与中国大陆隔水相望，它似乎预示着属于"太平洋的世纪"即将到来。

图1 东西方向剖面

图2 41–42层平面

图3 35–36层平面

图4 28–29层平面

图5 22–27层平面

图6 四层平面（银行大厅）

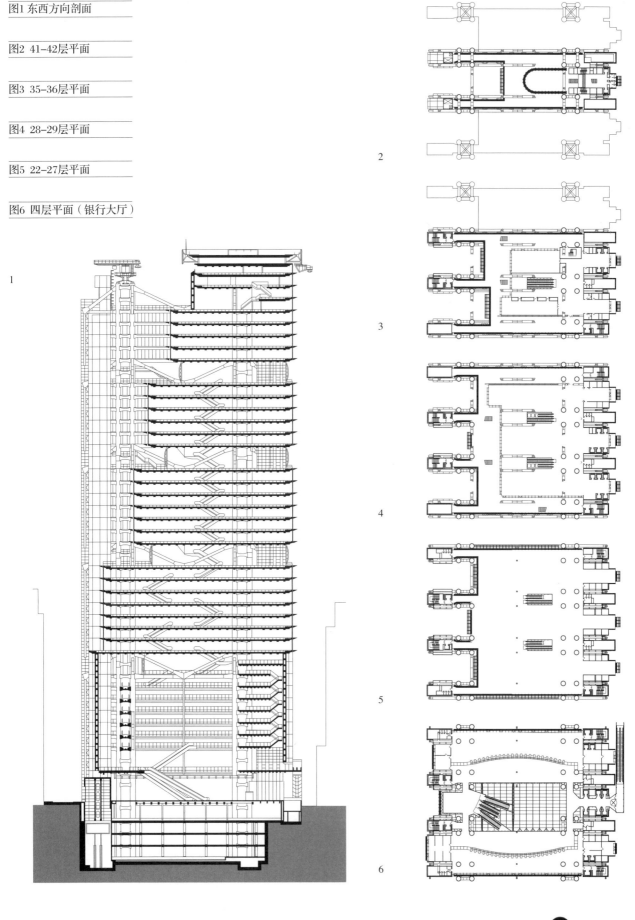

威廉斯帕克学校 Willemspark School

赫尔曼·赫茨伯格（Herman Hertzberger，1932~）

荷兰，阿姆斯特丹，1980~1983 Amsterdam，The Netherlands

"比希尔保险公司办公楼"表现出的缺陷，例如室内空间缺乏识别性、忽视室外空间的塑造，促使赫茨伯格的设计风格开始转变。威廉斯帕克学校，是此后他的重要作品之一。它和旁边另一座建筑几乎相同的学校，位于阿姆斯特丹市中心一片植被繁茂的独栋住宅区。这两座学校建筑给人的印象，仿佛是都市中的一对别墅。它们在平面上形成"L"形，共享一块入口广场和游戏场地。

学校的外立面，散发着一种古典的沉稳气息，平面布局是标准的九宫格，教室分布在四角。中央单元是带天窗的中庭，它既是交通集散地，也充当阶梯教室。中庭四边的四个单元格，面宽略微窄一些，作为楼梯、卫生间等辅助空间。首层平面的主要空间，是音乐体操教室和办公室。办公室的角部呈四分之一圆弧，为室外楼梯留出空间。这种手法正是凡·艾克所说的"含蓄的互惠"。在剖面上，建筑两侧教室的标高相差半层，大厅变成一个开放式阶梯教室。在平面上，大厅向四周扩展成一个完整的正方形，与教室的角部重叠。在大厅的四角形成一些小尺度的空间，既与大厅连通，又是"属于"教室的一部分。

格局对称的室内空间，变化丰富同时具备清晰的可识别性。无论是独自一人、小组还是许多孩子一起，都可以在建筑里找到适合的活动场所。他们可以在大厅里的台阶上游戏、坐下来阅读，或者就着大厅周边固定的桌子学习。教室门前也设有学习桌和一个展览学生作品的玻璃橱

柜。教师可以根据不同的教学内容，调整教室双扇门的开启程度。大厅屋顶的天窗和玻璃砖的楼梯踏步，使建筑内部充满了宜人的自然光。

教室的窗过梁向室内挑出，用来放置盆栽植物。窗台延伸成桌子，洗手池和橱柜等固定家具都是建筑的一部分。室外楼梯充分展示了以使用者的参与为核心的细节。楼梯的休息平台呈方形，栏杆扶手却是圆弧形并支撑着一排坐凳。接近地面的几级台阶也变为圆弧形，楼梯的最低一级踏步明显扩大，仿佛邀请孩子们在上面玩耍。

赫茨伯格和凡·艾克等著名的荷兰建筑师，都十分关注使用功能的细节，更不必说他们的前辈里特维尔德。在一个土地与自然资源极端宝贵的国家，精致的管理和物尽其用是荷兰传统价值观的重要组成部分。过度设计的"欢迎使用"，可能会让使用者感到拘束。然而赫茨伯格的威廉斯帕克学校处理恰到好处，它在建筑自身的逻辑与教师、学生们多种多样的使用功能之间实现了恰当的均衡。

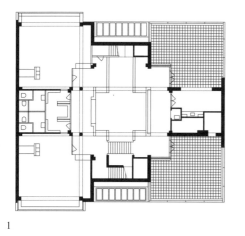

1

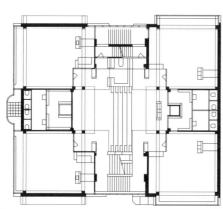

2

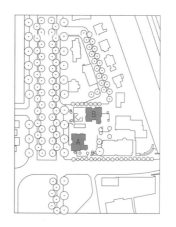

3

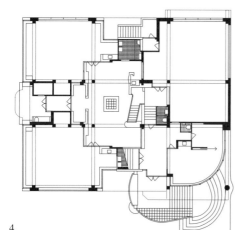

4

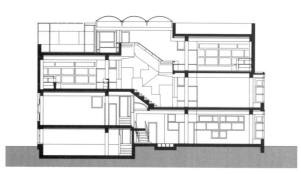

5

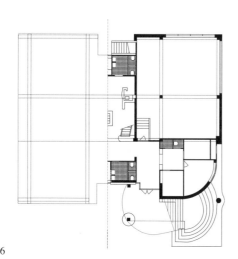

6

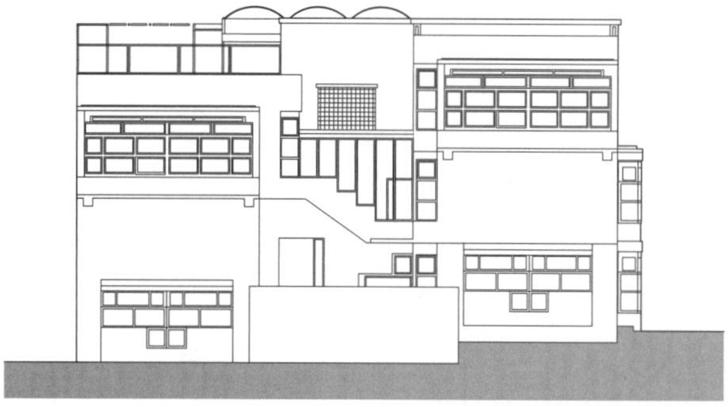

7

图1 四层平面

图2 三层平面

图3 总平面
A）蒙特梭利学校
B）威廉斯帕克学校

图4 二层平面

图5 剖面

图6 首层平面

图7 西立面

0　5　10 m
15　30 ft

N

鲍尔－伊斯特威住宅及工作室 Ball-Eastaway House and Studio

格兰·莫卡特（Glenn Murcutt，1936~）

澳大利亚，悉尼，1980~1983 Sydney，Australia

　　从童年时起，格兰·莫卡特就被他父亲引入了建筑的世界。他父亲在悉尼经营一家规模不大的木工厂，同时也开发和承建一些小型房屋，老莫卡特订阅了各种美国的建筑杂志，例如《建筑论坛》（*Architectural Forum*）。他借鉴杂志上刊登的现代主义作品，自己建造住宅。从这些杂志上，小莫卡特接触到了日后对他影响至深的"范思沃斯别墅"。

　　当莫卡特进入悉尼理工学院接受正规的建筑教育后，他开始对一些加利福尼亚的美国建筑师产生浓厚的兴趣，尤其是纽特拉和埃尔伍德（Craig Ellwood）。同时，他结识了"悉尼学派"的几位建筑师们。他们希望从赖特、柯布西耶、阿尔托和英国粗野主义等现代建筑大师那里汲取营养，创造呼应澳大利亚地理、气候、材料与建筑传统的新建筑。在与自己同辈的澳大利亚建筑师当中，莫卡特和勒普拉斯垂尔（Richard Leplastrier）保持着密切联系。后者曾在伍重的悉尼事务所工作。在建筑应当呼应气候和景观特征方面，他和莫卡特志同道合。

　　大学毕业后，莫卡特在伦敦短暂工作，然后开始了广泛的游历，1973年，他在"周游世界"途中拜访了埃尔伍德。在巴黎参观夏洛的"玻璃住宅"，给莫卡特留下了深刻印象。"玻璃住宅"充分工业化生产的构件，塑造出独一无二的美感，令他由衷地叹服。

　　夏洛的影响，体现在莫卡特富于当地特征的材料选择和细部设计，例如波纹铁皮屋顶、雨水收集罐和可旋转调节的百叶等。但在空间组织和结构形式方面，密斯与加利福尼亚学派的影响无处不在。以莫卡特的早期代表作"鲍尔－伊斯特威住宅"为例。平面轮廓是一个完整的长方形，主体结构是七榀门式钢架。入口处是一块平台和凹入的门廊，西北方向一侧是另一条阳台，建筑东侧的尽端处是一片宽大的平台，这些与景观紧密结合的小空间，在建筑完整的体形里产生了灵活的趣味。

　　澳大利亚的阳光异常炽烈，周围质地干燥的桉树容易被引燃，因此建筑的地板整体抬高。外立面上的遮阳百叶和波纹铁皮板，具有相似的水平条纹。东侧尽端的平台上，局部没有铺木地板，透过露出的龙骨构造，可以直接看到地面。室内经过反射之后的自然光，柔和而又明亮。室内构件的材料，没有醒目的颜色或质感，隔墙的上端采用透明玻璃，强调空间的统一感。

　　轻巧地悬浮在地面上，通过一座桥与外界联系，这些手法使建筑与自然界之间达成一种微妙平衡。它和莫卡特的其他所有作品一样，遵循当地土著文化的价值观——"轻柔地触摸大地"。

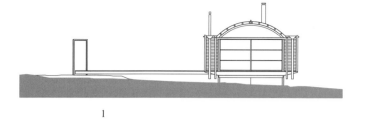

图1 东北立面

1

图2 西南立面

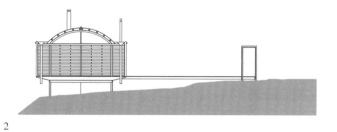

2

图3 西北立面

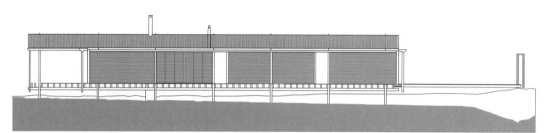

3

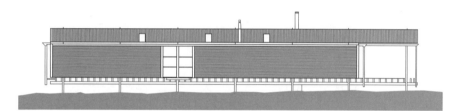

图4 东南立面

4

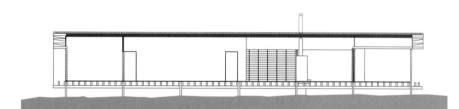

图5 纵剖面

5

图6 平面

1）工作室
2）卧室
3）卫生间
4）设备间
5）厨房
6）餐厅
7）起居室
8）室外平台

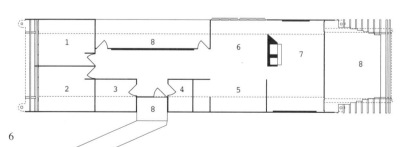

6

教堂及社区中心 Parish Church and Centre

尤哈·利维斯卡（Juha Leiviskä，1936~）

芬兰，梅里马基，1980~1984 Myyrmäki，Finland

利维斯卡毕业于赫尔辛基理工大学，1963年取得建筑师执业资格，其后不久他和沙尼奥（Bertel Saarnio）合作赢得了科沃拉市政厅的设计竞赛。建成后的市政厅颇受好评，被誉为六十年代芬兰最出色的公共建筑之一。与当时主流的芬兰建筑一样，它鲜明地反映出荷兰风格派与密斯的影响。

此后，利维斯卡参与了以教堂建筑为主的一系列设计竞赛，并且逐渐形成了以板片为构图核心的个人风格。在他的作品中，可以清晰地看到荷兰风格派的杜斯堡与里特维尔德的影子，以及密斯1923年设计的砖墙乡村住宅的痕迹，然而在呼应用地特征、营造室内光环境方面有自己的独到之处。和阿尔托的"玛丽亚别墅"相仿，它也在芬兰的乡土建筑中寻找灵感，以实现和周边环境的紧密结合。在丰富微妙的室内光线变化方面，利维斯卡综合借鉴了阿尔托的后期作品（如"伊马特拉教堂"）和德国南部的洛可可风格教堂。

梅里马基的教堂及社区中心，标志着利维斯卡的个人风格达到了成熟。用地位于铁道和一片种满桦树的小公园之间。利维斯卡在建筑与它西侧的铁路之间设计了一片砖墙，作为建筑的边界。

入口位于建筑东侧靠近中间的位置。教堂和社区中心分列于南北两侧。社区中心由几个形状各异的房间围绕着曲折的走廊构成，其平面布局宛如传统的日本庭院，或

者密斯早期的砖墙住宅。不露声色的入口，反衬出豁然开朗的教堂大厅。大厅里的信众席，分为不对称的三块，各自朝向讲坛。管风琴悬挂在大厅尽端的墙上，它的下方是阶梯状的唱诗班席。

建筑的所有构件，包括墙、柱与梁，还有反声板、管风琴和饰面，都采用长方形的薄板或细杆形式，它们共同浸浴在柔和的自然光里。唯一的例外是吊灯，它继承了丹麦设计师保罗·汉宁森（Paul Henningsen）的PH吊灯和阿尔托的经典灯具设计，同时带有利维斯卡个人的设计特征。一盏盏圆片形的吊灯，像精美的小雕塑在薄板与细杆的构图背景中，加入活泼的点缀。用他本人的话讲，光线给整个室内空间罩上了一层"时刻变化着的薄纱"。如果没有投身建筑的世界，利维斯卡原本会成为一个钢琴家。在芬兰南部的小城里，他演奏出一曲"凝固的音乐"，或者说以视觉形式展现了他所热爱的古典室内乐。

图1 总平面　　　图2 首层平面　　　图3 A–A剖面　　　图4 B–B剖面

1）入口
2）大厅
3）圣坛
4）管风琴
5）圣器室
6）教区大厅
7）活动大厅

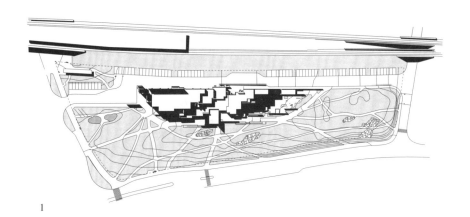

1

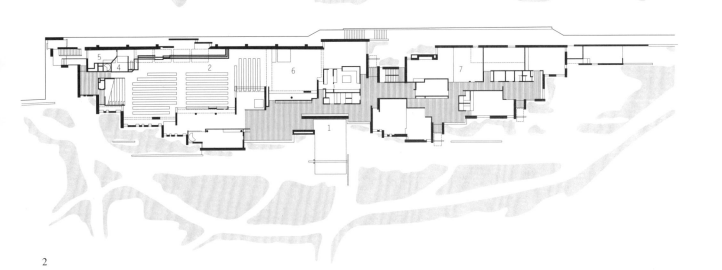

2

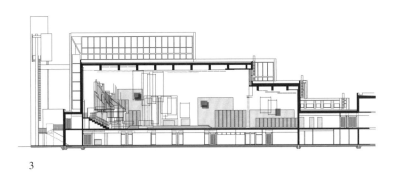

3

4

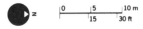

国立罗马艺术博物馆 National Museum of Roman Art

拉斐尔·莫尼奥（Rafel Moneo，1937~）

西班牙，梅里达，1980~1986 Mérida，Spain

　　公元前25年，罗马皇帝奥古斯都（Augustus）在瓜地亚纳河畔建立了梅里达城。此地正是从萨拉曼卡到托莱多、从塞维利亚到里斯本，这两条重要道路的交叉口。由于地处交通要冲，梅里达很快成为罗马帝国卢西塔尼亚省的首府，城中遍布精美的建筑。今日的梅里达，是西班牙境内保存古罗马遗迹最完整的城市。在这座博物馆附近，一座古代剧场已复原并重新投入使用，另有一座古代的半圆形室外剧场和一栋住宅的遗址。博物馆用地内的古代遗址，发掘出包括雕像和马赛克铺地的各种文物。

　　莫尼奥面临着与费恩在"哈马主教博物馆"类似的挑战，而这座博物馆的建筑规模更大一些。费恩在整个室内空间里暴露遗址，新的建筑结构尽量少接触遗址。而莫尼奥的策略恰恰相反。遗址位于新建博物馆地下室。地下室的混凝土顶板，悬吊在一组巨大的等间距的砖墙上。这些砖墙在地下室形成富有韵律感的拱券，仿佛是古代高架输水道的遗迹。相同的砖墙在地上形成四层高的拱券，产生了强烈的纪念性氛围。地面以上的砖墙排列非常规律，而地下砖墙会出现某些拱券的跨度变大，以避免墙体破坏遗址的关键部分。

　　博物馆墙面采用的砖比例修长，是仿照古罗马时期所用的砖。这些砖并非承重结构，而只是混凝土结构的外饰面。砖缝非常之细，完全看不到砂浆，体现了某种现代主义甚至是极简主义的影响。带有拱券的砖墙固然非常古

朴，但如此形式的重复排列，却是古罗马或哥特建筑都不曾有过的手法。博物馆的内容包括展厅、报告厅、图书馆和工作室。室内空间的主轴正位于一条古罗马时期道路的位置，它联系着通向下面一层遗址的坡道。沿坡道而下，来到遗址旁的直角三角形的门厅，三角形的斜边是圣拉扎罗（San Lazaro）高架输水道残留的片段。

　　古香古色的砖拱，容易让人联想到幽暗的空间，然而博物馆的室内却非常明亮。阳光透过天窗，在砖墙和地面上产生不断变幻的光影效果。高大肃穆的空间，流露着意大利画家皮拉内西（Giovanni Piranesi）描绘的古罗马建筑的神韵。这座博物馆借鉴了古罗马的建造方式和材料，却并未复制古典的空间格局。以现代的构图承载古老的精神，在这方面它堪与"哈马主教博物馆"和斯卡帕的维罗纳"老城堡"改造相提并论。在二十世纪八十年代，越来越多的欧洲城市开始强调以建筑作为城市记忆的重要载体。这座博物馆富有诗意的建筑形式，为古与今的和谐共生树立了典范。

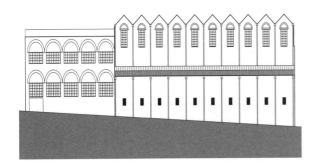
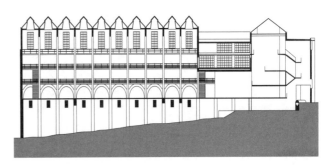

1

2

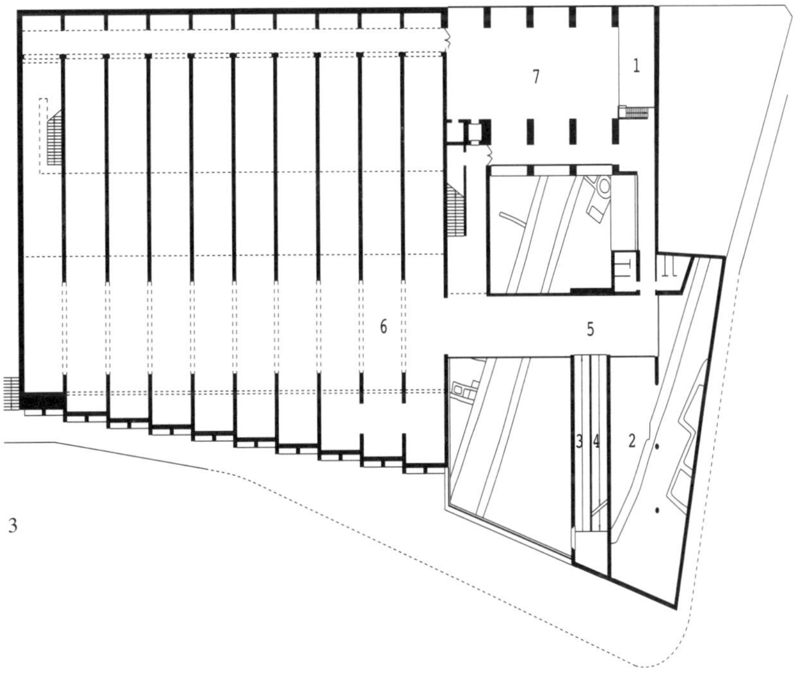

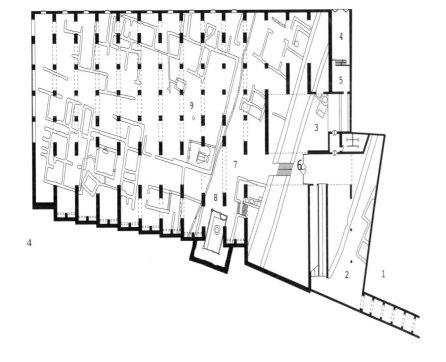

3

4

图1 北立面

图2 纵剖面

图3 首层平面：中央大厅标高

1）车库上空
2）输水道遗址上空
3）坡道
4）进入考古遗址的坡道
5）博物馆入口
6）博物馆
7）马赛克修复工作室

图4 遗址标高平面

1）剧场与半圆形剧场遗址入口
2）输水道遗址
3）咖啡厅
4）库房与车库入口
5）咖啡厅库房
6）考古遗址入口
7）早期基督教教堂的巴西利卡遗址
8）古罗马住宅遗址
9）墓地

曼尼尔博物馆 Menil Collection

伦佐·皮亚诺（Renzo Piano，1937~）

美国，德克萨斯州，休斯敦，1981~1986年 Houston，Texas，USA

作为"蓬皮杜中心"的设计者之一，皮亚诺获得了世界性声誉。他的设计核心，是强调建造过程与美学形式高度统一，而建筑也绝不是像机器一样的服务装置。

这座博物馆，是专为展览曼尼尔夫妇（John and Dominique de Menil）收藏的原始艺术和象征主义艺术品，建筑设计面临的主要矛盾，是避免美国南方的烈日照射展品，同时以自然光作为白天室内的主要光源。皮亚诺与照明设计师汤姆·巴克尔（Tom Barker）合作，设计出截面为弧形的遮阳叶片。阳光经过每一个叶片上表面的反射，恰好照到毗邻的另一叶片的下表面，然后经过再一次反射才进入室内。十年前建成路易·康的"金贝尔博物馆"，就在用地北边不远的沃思堡。和"金贝尔博物馆"相仿，多次反射的自然光在室内产生了微妙的光线变化，这一方面远胜过通常采用的北侧天光。

皮亚诺并不像高技派那样刻意彰显精密的机器美学，他采用的叶片，更容易让人联想到树叶等自然形态。这些叶片不仅仅是遮阳板，而且也是大跨度屋顶桁架的下弦拉杆。他和著名的爱尔兰结构工程师彼得·赖斯（Peter Rice）合作，尝试了叶片的各种结构方案。最终确定在钢筋网上喷涂水泥成型。屋顶桁架的上弦杆件，设计采用兼具柔韧性和耐腐蚀性的球墨铸铁。在当时制造业的低潮期，全球仅有两家英国公司有能力生产这些构件。

建筑的竖向构件如工字钢柱和外墙，都非常简朴，和精巧别致的屋顶形成对比，同时和博物馆周边的建筑协调。应曼尼尔基金会的要求，外墙饰面板采用产于美国南卡罗莱纳州的柏木。木板表面的涂料不是通常的油漆，而是一种使木材加速自然老化的耐候涂料。

和周边的许多建筑一样，曼尼尔博物馆坐落在一片宽阔的草地中央，入口设在遮阳板下的门廊里。八十年代正风行"借用"传统建筑片段的手法，但皮亚诺绝非直接"引用"当地的建筑传统。曼尼尔博物馆的遮阳板、轻质钢结构和比例精当的体形，更多地借鉴了密斯在五六十年代的代表作如"克朗楼"和洛杉矶的"案例研究住宅"中轻快的钢结构（如"伊姆斯住宅"）。

皮亚诺这样总结自己的建筑哲学："回归思考与实践之间的紧密结合。"如何从关键的局部生发出完整的建筑、如何使工程技术升华为意义更加深刻的建筑，曼尼尔博物馆为我们提供了一个完美的典范。

图1 剖面　　　图2 二层平面　　　图3 首层平面　　　　　　　　　　　　　　　　　　　　　201

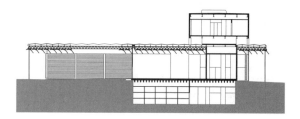

1

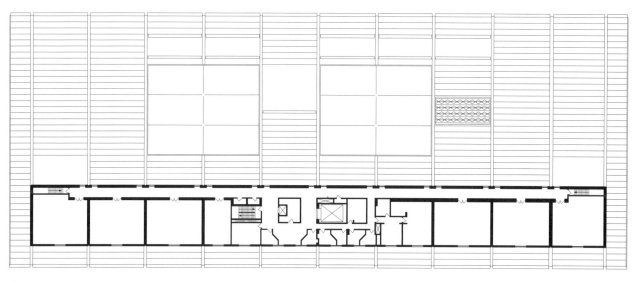

2

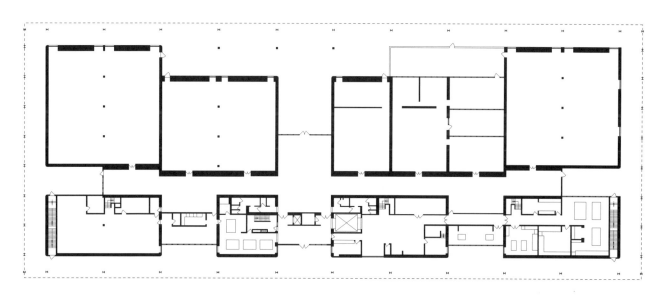

3

螺旋大厦 Spiral Building

槟文彦（1928~ ）

日本，东京，1982~1985 Tokyo, Japan

槟文彦先后毕业于美国的匡溪艺术学院和哈佛大学，而后曾在SOM事务所等美国事务所短暂工作，因此他和几位同时代的日本建筑师一样，早期作品带有西方现代主义的深刻烙印。进入八十年代，来自不同领域的某些观念汇成一种新的思潮，似乎正适合表达碎片状态的东京。它部分源自建筑以外的其他现代主义艺术领域，例如瑞士画家克利（Paul Klee）、法国作家普鲁斯特（Marcel Prust）和意大利导演安东尼奥尼（Michelangelo Antonioni）的作品。槟文彦认为，这种思潮启发他描绘东京城市生活中静态与动态的对比。在东京这座大都市里，江户时代的传统记忆与现代社会的喧闹平静地共生。

螺旋大厦完美地体现了槟文彦对城市的思考。作为一家女性内衣生产商的媒体中心，它就像一座微缩的城市，混合了多种使用功能，包括俱乐部、剧场、美容院、餐厅、咖啡厅，商店以及多个部门的办公室。仅从图纸上看，槟文彦的空间组织方式似乎很常规。值得注意的是，在西方建筑传统里，带天窗的中庭似乎是理所当然的空间核心。槟文彦却把它放在平面最边缘，必须穿过一系列功能各异的空间方能到达。它不是驻足休息的空间，而是过渡空间，是一条圆弧形坡道的起点。槟文彦认为，这一手法很好继承了日本的建筑传统："空间的关键点不是一个孤立的高潮，而是不同空间行为的交汇碰撞。"

临街立面的构图精巧多变。虽然有多种几何形的并置，但由于材料种类有限，仍不失其整体感。立面的主要材料是边长1.4米的方形铝板，铝板墙上有几个貌似随机布置的方形洞口。局部显露的白色柱子，暗示着内部的结构。立面上最醒目的，是一面正方形的墙板，它采用铝边框的半透明玻璃纤维板，颇似日本传统的推拉式隔断"障子"。它旁边是一片从屋顶垂下的透明玻璃幕墙，玻璃幕墙另一侧是一个令人捉摸不透的白色圆锥体。

槟文彦的许多构图手法，并非其个人创新，而是可以在周边的建筑找到源头。这些元素被松散地组织在一起。从远处看，立面是统一的白色体块，近看就会发现极其微妙的材料变化，例如铝、钢，光洁或粗糙的大理石与玻璃纤维板。槟文彦拒绝了正统现代主义简洁单一的立面手法，他以抽象的点线面和具有突出识别性的形象，描绘了一幅含义丰富的图像。

图1 正立面　　　图2 剖面　　　图3 首层平面　　图4 五层平面　　图5 七层平面　　图6 八层平面

1）入口大厅　　1）上空　　　　1）美容设计中心　1）美容院

2）咖啡厅　　　2）控制室

3）展廊　　　　3）工作室

4）中庭　　　　4）控制室

　　　　　　　5）录像工作室

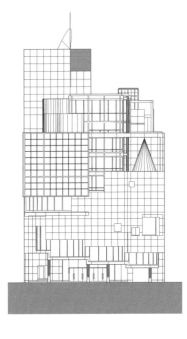

1

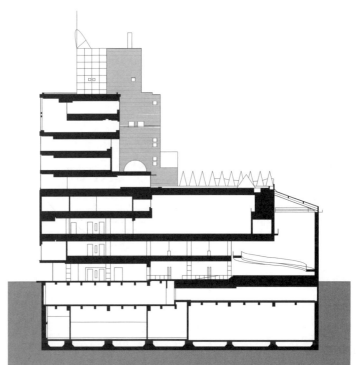

2

3

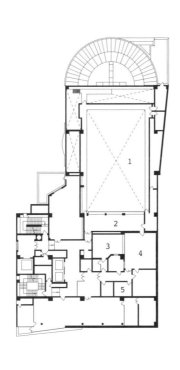

4

5

6

0　5　10 m
15　30 ft

韦克斯纳视觉艺术中心 Wexner Centre for the Visual Arts

彼得·艾森曼（Peter Eisenman，1932~ ）

美国，俄亥俄州，哥伦布市，俄亥俄州立大学，1983~1989 Ohio State University，Columbus，Ohio，USA

对于艾森曼而言，封闭内向式的构图手法似乎在"住宅六号"达到了极致。其后，他开始探索一种新的形式逻辑，从项目的用地出发，展开复杂的"图示"分析。这种手法貌似与"斯图加特美术馆新馆"为代表的"文本"设计相仿，实际上仍沿袭了艾森曼早期对形式的理解。艾森曼坚持认为，建筑是一种独立的形式"语言"。八十年代，他早期住宅作品中无材料特征的板片和抽象的线条，逐渐让位于具有地段背景特征的的元素。

1998年，艾森曼为威尼斯的卡纳雷吉欧区（Cannaregio）的一个广场设计了理论性的方案。它的主要灵感，并非来自用地周围的"现实"，而是柯布西耶未实现的"威尼斯医院"方案。艾森曼把它的结构网格旋转并且延伸，形成一个新的"文本"。这种"交互文本"的设计手法，正与当时盛行的观念吻合，那就是语言不必和所谓的"真实"世界发生联系，只需表达人们自以为能够认知的世界即可。1983年，在西柏林与东德之间的"查理检查哨"（Checkpoint Charlie）旁边一座建筑的设计方案中，他进一步完善了这种方法。艾森曼把地图测绘常用的"麦卡托投影网格"（Mercator grid）与柏林的城市网格重叠，再利用一些历史地图"发掘"建筑用地在十八、十九世纪产生的其他图形秩序。

威尼斯和柏林的设计试验，为韦克斯纳视觉艺术中心打下了基础。俄亥俄州立大学的韦克斯纳视觉艺术中心，是艾森曼的第一座大型实施项目。建筑构图的出发点是两套轴线：十八世纪时形成的哥伦布市街道网格和校园主要开放空间——椭圆形大草坪的轴线，两者存在12°的偏差。在本已复杂的轴线叠合基础上，又增加了某些构图元素呼应远处的节点，例如一座简易机场。立面局部由红砖砌成的"堡垒"，产生了用地本身并不具备的厚重历史感。

当设计开始时，任务书尚未就绪，甚至连地段都尚未确定。建筑落成后，艾森曼形容它的效果"并非建筑而更像是考古发掘的现场，最核心的内容是搭建脚手架和处理景观"。由著名景观建筑师劳瑞·欧林（Laurie Olin）完成的景观设计，对于把零散的建筑元素连成一体，起到至关重要的作用。

从用地环境与历史衍生的多层轴线叠合在一起，产生了强烈的视觉效果。艾森曼的初衷，是抨击那些破坏传统观念和建筑场所的社会和经济力量，然而这种"样式主义"的游戏本身，也是破坏力量的一部分。在校园里，它轻率地模仿文脉中的元素，似乎助长了业已充斥"真实世界"的放任随性。

图1 剖面　　　图2 首层平面

1）上层门厅　　　　9）表演空间上空
2）俄亥俄画廊上空　10）平台
3）永久藏品展厅　　11）控制室
4）魏格尔厅　　　　12）试验画廊
5）器乐厅　　　　　13）莫尚大会堂
6）主展厅　　　　　14）工作室
7）合唱厅　　　　　15）装卸货区
8）表演空间门厅　　16）图书馆入口

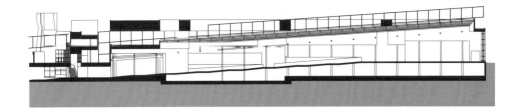

1

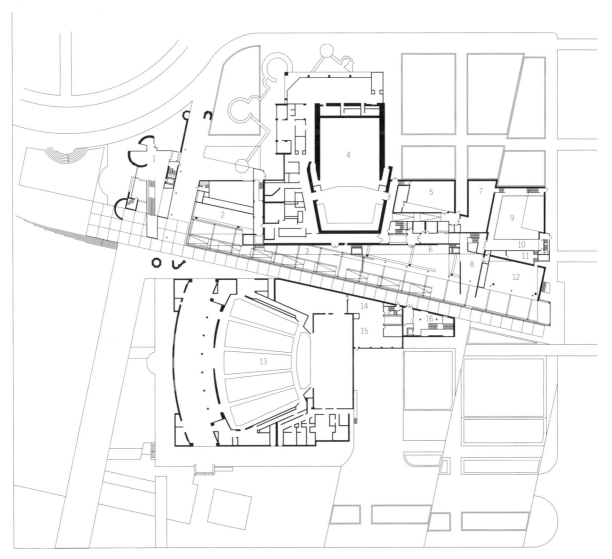

3

0　10　20 m
30　60 ft

格雷夫斯住宅 Graves House

迈克尔・格雷夫斯（Michael Graves，1934~）

美国，新泽西州，普林斯顿，1986~1993 Princeton，New Jersey，USA

在二十世纪七十年代初期，格雷夫斯和迈耶、艾森曼同是"纽约五人"的成员。他的早期作品，建立在柯布西耶二十年代纯净风格的基础上，被朋友们戏称为"立体主义厨房"。随着1983年格雷夫斯设计的"波特兰市政厅"（Portland Building）建成，他凭借大胆的古典建筑符号拼贴，成为后现代主义的旗手之一，。他的这两个阶段似乎是缺乏连续性的跳跃，但它们具有深层的共同点，那就是把建筑视为一种形式语言。

格雷夫斯自己的住宅，是一座建于1926年的家具仓库改造而成。当时，普林斯顿大学聘请几位意大利石匠建造了这座仓库，为长期在国外考察的教师和在暑假里腾空宿舍的学生们储存家具。"仓库"原先有44个房间，每间都不足3米长。这座具有托斯卡纳（Tuscany）风情的小建筑吸引了格雷夫斯。1970年，他买下这座仓库，七年后入住。又过了将近十年，才开始进行彻底改造。

格雷夫斯和他崇拜的英国建筑师索恩（John Soane）一样，都是狂热的收藏家。他自己的家就像一座博物馆，展示他收藏的新古典风格家具、艺术品和阿斯普隆的图纸。建筑平面呈"L"形，较长同时也较窄的一翼，被格雷夫斯当做临时性住所，在改造完成后用作相对次要的房间。住宅入口，是一个类似房间的小庭院，接下来是一个带天窗的圆形小中庭，正是索恩式的建筑手法。仓库原有的绝大部分空间划分已经消失，仅在少数位置保存了原有

空间的"记忆"：例如，起居室和餐厅里憨态可掬的柱子显示了原有的空间划分。位于建筑尽端的图书馆，显示出格雷夫斯鲜明的个人风格。古典气质非常醒目却远未遵循严格的法式，例如材质为木纹塑料的小柱子。这些层层叠叠的小柱子排成两行书架，被格雷夫斯称作"带柱廊的建筑围成的微缩街道"。

毫无疑问，这座住宅带有古典建筑的精神和细节，但它比格雷夫斯的其他作品都更加轻快活泼。对于格雷夫斯而言，它流露出"自然的感觉"，唤起他在意大利乡间度夏的美好记忆。室内空间保持着强烈的流动性，对称的构图也仅体现于局部而不是建筑整体。格雷夫斯的"波特兰市政厅"，曾被某些尖刻的评论家斥为"公告板上的文化涂鸦"。这座住宅所蕴含的古典精神与之大不相同，它既不是纯粹的立面构图游戏，也没有被自由的现代建筑因素所压制。

图1 二层平面	图2 东立面	图3 首层平面		图4 剖面
1）书房		1）前院	7）室外平台	
2）庭院上空		2）入口庭院	8）卫生间	
3）主卧室		3）门厅	9）储藏室	
4）壁橱		4）餐厅	10）厨房	
5）卫生间		5）起居室	11）早餐间	
6）储藏室		6）图书馆	12）服务用房	
7）卧室				

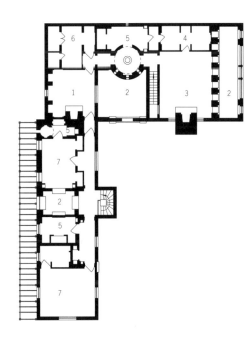

1

2

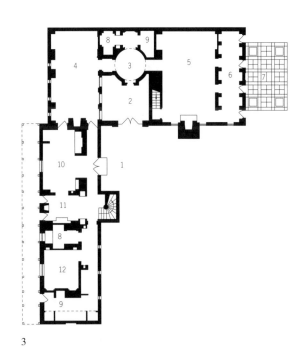

3

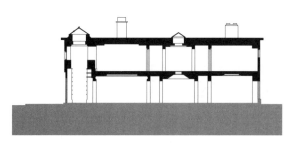

4

瓦尔斯温泉浴场 Vals Thermal Baths

彼得·卒姆托（Peter Zumthor，1943~）

瑞士，瓦尔斯，1986~1989 Vals，Switzerland

彼得·卒姆托最初接受的专业训练是木工，因此他始终非常推崇"构造连接的艺术、工匠和工程师们的技艺"。他相信，建筑师应当重新关注建筑的基本要素——材料、结构和建造方式，而不是塑造像体操动作一样随意的形式。他尤其擅长材料的选择与推敲。"轻薄的木地板、厚实的石块、柔软的织物、皮革、钢材、磨光的花岗岩或红木，还有晶莹剔透的玻璃和阳光下柔软的沥青。"古代建筑杰作中呈现的"真实的完整性"，是卒姆托心目中建筑的至高境界。同样重视材料的表现力，但他的瑞士同行赫尔佐格和德梅隆，强调材料必须经过设计者个性化的处理才能发挥其魅力。

卒姆托关于材料的观点，在瓦尔斯温泉浴场中体现得淋漓尽致。在这座深藏于山谷里的小镇里，仍然可以听到放牧的牛铃叮当，旅游业是当地的主要收入。十九世纪，这里就发现了具有治疗功效的天然温泉。1960年，当地建造了一家大型旅馆，利用温泉资源吸引游客。卒姆托设计的浴场建筑，就是该旅馆的一部分。

建筑的外观，就像一块完整的巨石，或者是经过切削的峭壁。从附近的旅馆几乎看不到它，进入浴场必须经过一条弯曲的地下通道。这并非功能需求所致，而是卒姆托的精心设计。每个人都有充足的时间摆脱凡俗杂念，为具有仪式感的温泉洗浴做好心理准备。

内壁采用磨光红木饰面板的更衣间，为接下来将要体验的温泉池的空间氛围确立了基调。走出更衣间，面前是一块平台，再走下一段坡度极缓的阶梯，就进入了大温泉池。坡道正上方的屋顶，有一条细长的采光带，投下一缕神秘的自然光。大温泉池的四角位置，是四个呈风车状布局的长方形石砌小室，它们的内部分别是不同主题的小浴池。水面上弥漫着雾气，在自然光与灯光烘托下，产生一种迷幻而又惬意的氛围。

温泉池区域的室内，几乎完全由同一种材料构成。当地采石场出产的片麻岩，被切割成比例修长的石片，层层叠叠地砌成石墙。建筑的结构体系，是现浇混凝土和石墙混合承重。温泉池周边的石室和按摩室等房间的石墙，支撑着各自上方的屋顶。各部分屋顶间互不接触，有意留出细长的玻璃采光带。地板同样分成几个独立区域，各部分之间的缝隙标识出房间的边界或设有排水凹槽。所有细小的附属构件，例如门、扶手、标识、甚至饮水杯都是青铜制成。若不是卒姆托收放有度的整体掌控，室内空间很可能流于俗丽的炫耀。在他营造的这片幽暗的洞穴里，人们在温暖的水中，身体的多种感官同时享受着愉悦。

图1 纵剖面   209

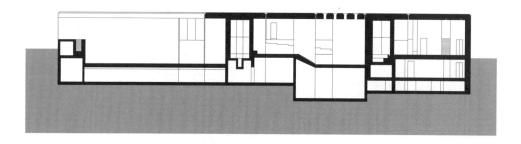

1

图2 横剖面

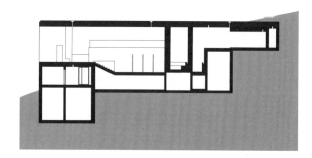

2

图3 首层平面

1）入口
2）清洁工库房
3）化妆间
4）大厅
5）更衣间
6）淋浴
7）卫生间
8）土耳其浴
9）室内浴池
10）室外浴池
11）石岛
12）岩石露台
13）小浴池
14）热水池
15）冷水池
16）淋浴区
17）饮水区
18）响水池
19）花瓣浴池
20）休息室
21）室外淋浴
22）按摩室
23）残疾人卫生间
24）存衣间
25）残疾人通道
26）服务人员房间

3

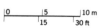

戈茨画廊 Goetz Gallery

雅克·赫尔佐格（Jacques Herzog，1950~ ）；皮埃尔·德梅隆（Pierre de Meuron，1950~ ）

德国，慕尼黑，1989~1992 Munich，Germany

　　由于在两次世界大战期间都保持中立，瑞士没有像其他欧洲国家那样受到战争的直接影响，它的现代建筑也取得了独特而稳健的发展。即便以欧洲的标准来衡量，瑞士的建造工艺水准依然值得称道。建筑师保持着对建造过程相当程度的掌控，而这一点在许多其他国家已基本消失。赫尔佐格和德梅隆这一代建筑师，继承了技术方面的传统，同时受到了抽象艺术家，例如德国的博伊斯（Joseph Beuys）、美国的极简主义流派以及阿尔多·罗西的作品。值得一提的是，罗西曾短期执教于赫尔佐格与德梅隆的母校，苏黎世联邦理工学院(ETH)。

　　1987年，赫尔佐格与德梅隆为瑞士著名的薄荷糖厂商"利口乐"（Ricola）设计的一座仓库，为他们赢得了国际知名度。最普通的工业建筑材料：水泥纤维板，在他们的精心设计下产生了独特的造型效果。建筑顶部有一层悬挑的"线脚"，板材的尺寸自上而下逐渐缩小。立面上大量平行的横线条，似乎隐喻着当地常见的木材厂里堆积的木料，或者这座建筑旁废弃的采石场遗留的岩层。这种带有微妙差异的大量重复的手法，可以在菲利普·格拉斯（Philip Glass）的简约主义音乐和勒维特（Sol LeWitt）的抽象雕塑中找到共鸣。

　　把某种材料的性能"发挥到极致，使其失去'存在'之外的其他所有功能"，是赫尔佐格与德梅隆设计哲学的核心。戈茨画廊供一位私人收藏家展示二十世纪六十年代后的现代艺术藏品。它的主体结构，是一个木质盒子放置在一个钢筋混凝土盒子的基座上。后者的下半部隐藏在地下，上半部的玻璃幕墙露在地面以上。

　　建筑的入口和办公室，形成了通常意义上的首层空间，其实相当于两侧展厅之间的夹层。上下两层展厅的采光，都来自各自的高窗。建筑的宽度，正好匹配一部直跑楼梯所需的长度。二层的展览空间，由三个相同的正方形小展厅组成。地下层的展厅划分为与二层呼应的一个、一个半和半个正方形。墙面和天花板都采用白色的涂料，而楼梯和地板则是木质的。

　　尽管从高窗射入的自然光在一天当中不断变化，室内的"白盒子"仍产生了一种几乎恒定不变的环境，为欣赏艺术品提供背景。建筑的外观令人感觉捉摸不透，环绕建筑的两条玻璃上映出周围的草坪和树影，似乎消失在环境之中。

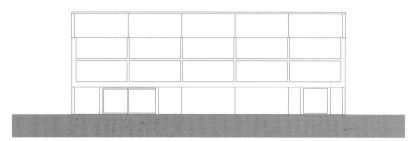

1

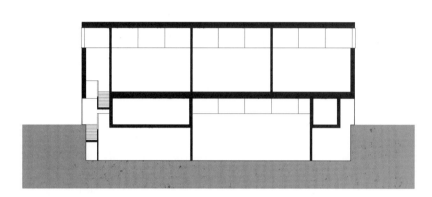

2

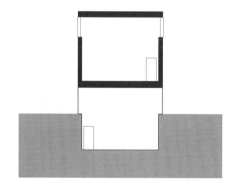

3

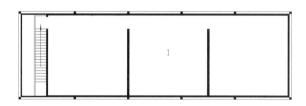

4

5

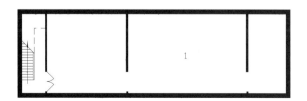

6

加利西亚当代艺术中心 Galician Centre of Contemporary Art

阿尔瓦罗·西扎（Alvaro Siza，1933~）

西班牙，圣地亚哥-德孔波斯特拉，1988~1993 Santiago de Compostela，Spain

在葡萄牙建筑师西扎的早期作品中，一座位于海滨小镇帕尔梅拉（Leça da Palmeira）的游泳池，颇能代表他的设计风格。角度各异的墙、屋顶与地面，轻松自如地和周边的地形结合成一个整体，它的平面令人联想到赖特的西塔里埃森，而它的立体主义构图手法，无疑借鉴了欧洲的建筑大师们，例如阿尔托和柯布西耶。西扎也受到卢斯和西班牙建筑师柯德奇（Jose Antonio Coderch）的影响，然而他成熟期的作品却毫无中庸调和的痕迹。

这座新建博物馆的用地，紧邻著名的古迹——建于十七世纪的圣多明哥博纳瓦尔修道院（Convent of Santo Domingo de Bonaval）。业主希望这座新建筑尽可能远离古迹，甚至"隐藏"起来。然而西扎没有被这一条件所束缚。他发现在博物馆的用地内原有一面高大的花岗岩墙，因此在街道上原本就不能完整地看到修道院。他对待历史建筑环境的方法，不是缩手缩脚地迁就，而是以适度地对比来正面呼应。

为了与古城的街道肌理协调，博物馆分为三部分：大厅和办公室临街布置，报告厅和图书馆组成一个体块，展厅与修道院隔一片花园相对。三个体量之间形成三角形中庭，屋顶的天窗是中庭里自然光的主要来源。报告厅与沿街大厅的外墙之间，形成一个尖锐的三角形凹口，如同连接两个主要部分的"关节"，并且构成沿街立面的一个构图焦点。

室内的墙面全部为白色。自然光透过侧窗和天窗，从各个不同角度射入室内。在首层和二层，西扎编织了复杂的交通流线，但顶层的展厅却是异常规整的空间。西扎对"蓬皮杜中心"那样的"灵活"空间不感兴趣，这里的每间展厅都有固定的形状与尺寸。通过调节天窗与天花板的位置，确保墙上的展品始终获得比参观者更高的照度。

西扎起初设想在建筑的外饰面采用白色大理石，最终他还是接受了业主的要求，采用当地出产的暖灰色花岗岩。细部构造在某些位置精心地掩盖结构，而在另一些位置却刻意显露结构。例如，在主入口上方，一道很长的钢梁"承托"着外墙上的石材。事实上，这些石材仅仅是砌块墙的外饰面，并不需要钢梁的支撑。在相邻立面上，两根短柱支撑着另一道钢梁，钢梁上方的墙体貌似由尺寸较大石块的砌成，实际上是由"L"形和"凹"字形的5厘米厚石片砌成。站在博物馆的入口，这片石墙成为欣赏后面古香古色修道院的景框。

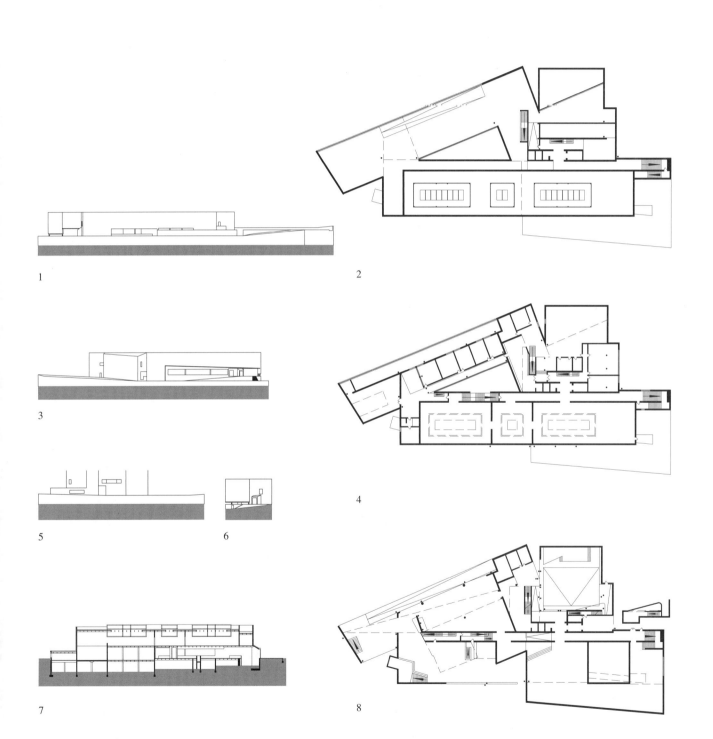

1

2

3

4

5

6

7

8

0　10　20 m
30　60 ft

奥斯塔莱斯市民中心 Hostalets Civic Centre

恩里克·米拉莱斯（Enric Miralles，1955~2000）；卡梅·皮诺（Carme Pinós，1954~）

西班牙，巴塞罗那附近，奥斯塔莱斯，1988~1994 Hostalets，near Barcelona，Spain

　　米拉莱斯与皮诺经常被划归"解构主义"阵营，事实上要评价他们的作品，最好从理解他们所处的加泰罗尼亚文化入手。值得注意的是，高迪也是加泰罗尼亚文化的代表人物。这座小型的市民中心，虽不及他们的代表作伊瓜拉达墓地（Igualada Cemetery）和1992年巴塞罗那奥运会射箭馆那样著名，却也足以显示他们充满动感的形式语言。

　　市民中心的用地，原本是一片果园。中世纪遗留的主街，与更为规整的、十九世纪建成的城市在这里交汇。建筑的核心，是一组钢桁架构成的"梁"。这些整层高的桁架，平面呈扇形展开。它们既是空间的主要构成元素，也是主要的承重构件。建筑呈北高南低的退台状，较低一层的楼板，很自然地成为上面一层的屋顶平台。

　　沿着主街走近，参观者首先看到一片舒展的弧墙。两个相距很近的入口，分别通向楼上的俱乐部和三角形的大厅。平面呈三角形，而且剖面上呈阶梯状渐低。假如是在北方的气候条件下，这样的空间难免显得过于压抑。但是在地中海沿岸的加泰罗尼亚地区则非常适宜。自然光透过倾斜的长条形高窗，把室内照得非常明亮。

　　平面和剖面里的动感，同样体现在细部构造上。窗玻璃直接嵌在钢桁架里的三角形木框之间。南向的大面积玻璃，显然需要遮阳设施。建筑师设计了可以竖向折叠的叶片，它们既可以提供遮阳，当局部打开时，还能产生富有动感的构图。

　　作为年纪尚不足四十岁的青年建筑师，米拉莱斯与皮诺对建筑方方面面的综合掌控，令人叹服。八十年代末和九十年代初期，充满"动感"的类似方案源源不断地涌现在世界各地建筑院校学生的图板上，更不必说许多前卫建筑师们的头脑中。1990年，纽约现代艺术博物馆（MOMA）举办的"解构主义建筑"展览，集中检阅了这些前卫的构想。然而，在许多方案当中，激情与动感止步于悦目的图案，很少触及结构和施工方面的考虑。米拉莱斯与皮诺的作品，往往具有复杂的空间关系，因此图纸也都不易读懂，但它们却都精准记录了经过深思熟虑的形式和材料选择。

图1 立面　　　　图2 剖面　　　　图3 三层平面　　　　图4 四层平面　　　　图5 首层平面　　　　图6 二层平面　　　　215

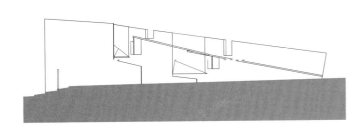

1

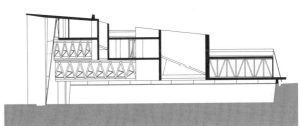

2

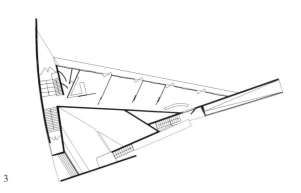

3

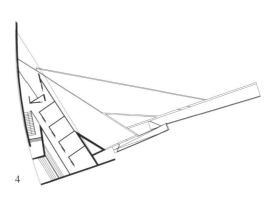

4

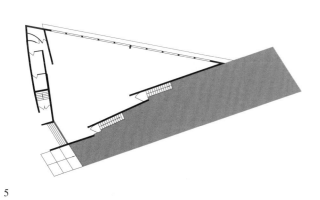

5

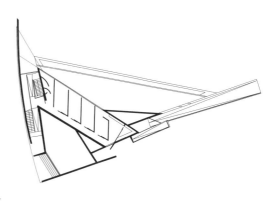

6

梅纳拉大厦 Menara Mesiniaga

杨经文（Ken Yeang，1948~）

马来西亚，梳邦，1989~1992 Subang Jaya，Malaysia

杨经文出生于马来西亚，先后就学于伦敦的建筑联盟（AA）、剑桥大学和宾夕法尼亚大学。在宾夕法尼亚大学，他师从著名的景观建筑师伊恩·麦克哈格（Ian McHarg）。杨经文致力于探索适应东南亚气候和文化环境的建筑语言。他的学术兴趣也非常广泛，他不但熟谙普莱斯和"建筑电讯"的畅想性建筑，还于1993年出版了研究马来西亚乡土建筑的专著。

1957年，马来西亚摆脱英国的殖民统治而独立。富有地方特色的建筑，成为马来西亚国家文化的重要内容之一。杨经文认为，了解建筑与其所处自然环境间的关系，是理解建筑的重要前提。这也正是他在剑桥大学博士论文的主题。日照分析和风向分析，是他研究的两个切入点。依据风玫瑰图，把建筑平面分成几个部分，尽可能利用主导风提供自然通风。此外，利用空中庭院和"风墙"等建筑措施，把风引入平面的中央区域。屋顶的叶片可以加强拔风的烟囱效应。

交通核与服务性房间的位置、玻璃的尺寸与位置，都直接取决于日照分析的结果。大面积的遮阳板，通常与阳台或空中庭院结合，成为室内外之间的缓冲区。植物沿着整个立面垂直分布，形成一种"毛茸茸"的立面效果。这座为IBM公司设计的梅纳拉大厦，是这些手法的集中体现。植物沿着立面从地面盘旋而上直到屋顶。屋顶设有游泳池，健身房、露台以及钢构架的铝制遮阳板。

金属幕墙设在建筑的北面和南面。由于马来西亚地处赤道附近，这两个方向的阳光高度角较大。所有朝向东面和西面的玻璃外侧，都有铝制的遮阳百叶。服务核位于东侧，与室外保持通畅的空气对流。楼梯间、电梯厅和卫生间全都有自然采光和通风。虽然杨经文的建筑手法来自西方现代主义，但他对日照、通风和绿化的处理，无疑具有鲜明的热带气候特征，同时也帮助迅速发展的马来西亚树立了建筑方面的国家形象。

二十世纪七十年代初期的石油危机后，人类活动对全球气候的影响，开始引发广泛重视。1992年，联合国召集了以可持续发展为主题的里约热内卢"地球峰会"。然而时至今日，许多建筑师仍不愿把减少能源消耗的生态手段视为建筑设计的一项决定因素。杨经文作为先行者所倡导的生态建筑，注定会成为二十一世纪建筑界的主要潮流之一。

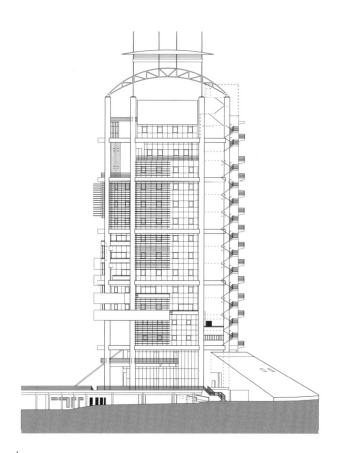

1

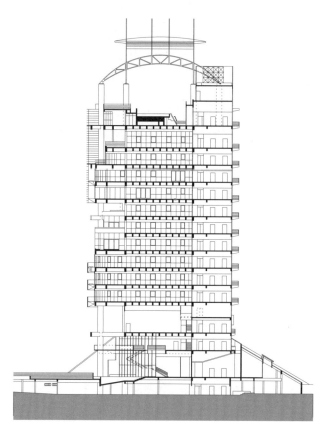

2

3

4

5

6

7

8

卢塞恩文化及会议中心 Cultural and Congress Centre

让·努维尔（Jean Nouvel，1945~ ）

瑞士，卢塞恩，1989~1998 Lucerne，Switzerland

随着十九世纪铁路在此通车，湖畔小城卢塞恩逐渐成为旅游胜地。每年都有大批游客来到这里，欣赏阿尔卑斯山绮丽的风光。城市迫切需要新的文化建筑，为久负盛名的"卢塞恩音乐节"和众多国际会议提供高水准服务，同时也需要一座当代艺术博物馆，为城市增添文化魅力。1989年，法国建筑师努维尔赢得了该项目的设计竞赛。他的中标方案把音乐厅建在旁边的湖上，因此遭遇了重重阻力，在接下来的三年里方案被迫搁置。

直到1992年，努维尔意识到这一构思无法被当地政府所接收。他决定修改方案，让湖水穿过一片新建的广场，流入建筑内部。主要的功能空间被塑造成"船"的意象，唤起项目用地曾是一座造船厂的"记忆"。巨大的屋顶，把几个功能不同的空间整合为一体。北面临湖一侧的屋顶，气势雄浑地悬挑出去，边缘像刀刃一样轻薄犀利，形成二十世纪后期最具视觉张力的建筑形象之一。

悬挑屋顶下的广场上，是建于二十世纪三十年代的喷泉和一对流入建筑室内的水池。屋顶的底面，采用哑光质感的铝板，倒映出波光粼粼的湖面。悬挑的屋顶既是建筑的标志性形象，也形成了一片可遮阳蔽雨的开放空间。屋顶下巨大的灰空间，被命名为"欧洲广场"，不分昼夜地向公众开放。

建筑的平面不像它的剖面那样富于张力，只是三个简洁而典雅的方盒子，一条带状的服务空间把它们的后台联系在一起。其中最大的"船"，功能是主音乐厅。它的外侧采用红色枫木的饰面，与相邻的地板材质对比强烈，凸显其自身"船"的形象。在主音乐厅的前厅里，透过几扇镜框一样的巨大窗洞，可以欣赏像明信片画面一样的湖光山色。

在平面上位置居中的"船"，是中等规模的观众厅，它正朝向卢塞恩的火车站和久负盛名的中世纪古桥。包含餐厅、博物馆、办公室和各种会议设施，以及另一个最小的观众厅，全都包括在最南侧一个长条形体量里。这一部分的屋顶是开敞的露台，可以在此远眺阿尔卑斯山。

努维尔擅长的设计手法之一，是弱化建筑的材料特征以突出完整的建筑体量和"漂浮"的意象。与努维尔的其他建成作品相比，卢塞恩文化及会议中心更彻底地体现出这一特征。大量使用的玻璃，表现水平和竖直方向的通透，更不必说仿佛悬浮着的屋顶。建筑周围热闹来往的人群，和建筑上映出的扑朔迷离的反光交织在一起，描绘出一幅生机勃勃的图画。

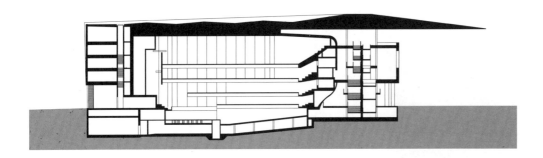

图1 剖面

1

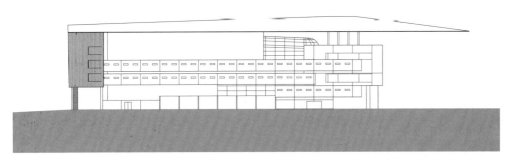

图2 北立面

2

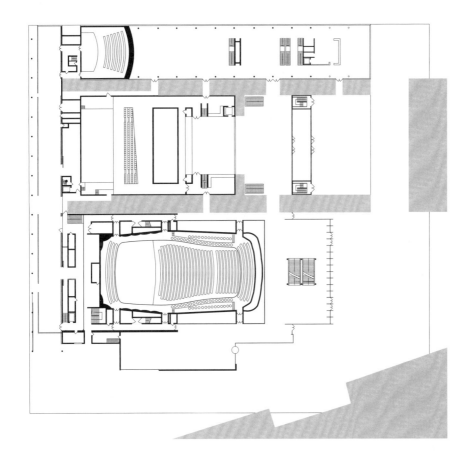

图3 首层平面

3

0 | 5 | 10 m
15 | 30 ft

N

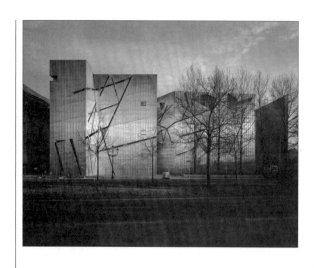

犹太人博物馆 Jewish Museum

丹尼尔·里伯斯金（Daniel Libeskind，1946~）

德国，柏林，1989~1998年 Berlin，Gemany

借助二十世纪九十年代最具影响力的建筑之一——犹太人博物馆，里伯斯金从建筑理论家一跃成为建筑实践的新生力量。作为匡溪艺术学院的教师，他发展了一套以交错的线条为特征的图示语言。由此生发出的建筑手法，借鉴了二十年代俄国的结构主义。八十年代出现的"解构主义"标签，也适用于里伯斯金。他和艾森曼、盖里和哈迪德等建筑师，都对碎片化的形式抱有极大热情。

1987年，里伯斯金曾设计过柏林的"城市边缘"项目。犹太人博物馆与之有一定联系。新建的"犹太人博物馆"，毗邻巴洛克风格的柏林博物馆，是后者的一部分。柏林在实体方面的历史"记忆"，是里伯斯金引入设计中的"线索"之一。另一类线索，是在他心目中犹太人在德国历史中的角色，例如作曲家勋伯格（Arnold Schönberg）的作品、哲学家本雅明（Walter Benjamin）的著作，以及在集中营里惨遭屠杀的犹太人留下的记录。

犹太人博物馆极尽曲折的几何形式，部分源自一个"非理性的矩阵"。以曾经在柏林生活的犹太文化名流的住址为关键点，连接这些点便形成许多交错的三角形。此外，它的图形还结合了扭曲的大卫盾图案——两个上下相扣的正三角形，它既是犹太文化的传统图案，也是希特勒统治时期犹太人必须佩带的黄色标记。

参观者从老博物馆经过地下通道进入犹太人博物馆。几个狭小而高耸的"空洞"，连成一条断断续续横贯整个建筑的直线，用以纪念那些被屠杀者和无形的历史印记。里伯斯金解释道：这座建筑"并不是一种拼贴或者简单的矛盾并置，而是一种新的组织形式围绕着一个无形的中心。这个无形的中心，正是犹太人在柏林留下的文化印记。今天它们已经在现实中消失，仅存于档案材料或者遗址当中"。

建筑的外立面，继续强化多层次的构图秩序。外立面采用单一的材料——锌板。立面上貌似随机的裂痕和缝隙，某一些是常规的窗，另一些是呼应建筑平面的构图形式。虽然与艾森曼等前卫建筑师的形式主义手法有相似之处，但是犹太人博物馆的建筑形式，本质是隐喻大屠杀在西方文化中产生的"空洞"，迫使所有参观者思考人类历史上最可怕的暴行。令人遗憾的是，日后里伯斯金在一些通常的文化建筑中重复类似的构图语言，反而削弱了犹太人博物馆独特的力量感。

图1 西南立面

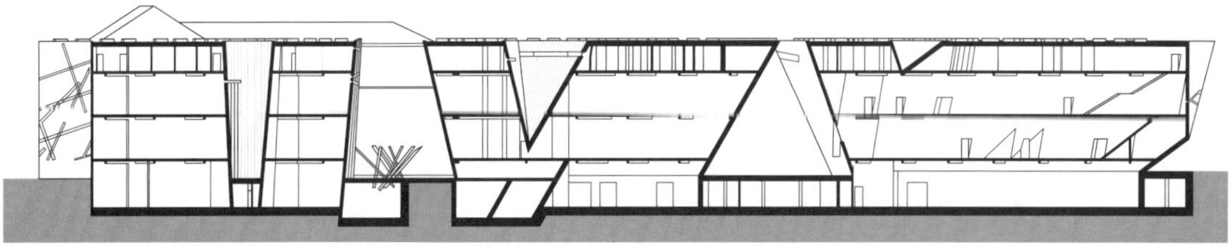

1

图2 纵剖面

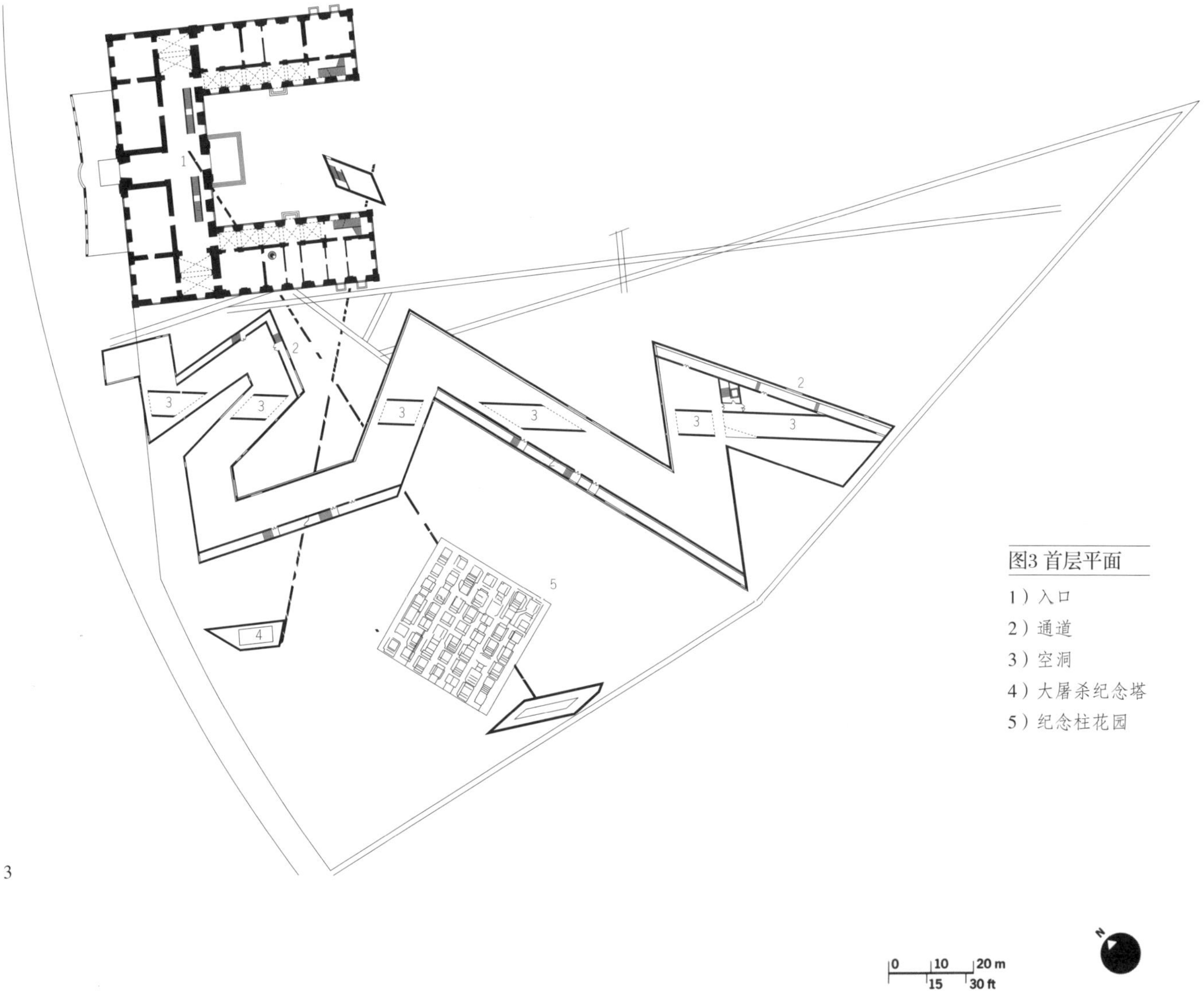

2

图3 首层平面

1）入口

2）通道

3）空洞

4）大屠杀纪念塔

5）纪念柱花园

3

巴恩斯住宅 Barnes House

约翰·帕特考（John Patkau，1947~）；派翠夏·帕特考（Patricia Patkau，1950~）

加拿大，英属哥伦比亚，纳奈莫，1991~1993 Nanimo，British Columbia，Canada

现代建筑的先驱们，非常乐观地认为，"机器时代"的建筑既能以大批量生产的方式解决住房短缺的矛盾，也可以成为工业化社会的文化代言者。然而，工业化的建筑很快趋于单调雷同，大批量生产的建筑构件取代了传统的手工艺制品。建筑师逐渐丧失了对细节和建造过程的控制力，因此也自然而然地诱发了强烈的逆反。八九十年代的许多建筑师，开始挖掘建造过程自身的表现力。自从1978年在阿尔伯塔省创建事务所以来，加拿大建筑师帕特考夫妇始终致力于探索"建构的表现力"。

帕特考夫妇的早期作品，形式特征不甚鲜明，构图以方格网为主，这或许和阿尔伯塔省地势平坦的草原环境有关。1984年，他们移居温哥华后，设计风格很快出现转变。面对英属哥伦比亚崎岖的海岸线，他们开始在每一个具体项目中进行"特征研究"，探索建筑与自然环境之间独特的关系，直至"发现潜质"。帕特考夫妇拒绝古典主义和现代主义的普适性设计原则和成熟的建筑形式。他们设计的出发点，是每一座建筑独特的用地环境、功能需求和材料选择。这些因素的结合，使建筑成为自然界的延伸。

巴恩斯住宅，是经过大约十年探索之后的成熟作品。它位于一片视野开阔的山林中，饱览不远处的乔治亚海峡、北侧的陆地和西北方向温哥华岛海岸线的美景。建筑不规则的几何形状，使它自身就像一块天然的巨石。它的平面轮廓貌似简单地依据地形生成，实际上是两种几何元素：严整的长方形与灵动的多边形巧妙的组合。

阿尔托的作品，是帕特考夫妇设计灵感的重要源泉之一。他们的建筑哲学，和伍重和费恩等北欧建筑大师也有许多共通之处。他们与这些大师一样，都强调使用者在室外景观和室内空间中的体验。长方形空间墙面上壁龛式的橱柜，强化了居住的稳定感，而多边形空间里人的视线更容易投向窗外的景观。轻巧的钢扶手与大片厚重的混凝土地面、白色抹灰室内墙面与天花板下裸露的木梁，分别形成强烈的对比。起伏有致的折面形屋顶，衬托着仅有一厘米厚的钢板雨篷更具戏剧化的活力。

图1 二层平面　　　　图2 横剖面　　　　图3 首层平面　　　　图4 纵剖面

1）起居室　　　　　　　　　　　　　　　1）入口

2）主卧室　　　　　　　　　　　　　　　2）工作室

3）餐厅　　　　　　　　　　　　　　　　3）卫生间

4）厨房　　　　　　　　　　　　　　　　4）客人卧室

5）杂物间

6）露台

7）烧烤区

8）燃火池

1

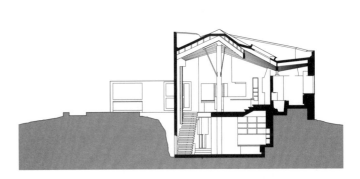

2

3

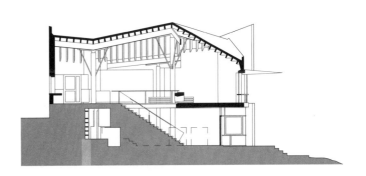

4

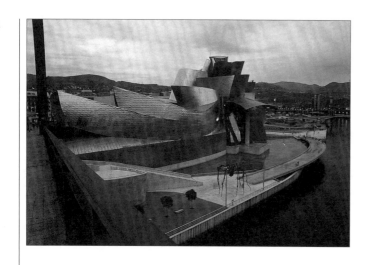

毕尔巴鄂古根海姆博物馆 Bilbao Guggenheim Museum

弗兰克·盖里（Frank Gehry，1929~ ）

西班牙，毕尔巴鄂，1991~1997 Bilbao，Spain

二十世纪九十年代，许多欧洲城市都将艺术品作为复兴城市建设的催化剂，毕尔巴鄂是这方面最成功的典范。它位于西班牙北部民族意识强烈的巴斯克地区，当地政府和纽约的古根海姆基金会合作建造了这座博物馆，由前者提供用地和设施，后者提供核心展品。古根海姆博物馆，地处由美术馆、大学和老市政厅构成的"文化三角"的中央位置。它毗邻纳维翁河，通过一座大桥与对岸联系，俨然成为这座城市新的门户。

盖里的设计出发点之一，是一片新的广场，鼓励人们步行来往于古根海姆博物馆和旁边的美术馆之间。古根海姆博物馆的报告厅、餐馆和商店，都沿着广场布置，无需通过博物馆就可以从外面进入。它们既属于博物馆，也属于整个城市。

古根海姆基金会需要三种展厅，分别对应固定藏品、临时展览和健在艺术家的展览。盖里对应地设计了三种截然不同的空间。固定藏品的展厅是传统的方盒子，位于建筑的三层和四层。位于建筑西侧的临时展厅，是无柱的大跨度空间，以便展览大型雕塑或装置。临时展厅呈略带弧线的长条状，从大桥下穿过后又以一座高塔的形态耸起，使大桥成为博物馆体形构图的一部分。健在艺术家的展厅，是11个形态各不相同的小空间。

通过玻璃电梯、楼梯和一系列位于不同标高的弧形的桥，所有的展厅都与宽大的中庭相连。中庭的屋顶高出河面45米。具有雕塑感的屋顶，像几朵硕大的金属花瓣，簇拥着照亮下面中庭的天窗。

建筑的曲面外形，使人联想到"悉尼歌剧院"。外立面采用两种饰面材料：西班牙石灰石用于广场铺装和建筑中的方盒子部分，钛合金的金属板用于曲面的自由造型部分。后者是极端技术的集中体现：借助于激光扫描设备和航空工业的专用软件，把一系列精致的实体模型转化为数字化模型。经过精确计算的大量钢杆件，组成密集的龙骨支撑起引人注目的自由曲面。

古根海姆博物馆，成为毕尔巴鄂市后工业时代复兴的一面旗帜。自落成以来，它吸引了众多旅游者。然而，在政治和文化方面也不免引起争议。它似乎象征着某种形式的文化帝国主义、带有全球化色彩的生硬的艺术形式，毫不理会当地的文化特征。

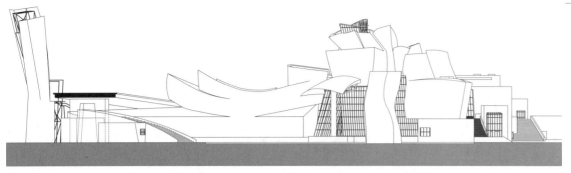

图1 西南立面

1

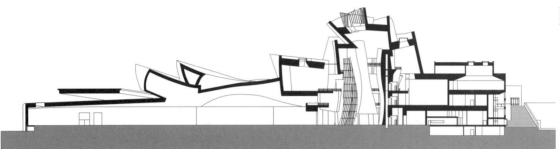

图2 剖面

2

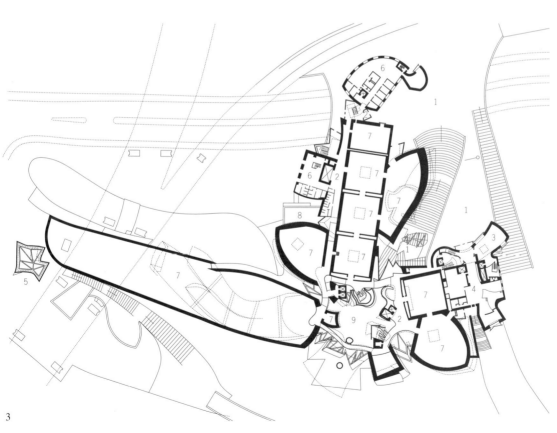

图3 三层平面

1）广场
2）门厅
3）零售
4）餐厅/咖啡
5）塔
6）办公室
7）展厅
8）露台
9）中庭

3

吉巴欧文化中心 Tjibaou Cultural Centre

伦佐·皮亚诺（Renzo Piano，1937~ ）

新喀里多尼亚，努美阿，1991~1998 Nouméa，New Caledonia

　　自十九世纪中叶起，新喀里多尼亚群岛成为法国的海外领地。它最大的岛屿，是世界第三大镍矿出产地。二十世纪八十年代，当地的卡纳克人积极谋求独立。在其领导人让-玛丽·吉巴欧（Jean-Maria Tjibaou）的斡旋下，新喀里多尼亚与法国签订了《马提翁协议》，放弃独立以换取更充分的自治。正因如此，1989年吉巴欧和他的几位追随者被当地的极端分子杀害。时任法国总统密特朗（Mitterrand）倡议建造这座文化中心，作为他主持的"大工程"当中的最后一项。它将为这个从未有过永久性建筑物的岛国文化，提供一个具有纪念性的展示和研究场所。

　　建筑的选址，位于首府努美阿东面的一处海角上。皮亚诺参加了这个项目的邀请国际竞赛。现场踏勘时，用地周围壮美的自然景色和卡纳克人的草编小屋，都给他留下了深刻印象。他很快决定了设计原则：尽量不扰动现有环境，让建筑沿着一条已有的道路形成带状布局，把建筑的平面限定在现状植被稀少的三个地块里。

　　皮亚诺的设计团队，和熟悉卡纳克文化的法国人类学家本萨（Alban Bensa）合作，研究了当地传统村落的组成方式。他们的研究成果，直接体现在提交的竞赛方案中。建筑的总体布局，沿着现状道路铺开。建筑的形态是一个个"木盒子"。它们的形状借鉴了卡纳克人的草屋，同时也具有实用功能。一方面可以阻挡风向常年基本不变

的信风，同时也充当烟囱以加强室内通风。

　　最终的建筑形态，并不是具象地模拟原住民的草屋。十个单元体分为三种尺寸，平面轮廓都是四分之三圆。它们的结构形式相同，都采用内外两层沿平面圆弧布置的木肋。木肋采用能够抵抗白蚁侵蚀的硬木。内侧是垂直的木肋支撑着屋顶；外侧是略微外凸的弧形木肋，两层木肋之间有木板横撑加固。通过计算机模拟和实体模型的风洞试验，不断修正曲面的形状，实现被动式节能的效果。木肋的间距、内侧木肋上百叶的间距等细节都经过仔细计算，以求最大限度地利用信风，加强室内的空气对流。

　　建筑的首层架空，所有需要彻底围合的房间都布置在地下，尽量不破坏宝贵的地表土壤和植被。从远处看去，"木篮子"在蓝天的映衬下，骄然翘立。这座植根于当地文化的建筑，友善地与周围的自然环境亲近，在先进的西方科技的帮助下，成功地塑造出令人惊叹的建筑形式。

图1 立面　　图2 首层平面　　图3 单元体剖面　　　　　　　　227

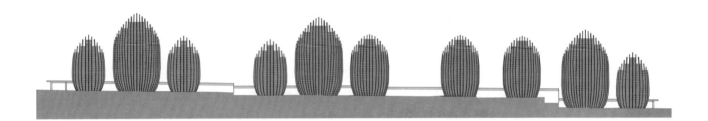

1

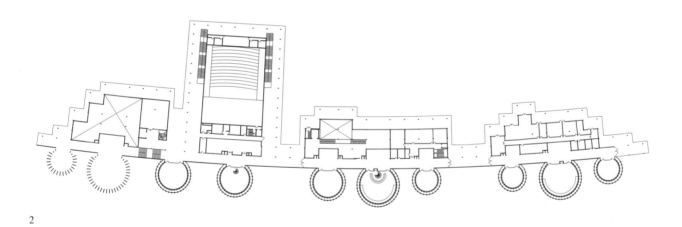

2

3

代尔夫特理工大学图书馆 Libarary，Delft University of Technology

麦肯诺事务所 Mecanoo Architects

荷兰，代尔夫特市，1993~1997 Delft，The Netherlands

这座图书馆的功能策划，给建筑师提出了双重挑战。一方面，它应当是一座"属于未来的建筑"，充分利用现代科技手段，取代陈旧的一排排书架。它的空间将不像常规的图书馆而更像是机场。另一方面，校园里有数座"范登布鲁克与贝克马事务所"（Van den Broek & Bakema）设计的建筑，其中之一毗邻这座图书馆的用地。这个庞大的混凝土盒子，被戏称为"鲨鱼"。

麦肯诺事务所提出的方案极具说服力，似乎是这个具体环境中唯一可行的方案。新的图书馆并不准备和强悍的"鲨鱼"面对面地决斗，而是将整个身躯隐藏在一片倾斜的覆草屋顶下，从而为这座校园提供它最缺少的东西——绿地，让学生们在室外坐下来放松休息。毕竟，"校园（Campus）"一词的拉丁语原意是"田野"。草坪中间高耸的圆锥体，由混凝土的基座和钢管的镂空尖顶构成。自然光从这里射入下面的大厅，形成室内空间的焦点。进入图书馆的方式颇具特色，在草坡与地面交汇处，逐渐收窄的大台阶沿着一条斜轴指向入口。早在古希腊的半圆形剧场，就出现过类似的入口通道。

圆锥筒内部的功能，是分作四层的研究室。它们的楼板都悬吊在圆锥的钢结构上，因此圆锥下方的大厅只在周圈有支柱，内部是一个无柱的圆形空间。圆形大厅旁边，是一排四层高的书架构成的"书墙"——这一点有悖于前面提到的功能策划。很显然，绝大多数的书储存在地下书库内。尽管这道"书墙"是直线形的，但它仍使人联想到"斯德哥尔摩公共图书馆"的圆形阅览室。

"景观式"的覆土建筑，在二十世纪末并不罕见，例如斯蒂文·霍尔的"纳尔逊-艾特金斯博物馆布洛赫分馆"。但是这座图书馆的意图，并非让覆草的屋顶看上去像是"真正"的地面。从侧面出挑的屋檐可以看出，屋顶异常地薄。屋檐下是包裹了建筑三个立面的玻璃幕墙。幕墙由外侧的双层玻璃和内侧的另一道单层玻璃构成，两者间有15厘米宽的空腔。新风经过空腔之后送入室内，最后进入天花板内的回风管道。幕墙空腔中的遮阳百叶，可以在夏季有效阻挡阳光。

当后现代主义开始在商业建筑中盛行时，麦肯诺事务所鲜明的现代主义美学如同一缕清新的空气。这座图书馆的草坡屋顶与阿根廷建筑师艾姆巴斯（Emilio Ambasz）的作品颇为相似，而屋顶的圆锥形则有奥地利建筑师佩茨尔（Gustav Peichl）的波恩博物馆作为先例。麦肯诺事务所与迈耶相仿，可以被视为现代主义当中的"后现代"一派。

图1 三层平面　　图2 四层平面　　图3 五层平面　　图4 首层平面　　图5 总平面　　图6 南立面

图7 剖面　　图8 西立面　　图9 北立面　　图10 总平面

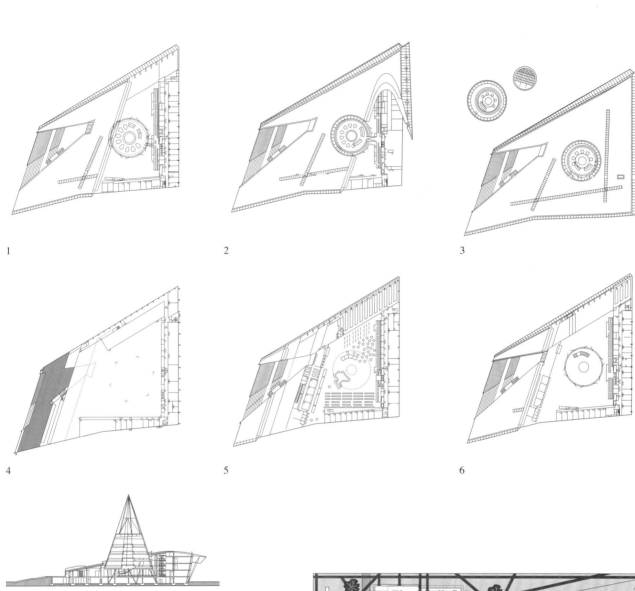

1

2

3

4

5

6

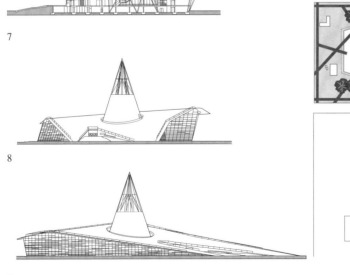

7

8

9

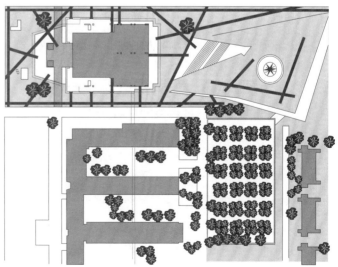

10

圣伊格纳修小教堂 Chapel of St Ignatius

斯蒂文·霍尔（Steven Holl，1947~）

美国，华盛顿州，西雅图大学，1994~1997 Seattle University，Washington，USA

在过去的数十年里，以空间作为主要建筑"材料"的抽象建筑理念，始终在建筑界占据主导。二十世纪末，建筑的物质实体成为新一代建筑师关注的焦点。其中的代表人物包括瑞士的卒姆托、赫尔佐格与德梅隆，在美国则有斯蒂文·霍尔。和六十年代的最简主义艺术家们类似，霍尔也深受法国哲学家莫里斯·梅洛—庞蒂（Maurice Merleau-Ponty）的影响。梅洛—庞蒂认为，人们只有借助感知到的外部环境，才可能认识自我。具体到建筑方面，霍尔强调建筑必须与人的视觉及其他各种感官都发生关系，建筑材料应当带有清晰的"真实感"——例如，富有显著的质感、会自然老化，甚至是有瑕疵的。

这座小教堂建在一座隶属于天主教耶稣会（Jesuit）的大学校园里。设计的出发点，是霍尔的一幅水彩画，描绘了"一个石头盒子中的七个光瓶"。它们隐喻着公元一世纪时的圣徒伊格纳修（St.Ignatius）的理论：人的内心里需要经过许多次"光明"与"黑暗"的斗争，方能实现精神的升华。每一个瓶子对应耶稣会的一项圣礼：弥撒、唱诗、忏悔和领圣餐等。霍尔认为，它们之间的差异，象征着耶稣会针对人们不同需求的"精神修行"。

落实于建筑当中，"瓶子"演变成六个各具特色的小空间，第七个瓶子则变为建筑入口附近的一片水池。六个小空间，被限定在一个完整的矩形平面里。平面布局简单实用，剖面上它们各自向上"寻找"光明，产生了非常丰富的空间变化。在入口和前厅，自然光的效果平淡无奇。然而继续向里走，就会领略到自然光色彩变化多端的效果。自然光经过外墙上彩色玻璃的染色，又被涂成其他颜色的墙面再次间接地"染色"。色彩的并置效果令人称奇，例如忏悔室里，被玻璃染成橙色的自然光，又被紫色的墙面再次染色。

教堂的外饰面，采用非常质朴的黄色现浇混凝土板。手工制作的大门和专门设计的曲线门把手，暗示接下来抹灰、玻璃、木和金箔等多种材质共同产生的感官愉悦。建筑的某些部分像是以"减法"从坚实的体块中挖出的，另一些部分则是板片以"加法"围合而成。

夜晚是学校举行弥撒的主要时段，此时的建筑发生了戏剧化的转变。在室内照亮天花板的彩色灯光，透过屋顶下的玻璃窗照向室外，成为校园里每个角落都能看到的五彩灯塔。室内则显得相对幽暗和沉静，在一片神秘而华丽的背景中，许多盏吊灯像烛火一样闪烁着。

图1 剖面（穿过入口）　　图2 剖面（穿过前厅）　　图3 平面　　　　　　图4 剖面（穿过忏悔室）

1）入口

图5 剖面（穿过圣坛）　　图6 剖面（穿过领圣餐室）

2）前厅

3）圣器室

4）新娘休息室

5）忏悔室

6）圣坛

7）唱诗班

8）洗礼台

9）领圣餐室

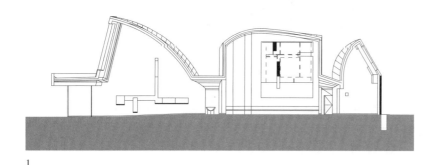

1

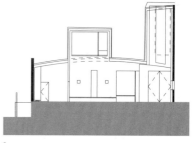

2

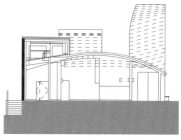

4

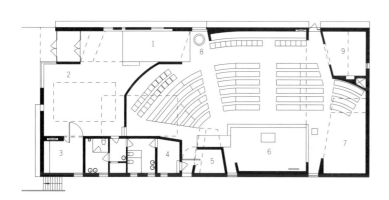

3

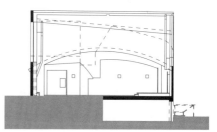

5

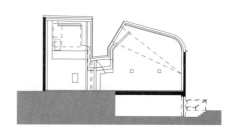

6

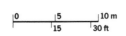

横滨邮轮码头 Yokohama Ferry Terminal

FOA事务所，Foreign Office Architects

日本，横滨，1994~2002 Yokohama，Japan

柴拉波罗（Alejandro Zaera-Polo）和穆萨维（Farshid Moussavi）曾是哈佛大学的同学，后来在伦敦合伙创办了FOA事务所。他们赢得了横滨邮轮码头的竞赛，一举成名。在这一代建筑师中，依靠计算机技术塑造形态复杂的"建筑化景观"蔚然成风。建成后的横滨邮轮码头，被视为这类探索的重大突破。既然热衷于探索计算机可能产生的新形式，自然不会遵循交通建筑的常规格局，例如一栋或几栋房子孤立于一片平台上。在FOA的方案中，整座建筑就是一大片地形连续起伏的景观，与附近的公园共同构成水滨景观。

项目的任务书，要求结合乘船服务项目和针对附近居民的服务设施。前者包括检票、海关、行李托运等，后者包括会议厅、餐馆和商店等。所有这些功能空间，全都设置于开放的景观性"屋顶"下方。各个标高间的许多坡道、环状的交通流线，形成一种多方向的"流动空间"，而不是某几条明确限定的路径。法国当代哲学家德勒兹（Gilles Deleuze）和瓜塔里（Félix Guattari）合著的《褶子——莱布尼茨与巴洛克风格》，于1993年出版。书中提出，建筑是业已存在的文化和建造叠层"展开"的产物。这一概念，也体现在横滨邮轮码头的人造景观当中。

在这座建筑中，墙、地面与天花板之间常规的划分不复存在。取而代之的，是根据功能需求变化的连续折面。"毕尔巴鄂古根海姆博物馆"起伏的表面，由一套独立的承重结构支撑。横滨邮轮码头起伏的折面本身就是承重结构，这也是整个方案的核心所在，同时也利于应对当地频发的地震考验。最初的方案中，这些折面将采用混凝土结构。最终的实施方案全部改为钢构架，沿着建筑纵向形成一套轴对称的"骨骼"，根据空间的需求形状和尺寸不断变化。

为了强调空间的连续性，材料和细部形式在整个建筑室内外保持着高度的一致性。室外巨大的屋顶平台和室内饰面都采用巴西硬木板。丰富的细节变化，主要源自复杂多变的几何形状，或者基于功能方面的要求（例如金属扶手）。

这座建筑充分显示了计算机技术在建筑界的无穷潜力。尽管在建筑界饱受好评，但是它也存在某些缺陷。夹在屋顶平台和停车库之间的大厅，显得过于长而矮，令人感觉压抑。此外，某些必备的功能元素和整体的流线形造型不甚匹配。

图1 屋顶平面　　图2 层平面　　图3 A-A剖面　　图4 B-B剖面　　图5 C-C剖面

1) 机动车停靠　　1) 机动车停靠
2) 绿地　　　　　2) 国内邮轮办理
3) 游客观景平台　3) 国内邮轮入口
4) 露台剧场　　　4) 海关
　　　　　　　　5) 动植物检疫
　　　　　　　　6) 国际邮轮入口
　　　　　　　　7) 多功能厅

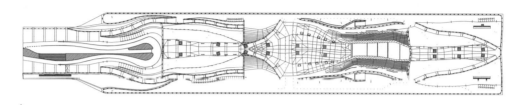

1

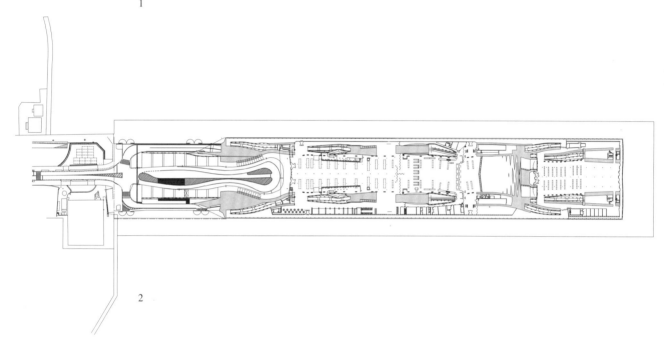

2

3

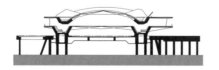

4

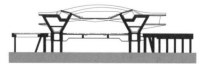

5

0　10　20m
30　60ft

家具住宅1号 Furniture House 1

坂茂（1957~ ）

日本，山梨县，山中湖，1995 Lake Yamanaka，Yamanashi，Japan

1995年阪神大地震发生后，坂茂设计的临时性建筑引起了广泛关注。此前，他已在试验以硬纸筒作为建筑材料。地震发生后，灾区建起了一组坂茂设计的"纸筒屋"。与传统的临时住房相比，它们既成本低廉又便于组装，迅速在世界其他地区的灾后救助中得到推广。纸筒结构的另一个重要优点，是材料可以完全地回收再利用。

在位于震中的神户，还建起一座纸筒结构的公共建筑，作为临时教堂及社区中心。它的承重墙是许多截面为椭圆形的硬纸筒，这是坂茂作品中第一座大尺度的纸结构建筑。日后，坂茂在此基础上设计了一系列类似建筑，例如在2000年德国汉诺威世界博览会，他设计的日本馆跨度达到了25米。

坂茂对可再生材料的关注，融合了道义、结构和形式等方面的考虑。坂茂毕业于纽约的库伯联盟学院（Cooper Union），他在那里的导师约翰·海杜克（John Hejduk）对他产生了深刻影响。在学校里尝试基本的材料和几何形式，为他日后的创新打下了基础。海杜克的思想核心，是将建筑抽象为单纯的构件。坂茂在此基础上融入了日本传统建筑的精神，形成自己独特的建筑价值观。

1991年建成的"诗人图书馆"，是坂茂设计的第一座永久性纸结构建筑。沿着建筑外墙布置的两面高大的书架，使他意识到书架本身可以充当结构和围护作用。正如其名字所体现的那样，"家具住宅1号"把通常处于从属地位的家具提升到主体结构层面。共计33个预制的家具单元，既是储物柜或书架，同时也是支撑屋顶的结构。每个单元都是木龙骨和层压木板制成，宽度0.9米、高度2.4米，厚度为0.7米或0.45米两种。全部单元在工厂预制完成后，运输到施工现场，安装在已经铺好木饰面的混凝土地板上。单元的尺寸，确保它可以由一个工人完成组装，显著降低了施工成本。

和坂茂的多数其他作品相仿，这座住宅具有密斯式的开敞空间布局。风车状的平面构图，酷似密斯早期的砖墙乡村住宅，平面中的正方形母题，令人联想到密斯晚期的"50英尺见方"住宅和海杜克的形式语言。密斯习惯于以承重构件作为表现手段，而坂茂却钟爱"无形的结构"。现代主义崇尚的自由空间，一直是古代远东地区传统建筑的固有特征。日本传统建筑的室内，除了纸质的推拉隔断，只有榻榻米铺成的开敞空间。

图1 总平面　　图2 首层平面　　图3 A-A剖面　　图4 轴测图　　　　　235

1）入口
2）起居室/餐厅/厨房
3）平台
4）和式房间
5）卧室

1

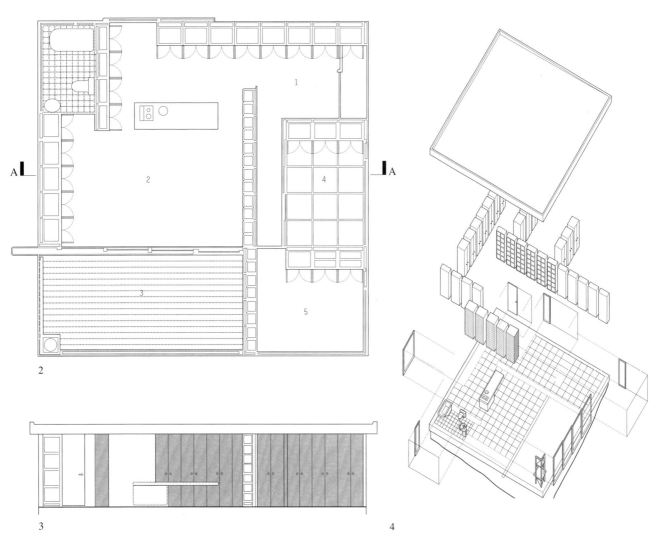

2

3

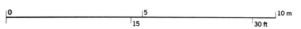

4

园艺展览馆 LF1，Landesgartenschau

扎哈·哈迪德（Zaha Hadid，1950~）

德国，莱茵河畔魏尔，1997~2000 Weil am Rhein，Germany

女建筑师扎哈·哈迪德生于伊拉克，就学于伦敦的建筑联盟（AA）。1983年，她赢得香港"山顶俱乐部"的设计竞赛。夸张的几何形式和似乎违背重力法则的结构形式，使这一方案就像经过可怕的地震力重塑的山顶地貌。哈迪德的方案陈述，同样富于夸张的戏剧效果。除了常规的（相对而言）的图纸外，她还展示了一组尺寸巨大的表现图，图中俱乐部的碎片冲击着山脚下的城市。哈迪德希望传递这样的信息：这个方案既呼应香港具体的地段，同时也可以放置于任何一个现代大都市。它的抽象概念借鉴了早期现代艺术，例如立体主义的绘画。

自八十年代初起，德国家具制造商维特拉（Vitra）陆续请一些著名建筑师设计各种功能的厂区建筑，使这里成为盖里、安藤忠雄和西扎等人签名式建筑的汇集地。1990年，哈迪德受邀设计维特拉厂区的消防站，这也是她第一次有机会延续香港山顶俱乐部的形式语言，让自己的建筑构想化为现实。由于消防站建筑在当地反响不错，当这座小城将要主办园艺博览会时，哈迪德再次受邀为其设计一座小型展览馆。尽其所能地描绘一个四分五裂的世界，曾经是哈迪德标志性的建筑手法。进入九十年代中期，在她常用的构图形式中，张扬的尖角和悬浮着的碎片逐渐减少。取而代之的，是圆润舒展的线条强调空间的流动感，仿佛是地面上流淌的河水。

从远处看去，几乎注意不到这座建筑的存在，它就像一条细长的地形隆起而已。项目任务书没有提出严格的功能要求，设计师得以像建筑系学生一样把精力倾注于形式的推敲。哈迪德充分利用了这 有利条件。建筑的整体，是四条基本平行却又相互交错的长条状空间。一系列通道、室内和室外的坡道，把建筑和周围环境紧密联系在一起。为了强化这种联系，铺着碎石的混凝土带，从屋顶一直延伸到旁边的景观。

在哈迪德的设计图纸上，极具抽象性的形式和她"签名"式的构图，似乎完全游离于现代建筑的各种风格外，但仍不难看出它们与二十世纪初俄国结构主义之间的亲缘关系。落实到这座小巧的展览馆，它轻松活泼的姿态，仍建立在"现代主义"常用的具体手法和现浇混凝土、玻璃、木和白色涂料和石板地面等常用材料上。

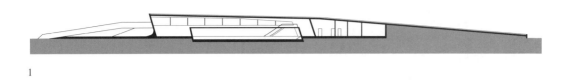

图1 剖面

1

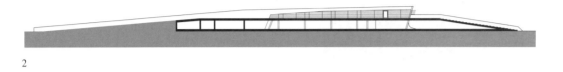

图2 剖面

2

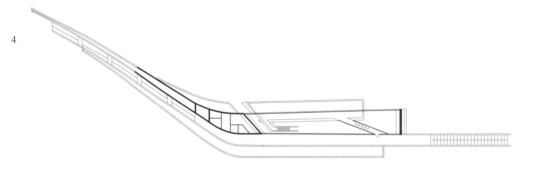

图3 屋顶平面

3

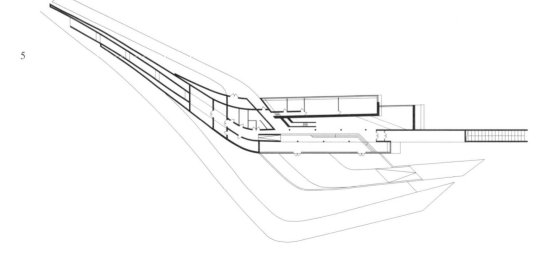

图4 二层平面

4

5

图5 首层平面

| 0 | 5 | 10 m |
| 15 | 30 ft |

仙台图书馆 Sendai Mediathèque

伊东丰雄（Toyo lto；1941~）

日本，仙台市，1997~2000 Sendai，Japan

　　"小筱邸"住宅充分体现了安藤忠雄的建筑哲学：将建筑视为抵抗堕落的消费主义的"堡垒"。伊东丰雄的建筑观，与之截然不同。他认为，白己的作品如同罩在错综复杂的日本城市上的轻质纱笼。伊东丰雄大量使用玻璃等透明材质，但是他追求的效果并非彻底的通透，而是类似日本传统纸质隔断产生的温润效果。在空间方面，他崇尚"巴塞罗那博览会德国馆"那样的流动性。正如他本人所形容的那样："空间的质感不是像空气那样没有重量，而像是具有厚度的液体。你仿佛身处水中，在半透明的光线状态下，在水底轻盈地漫步。"

　　上面这段伊东丰雄写于1997年的描述，很好地适用于仙台图书馆。在那里，置身水下的效果显而易见。在本质上，这座建筑是对柯布西耶"新建筑五原则"的重新诠释，例如一个向公众开放的屋顶花园。然而，伊东丰雄在此基础上增加了新的内容。其中最显著的特征，是几个钢管编成的"篮子"在各层楼板间交错盘旋。它们既是承重构件，也围合成服务性空间，例如电梯、楼梯和空调风管。钢管周边是圆筒形的透明玻璃幕墙。伊东丰雄希望它们具有"海带"一样的形态，好像生长在巨大的水族箱里。

　　伊东丰雄的"自由平面"，令人联想到柯布西耶1938年为阿尔及尔（Algiers）所做的规划方案，但是比柯布西耶本人的作品更彻底。在柯布西耶的蓝图中，人们在"支撑构架"的基础上建造尺寸和风格各异的住宅。这座图书馆的每一层，都有各自鲜明的空间特征。在图书馆首层，形状与色彩奇特的家具是工业设计师拉希德（Karim Rashid）的手笔。建筑的二层，利用一些白色的隔墙含蓄地划分空间。三层基本上是一个两层高的完整空间，容纳了图书馆的主体，而四层只不过是其中的阅览室夹层。五层是由隔墙划分的展厅，六层则是一片开敞的展厅。七层是通高的磨砂玻璃围成的报告厅、咖啡厅、会议室和管理用房。

　　在东立面和北立面上，各层楼板略微出挑，产生一组水平阴影，每一层的玻璃幕墙立面也相应地略有变化。西立面的穿孔铝板幕墙，遮盖着消防疏散楼梯，形成一层半透明的界面。南边的主立面，是轻盈的双层玻璃幕墙。夜间，玻璃幕墙仿佛消失了。伊东丰雄畅想的水族箱，一览无余地展现在城市里。大都市里人们的千姿百态和数字化时代无穷的信息，在建筑内部鲜活地交汇涌动。

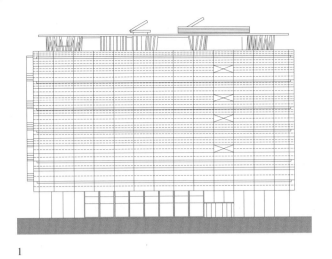

1

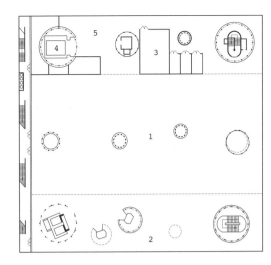

2

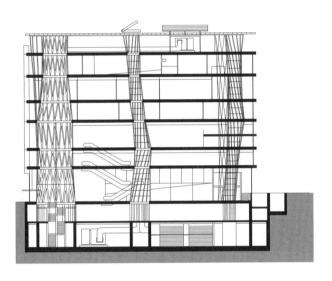

3

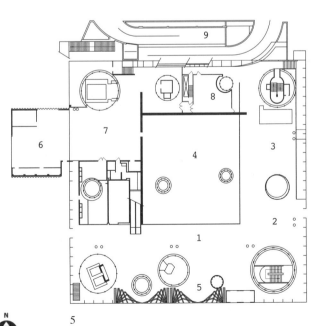

4

图1 南立面	图2 六层平面	图3 剖面
	1）展览空间	
	2）门厅	
	3）展品储藏	
	4）货梯	
	5）卸货区	

图4 二层平面	图5 首层平面
1）儿童阅读区	1）问询处
2）会谈区	2）营业空间
3）办公室	3）咖啡厅
4）志愿者办公室	4）内部庭院
5）服务区	5）滑动玻璃墙
6）儿童图书还书处	6）装货区
7）服务电梯	7）卸货区
	8）库房
	9）无障碍坡道

N

5

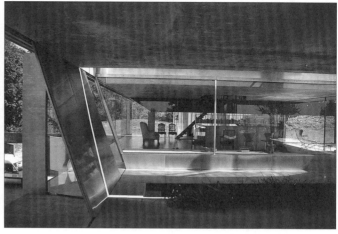

波尔多住宅 Bordeaux Villa

雷姆·库哈斯（Rem Koolhaas，1944~ ）

法国，波尔多，1998 Bordeaux，France

　　这座住宅位于波尔多郊外的一片山坡上。它的基本格局，是划分清晰的三个水平状体块。竖向的交通核心，是一部长3.5米、宽3米的液压电梯。它悄无声息地上上下下，好像一个可移动的房间。男主人在一次车祸中受了重伤，导致瘫痪而无法行走，甚至连讲话都很困难。他需要一座能满足自己和身体健全的家人共同生活的新住宅。

　　建筑的最低一层即入口层，中间是一片长方形庭院，尺寸足以容纳小轿车驶入并掉头驶出。庭院一侧是仆人房和客人房间，另一侧是从坡地上挖出的"洞穴"，除了与上面两层联系的楼梯和电梯，还有一系列洞穴似的小房间，如酒窖、卫生间和电视室。二层空间的四面全都是通高的透明玻璃幕墙，容纳了起居室和餐厅。几间卧室，都布置在顶层的混凝土盒子中，盒子两侧的墙面上散布着许多圆形小窗子。圆窗的位置，对应着在床上可以看到的室外景观。

　　库哈斯希望硕大的混凝土盒子好像"漂浮"在空中，为此阿鲁普结构事务所的拜尔蒙德（Cecil Balmond）提出一种新颖的结构方案：主要承重结构是两对平行布置的柱子，每一对柱子都是一根在室内，另一根在室外。一对柱子顶部是混凝土梁，另一对柱子支撑着暴露在屋顶上方的钢梁，一根钢拉索替代了室外的柱子。混凝土盒子小心翼翼地悬吊在钢梁下方。在原先的设计方案中，钢索末端吊着一块巨石来实现结构稳定。由于这种做法成本过

高，最终改为后张法施工的预应力钢索末端固定在地面上。同样是出于节约成本，钢梁的截面变得更高，这一点反而使造型变得更具力量感。

　　身有残疾的男主人告诉库哈斯："这座住宅就是我的全部世界，请你让它的内容尽可能得丰富。"最终的设计，完美满足了这一要求。室内与室外空间交错，环环相扣，宛如中国古代的玩具"鲁班锁"。它不是现代主义式的连续空间，而是像一个迷宫，充满各种令人惊奇的体验。洞穴一样的空间，模仿自然界的风雨侵蚀。材料方面，典雅的洞石、轻灵的抛光铝板、质感粗糙的泥土色混凝土和透明的玻璃，形成对比强烈的并置。最令人称奇的，是每个角落都隐藏着危险，需要提防意想不到的坠落。例如，电梯井四周没有任何围挡。电梯轿厢离开，只留下空荡荡的井道。显然，它要针对现代主义崇尚的"自由通达"树立一个极端对立面。无论在空间组织、结构还是材料细节方面，这件作品都无愧于二十世纪最重要的住宅建筑之一。

图1 东北立面　　　图2 三层平面　　　图3 A–A剖面　　　图4 二层平面　　　图5 B–B剖面　　　图6 首层平面

1）主卧室	1）起居室	1）主入口
2）卫生间	2）餐厅	2）厨房
3）电梯	3）露台	3）洗衣房
4）卧室	4）书房	4）电梯
5）卫生间	5）电梯	5）酒窖
		6）电视室
		7）仆人房

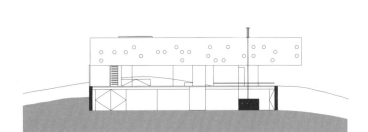

1

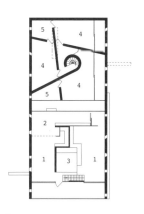

2

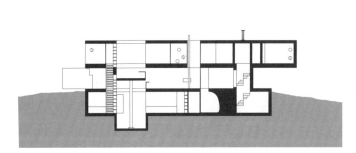

3

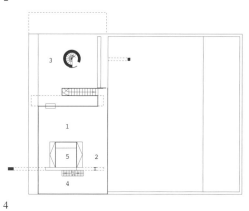

4

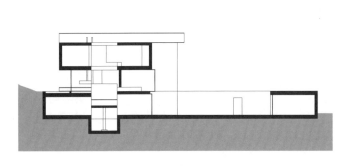

5

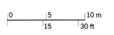

图1 东北立面　　　图2 三层平面　　　图3 A–A剖面　　　图4 二层平面　　　图5 B–B剖面　　　图6 首层平面

6

纳尔逊-艾特金斯博物馆布洛赫分馆 Bloch Building，Nelson-Atkins Museum

斯蒂文·霍尔（Steven Holl，1947~ ）

美国，密苏里州，堪萨斯城，1999~2007 Kansas City，Missouri，USA

1933年建成的纳尔逊-艾特金斯博物馆，由堪萨斯城当地的"怀特兄弟"事务所（Wight & Wight）设计，它属于美国最后一批具有经典的"巴黎美术学院派"风格立面的大型公共建筑。富于纪念性的中轴对称格局，宛如古代的神庙。它的古典氛围，使参观者暂时脱离了琐碎的日常生活。1994年，瑞典裔的美国雕塑家克拉斯·奥登堡（Claes Oldenburg）在博物馆前的草坪上，树起四座巨大的羽毛球雕塑，打破了它古典宁谧的氛围。

随着藏品急剧增长，博物馆迫切需要大规模扩建，并且希望新建的分馆具有面向二十一世纪的文化姿态。斯蒂文·霍尔采取的设计原则，是像"石头和羽毛"一样强烈的新旧对比。原有建筑穿戴着厚重的石材盔甲，沉稳地端坐着；新建的分馆以"光"作为立面的语言，似乎漂浮在老馆旁边。布洛赫分馆不是一个庞大醒目的体形，它在地面以上分成五个相互独立的不规则块体，通过一组连续的地下展厅连成整体。五块晶莹剔透的"冰山"，伫立在折面起伏的草坪上，霍尔把它们称作"透镜"。这种把建筑当作"景观"来设计的实例，在二十世纪末并不罕见，例如"代尔夫特理工大学图书馆"。霍尔在此将这种手法运用得纯熟而自然。

绝大多数参观者进入博物馆的第一站，是地下车库。车库的拱形天花板令人想到路易·康的"金贝尔博物馆"。自然光透过车库屋顶上的水池和天窗照进地下，而

这片水池正是艺术家德玛利亚（Walter de Maria）的装置作品："一个太阳和34个月亮。"如此浪漫的氛围，绝非普通地下车库可以企及。参观者从车库步行进入两层高的新馆门厅。新展厅的平面是曲折的多边形，刻意地渲染与方盒子式老馆之间的差异。在老馆里新设了一部宽大的楼梯，强化与新馆之间的交通联系。

新建展厅的地坪，随着室外草坡徐缓地层层跌落。"透镜"表面的玻璃反射的阳光，在室外展出的雕塑上飘忽闪烁。"透镜"外表的墙面，全部采用双层截面为"U"形的磨砂玻璃板。由于去除了使普通玻璃微微发绿的氧化铁，这种超白玻璃呈现明亮的乳白色。"U"形玻璃内侧，还有一层夹胶安全玻璃。经过细致处理的墙体材料，具有丝绸一样润泽的质感，使展厅里充溢着柔和朦胧的自然光。

夜幕降临，这些"透镜"在室内灯光照耀下，发出亮丽的光辉。霍尔设计的新馆也改变了参观者对老馆的印象。老馆似乎也不再那样一本正经，开始惬意地享受旧与新之间的相互感染。

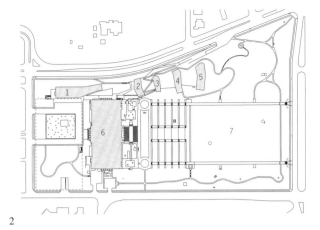

图1 三层平面

1）办公室
2）图书馆
3）多功能室

图2 总平面

1）"透镜1"，门厅
2）"透镜2"
3）"透镜3"
4）"透镜4"
5）"透镜5"
6）纳尔逊-阿特金斯博物馆老馆
7）雕塑公园草坪

1　　2

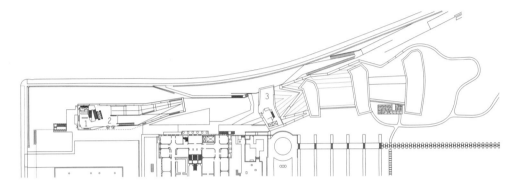

图3 二层平面

1）咖啡厅
2）上层门厅
3）典礼活动厅

3

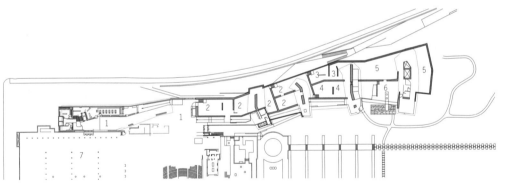

图4 首层平面

1）门厅
2）当代艺术展厅
3）摄影展厅
4）非洲艺术展厅
5）特别展厅
6）野口勇作品展厅
7）停车

4

图5 西立面

5

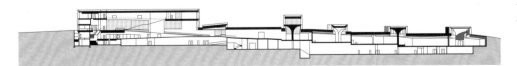

图6 纵剖面

6

汉诺威世界博览会荷兰馆 Dutch Pavilion，Hanover Expo

MVRDV事务所

德国，汉诺威，2000 Hanover，Germany

　　MVRDV，是三位合伙人姓氏首字母缩写的组合。他们曾是库哈斯事务所的同事，1991年合伙创立了自己的事务所。在他们遍及世界各地的建成作品中，突出了一个鲜明的主题：为人口密度越来越高的城市提供畅想性的建筑蓝图。他们认为，城市可以在水平扩展地同时，加大垂直方向的利用强度。例如，常规的城市公园，可以叠合成几层公共空间。类似的概念，可以溯源到1933年，柯布西耶为阿尔及尔所做的规划中提出巨型的架空"人造地面"。更早的二十世纪初，在美国也有人提出过立体城市的构想。与这些纸面上的蓝图不同，汉诺威博览会的荷兰馆构建了一个未来城市的真实缩影。

　　荷兰馆从一片富有荷兰特色的天竺葵和郁金香花田里拔地而起。参观者将在展馆的各个楼层，"垂直体验"多种抽象化的自然景观。首层空间里，布满了许多自由曲线形的混凝土墙，它们既像是人造洞穴，又像是起伏的丘陵。沿着一条曲折蜿蜒的坡道来到二层，数百盆植物整齐摆在钢制平台上，无疑是荷兰著名的传统园艺的象征，黄色的天花板则象征着阳光的能量。三层空间的层高异常低，几个白色的圆筒里设有卫生间和储藏室。四层是一片丹麦橡树构成的"森林"，巨大的倾斜树干支撑着上面的楼板。接下来的两层空间，内容相对常规一些，分别是圆形的展览空间和聚会厅。屋顶提供了一个接近"真实"的景观，包括草坡和芦苇摇曳的池塘，还有几架风车好像巨大的雏菊在空中开放。整座建筑没有封闭的外墙。屋顶收集的雨水向下流淌，形成一道水帘。在有风的天气，水雾会打湿室外楼梯上参观者的衣服。

　　这座荷兰馆，非常直接地反映了全世界最"绿色"并且最具"生态意识"的国家文化。长期以来，园艺是这个国家的经济命脉之一，它极其有限的国土中尚有相当部分来自填海。三位建筑师把这座展馆视为重新创造世界的机会。他们相信，为了应对日益增长的世界人口，人类将不得不采取一种新的居住方式。MVRDV描绘了一幅蓝图：在未来的城市里，立体农业将日益普遍，人们也将习惯于人工制造的"第二自然"。

图1 六层平面（聚会厅）　　图2 七层平面（屋顶露台）　　图3 四层平面（森林）　　图4 五层平面（展览空间）

图5 剖面　　图6 首层平面（洞穴）　　图7 二层平面（植被）　　图8 三层平面（圆筒）

1

2

3

4

5

6

7

8

0　　5　　10 m

15　　30 ft

N

波尔图音乐厅 Casa de Música

大都会建筑事务所(OMA)

葡萄牙，波尔图，2005 Porto，Portugal

波尔图是2001年度的"欧洲文化城市"，新建的音乐厅本应成为这一文化盛事的核心设施，却在四年后的2005年方告落成。音乐厅位于老城区与一片工薪阶层社区之间，它孤立于一片广场中央，毗邻著名的城市地标"博阿维斯塔圆环"（Rotunda da Boavista）。空荡荡的广场，貌似对游客颇不友好，却成为轮滑爱好者的乐园——出人意料地实现了库哈斯对建筑的期望："城市的两种状态积极地交汇。"

建筑的使用方是波尔图市的三个乐队，表演空间包括一个1300座的主观众厅和一个小观众厅。音乐厅下方是排练和后勤服务设施，音乐厅上方——也就是整座建筑的顶部，是公共餐厅和露台。如此中规中矩的功能内容，或许难以满足库哈斯的胃口。他在国际建筑界的首秀，是《颠狂的纽约》（Delirious New York），一部针对曼哈顿摩天楼的诊断书。在书中，他质疑正统的现代建筑，反对以"功能主义"的房间布局作为建筑设计的出发点。他提出"交叉-策划"的概念，在建筑中引入出人意料的功能，例如摩天楼里的跑道。

2003年建成的美国西雅图市图书馆，面临着类似的传统功能内容。当时，库哈斯曾试图说服当地政府，在图书馆里留出部分空间收容无家可归者。在波尔图，他选择了另一种突破点：建筑的外部形象。看上去像是被刀切斧砍之后的多面体形状，容易使人想到它是呼应室内建筑声

学设计的结果。事实上，内部的观众厅却是极其传统的所谓"鞋盒式"矩形平面，因为有大量实例证明这仍是观众厅的理想形式。

然而，除此之外的其他部分空间，都与传统的观演建筑想差甚远。主观众厅的尽端，是一片巨大的波浪状玻璃幕墙，可以透过它遥望城市景色。小观众厅与主观众厅在平面呈近于垂直的角度。室内所有主要的公共空间，都是在多面体中切割出的规整长方体空间，由一条连绵曲折的公共通道串联起来。这是库哈斯青睐的设计手法，可以溯源到柯布西耶的"萨伏伊别墅"。高达26米的门厅，使人产生某种异样的空间感受。铝制的地板、楼梯和混凝土构件、无框的玻璃栏板和不锈钢扶手、穿孔金属板的墙面与吊顶，所有这些材质都闪烁着色调接近的银光。而在主观众厅里，材质骤然变为点缀金箔的木饰面。

从结构角度看，不禁令人忧心这座建筑是否足够稳固。事实上，它完美地发挥了钢筋混凝土结构的潜力。与FOA事务所的"横滨邮轮码头"类似，多面体的各个表面共同组成完整的结构。"屋顶"并不是简单地放在承重墙上，而是产生拉力，使建筑的各个表面结合在一起。

图1 A–A剖面　　　　图2 B–B剖面　　　　图3 四层平面　　　　图4 五层平面　　　　图5 六层平面　　　　图6 首层平面

1）主观众厅　　　　　1）主观众厅　　　　　1）小观众厅　　　　　1）演员入口

2）门厅　　　　　　　2）门厅　　　　　　　2）门厅　　　　　　　2）化妆间

3）休息酒吧　　　　　3）网络音乐室　　　　3）音乐教育　　　　　3）内部餐厅

图7 二层（门厅层）平面

1）入口大台阶

2）观众入口

3）门厅

4）票务

5）办公室

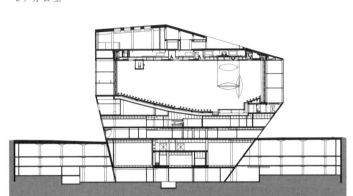

1

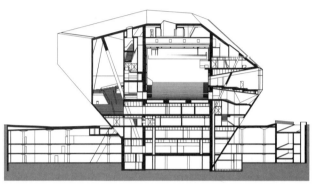

2

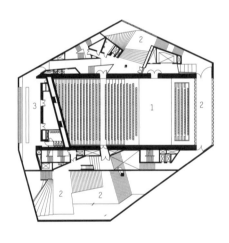

3

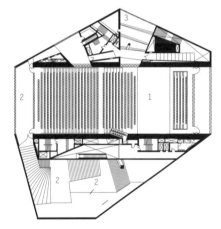

4

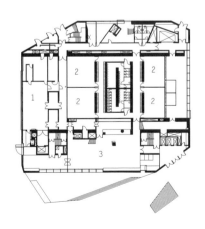

5

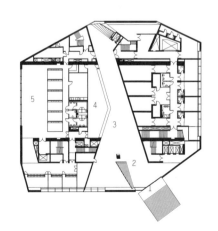

6

7